本书得到教育部高校思想政治工作创新发展中心（武汉大学）经费资助

经纬冰穹

武汉大学极地科学考察故事

主编 王三礼 宋时磊 萧映

武汉大学出版社
WUHAN UNIVERSITY PRESS

图书在版编目(CIP)数据

经纬冰穹 : 武汉大学极地科学考察故事 / 王三礼,宋时磊,萧映主编 . 武汉 : 武汉大学出版社, 2024.11. -- ISBN 978-7-307-24590-7

Ⅰ. P941.6-53

中国国家版本馆 CIP 数据核字第 2024C3D101 号

责任编辑:林 莉　　责任校对:汪欣怡　　版式设计:韩闻锦

出版发行:**武汉大学出版社**　(430072　武昌　珞珈山)

(电子邮箱:cbs22@ whu.edu.cn 网址:www.wdp.com.cn)

印刷:武汉精一佳印刷有限公司

开本:787×1092　1/16　印张:20.5　字数:347 千字　插页:2

版次:2024 年 11 月第 1 版　2024 年 11 月第 1 次印刷

ISBN 978-7-307-24590-7　定价:98.00 元

编委会

习近平总书记给武汉大学参加中国南北极科学考察队师生代表的回信

武汉大学参加中国南北极科学考察队的师生代表：

你们好！来信收悉。近40年来，武汉大学师生坚持参加南北极科学考察，充分发挥学科优势，完成了一系列科学考察任务，传播了和平利用极地的中国主张，为我国极地科学考察事业作出了积极贡献。

你们在信中表示，要用国家的大事业磨砺青年人的真本领，说得很好。希望学校广大师生始终胸怀“国之大者”，接续砥砺奋斗，练就过硬本领，勇攀科学高峰，为实现高水平科技自立自强和建设教育强国、科技强国、人才强国，全面推进中国式现代化作出新的更大贡献。

正在参加中国第四十次南极科学考察任务的4名师生，我向你们并通过你们向南极科学考察队全体队员致以亲切慰问，希望同志们顽强拼搏、严谨工作、保重身体，祖国和人民期待着大家凯旋。

习近平

2023年12月1日

武漢大學

序

2023 年 12 月 1 日，中共中央总书记、国家主席、中央军委主席习近平给武汉大学参加中国南北极科学考察队的师生代表回信，在武汉大学师生中引发热烈反响。学校各单位通过多种形式贯彻落实回信精神，以南北极科学考察为载体和切口，讲好新时代武汉大学奋进新征程的故事。

武汉大学是中国南北极科考事业的积极参与者和建设者。1983 年，我国正式加入《南极条约》，成为《南极条约》的缔约国。1984 年 11 月，我国首次派出南极考察队开展南大洋和南极大陆科学考察。自此之后，中国极地事业由无到有，由小到大，由弱到强，在极地考察能力、极地科学研究、极地治理国际合作等方面，取得了国际公认的成就，为人类和平利用极地作出了重大贡献。截至 2023 年年底，武汉大学先后选派近 200 人次参加中国 39 次南极科学考察和 17 次北极科学考察，是国内参加极地科学考察时间最早、次数最多、派出科考队员最多的高校科研机构。武汉大学极地科考故事就是中国极地事业的例证和缩影。

在中国极地科考事业中，我们充分发挥了多学科集群的优势。武汉大学学科门类齐全、综合性强、特色明显，参加极地科考的团队不仅来自测绘、遥感等相近学科，还充分吸纳了空间物理、生命科学、医学、计算机、公共管理等学科，形成了支撑极地科考事业的学科集群和人才矩阵。多学科人才汇聚，群策群力、协同攻关、挑战极限，首次征服冰穹 A 并建立全球首个 GNSS 观测站，在格罗夫山收集海量陨石；解决技术“卡脖子”问题，实现高空风场观测高精仪器的进口替代；发现极地微生物资源，斩获国际承认的微生物命名新属、新种；依托极地治理重大课题，产出有影响力的极地政策智库成果，等等。多学科的相互激荡，迸发了一批批基础性、原创性成果。这既是武汉大学的优势所在，又体现了学校在我国极地事业中的责任和担当，正如习近平总书记在给武汉大学参加中国南北极科学考察队师生代表的回信中所指出的："武汉大学师生坚持参加南北极科学考察，充分发挥学科优势，完成了一系列科学考察任务，传播了和平利用极地的中国主张，为我国极地科学考察事业作出了积极贡献。"

"要用国家的大事业磨砺青年人的真本领"，这是武汉大学参加极地科考的初心和使命。"探极八万里，纵横三大洋"，当代中国极地事业发展历程波澜壮阔、成就辉煌，武汉大学一代又一代的青年人将他们的热情、赤诚和智慧一遍遍铺洒在冰冷、雪白的世界中，给极地带来了无限生机和探索未知的无穷力量。在一场场极地科考报告、一门门极地课程、一次次科普讲座的鼓舞和号召下，无数青年人精心准备、主动请缨，随时等待国家极地事业的征召。入选时欢呼，落选时失落，等待时焦灼……心境各不相同，映照出大家为国家大事业倾心尽力的赤诚之心。聚沙成塔，集腋成裘，武大青年人做小事情成就大事业，他们修理仪器、维护设备，他们测量冰川、采集数据，他们在漫漫极地长夜中撰写论文，撑起了极地科考的塔基，筑起了极地事业的大厦。时间改变了青年人的面容和学识，他们从学生变为教师和科研工作者，他们在讲台上、实验室内继续为极地科学事业摇旗呐喊，又带动了新一批青年人登上"雪龙"号向极地进发。这就是武汉大学的坚守和传承，弦歌不辍，芳华待灼。

在极地科考大事业与一代代人的接续奋斗中，武汉大学师生始终对党和国家怀有朴素和深厚的情感。他们会在科考船上和科考站中定期举办党员学习活动；遇到困难时，他们坚定不移地支持临时党委决定，"宁可弃船也不放弃建站"；他们始终牢记是带着党和国家的期望而从事科学考察的。他们把五星红旗在科考站门前升起，在雪地车车头上悬挂，在实验仪器上张贴，在科考服上穿戴，鲜红的旗帜是他们从内心油然升起的赤诚之火。在昆仑站、中山站、泰山站，在"Panda"断面、Dome-A、南北极点，处处都会升起武大人随身携带的五星红旗。特殊的重要时刻，他们会在红旗上郑重地签下自己的名字；国庆等重要节假日，他们会隆重举行升旗仪式，让心随着红色激荡；遇到困难时，宁可人倒下，但一定让红旗猎猎飘扬。他们也有科考人的严谨和"浪漫"，在中山站竖立方向标，用箭头状木制标牌写下中山站与祖国各大城市的距离。为提升中国在极地事务中话语权接续奋斗，为党和国家作贡献，"武大人到哪里，祖国的权益就延伸到哪里"，这是每个武大极地科考人的自觉行动。

武汉大学极地科考事业源自坚守和实干，也需要讲述和传播，以带动更多优秀青年人投身大事业。武汉大学文学院以其特色学科写作学专业为依托，组织80余名师生开展武汉大学南北极科学考察故事的访谈和写作工作。经过半年多的努力，形成了这本图书。该书以人物为中心，通过大量细节和真实场景展现武大极地科考团队的成长经历和心路变迁。一个个故事具体而生动地诠释和回答了习近平总书记提出的殷切期望："胸怀'国之大者'，接续砥砺奋斗，练就过硬本领，勇攀科学高峰，为实现高水平科技自立自强和建设教育强国、科技强国、人才强国，全面推进中国式现代化作出新的更大贡献。"

是为序。

武汉大学党委书记　黄泰岩

2024年7月10日于珞珈山

目　录

第一篇　筚路蓝缕

第二篇　行而不辍

第三篇　薪火相传

第四篇　共襄盛举

第一篇　筚路蓝缕

鄂栋臣：武大极地科学考察引路人

采写组

鄂栋臣（1939—2019），武汉大学教授、博士研究生导师，国际欧亚科学院院士，中国极地测绘事业的开创者和学术带头人，被誉为“中国极地测绘之父”。曾参与1984年中国首次南极考察，一生共参与7次南极考察和4次北极考察，2次在国家南极科学考察中荣立二等功，创下了极地科学考察领域多个“首次”和“第一”。曾任原武汉测绘科技大学党委副书记、武汉大学中国南极测绘研究中心主任、极地测绘科学国家测绘局重点实验室主任、国际南极研究科学委员会地球科学组中国常任代表、湖北省南北极科学考察学会理事长等，为中国极地科学考察事业作出卓越贡献，培养和影响了一代又一代杰出的极地科学考察人才。

“龟山”“蛇山”，南极大陆上竟出现了两个武汉名胜，武汉与南极的距离前所未有地拉近。命名者鄂栋臣那时或许也没有想到，在他的带领下，武汉大学与极地的距离会被越拉越近。

7次入南极，4次入北极，鄂栋臣是全国唯一同时参加过中国南北两极三站建站工程和首次北冰洋考察的科学工作者，更是世界上屈指可数的开展地球南北两极对比研究的科学家。荒原上爬冰卧雪，险境中力挽狂澜，指挥时思虑周全，讲台上激情四射……无数个剪影叠加成鄂栋臣丰盈而坚实的身躯，肩起了代代科学考察人通向极地的闸门，助力他们到潜藏着奥秘的冰原中去，助力中国到更宽阔光明的地方去。

“第一”背后

鄂栋臣开创了太多沉甸甸的“第一”。远远望去，每个里程碑都化成一枚金色勋章，给这个响彻极地测绘领域的名字笼罩了一层神话色彩。巨大声名背后，鄂栋臣始终长怀赤子之心，如多张经典肖像照定格的那样：微微抿着上唇，眉头聚拢，目光严肃、高远而笃定。

“长城湾”，这是鄂栋臣代表中国儿女镌刻在南极广袤冰原之上的第一个名字，意义极为深远。但在鄂栋臣的叙述中，它的诞生却好似无心之举。1984 年 12 月 30 日，搭载着我国首支南极科学考察队的抗冰考察船“向阳红 10”号历经一个多月的航行，将登陆艇送向南极陆地。登上南极大陆的人群洋溢着巨大的喜悦，其中，正与郭琨队长研究建站海滩工地布局安排的鄂栋臣吸引了众人目光。他回忆，自己当时手里捧着站区地形测绘草图：“原来昨天在这张草绘的地图上，我在海滩前面的无名海湾处随手写上了‘长城海湾’四个字，让具有新闻嗅觉的记者发现：这是中国人在南极命名的第一个南极地名呀！”“随手”二字实在是属于测绘人的举重若轻，在命名背后，累积着无数艰苦时刻：漫长而严谨的前期筹备、临行前签下的生死状、预备好的裹尸袋、魆黑的深海与晕船威胁、与各国接触的复杂情况、踏雪山穿冰脊的点位勘察……实际上，鄂栋臣克服的困难还有更多。

也正是在这次科学考察中，鄂栋臣成功测绘了中国第一幅南极地图。测绘长城站站区地形图是异常重要和艰苦的，鄂栋臣每天带领队员穿越崎岖的岩石山地，在狂风中进行测绘工作，前行本就艰难，更何况还要扛着铁锹、镐等工具。该区域到处都是异常坚硬的卵石，一锹下去，根本看不到多大成效。开挖深度还不到 30 厘米就有海水漫上来，掉入冰海是极其凶险的，有性命之忧，必须分外谨慎。在这样艰苦的环境下，鄂栋臣爬冰卧雪，按时在 4 平方公里范围内用红外激光测距导线布设了 33 个控制点和图根点，野外测量 1665 个地形点，最终完成了中国第一幅实测南极地图——南极长城站站区地形图。他曾说：“我们测绘到哪里，我们地名命名到哪里，我们带有中华人民共和国标志的测绘基准点就深埋到哪里，更象征着我国极地地区权益延伸到哪里。”“长城湾”“望龙岩”“八达岭”等众多中国地名被他用来赋予南极的无名山川湖泊，这些得到国际承认的名字融入了他对祖国的浓厚情思，承载着源远流长的中华文化，在这片不毛之地逐渐扎下了根。

在测绘工作的保障下，我国南极第一个科学考察站——长城站——于 1985 年 2 月 20 日顺利建成。首建长城站计划完成办公楼和宿舍楼两栋主建筑，建成时，楼体像“热水瓶”一样保温且密封。在南极，身兼数职再常见不过。这样舒适坚固的居所，始于每一位队员在生死缝隙间的爬上爬下。夏日短暂，可供施工的时间有限，鄂栋臣平均每天要工作十八九个小时。有一次，他在搬运货物时多站了一会儿，竟然累得闭上了眼睛，不知不觉地睡着了。南极的一钉一木比金条还值钱，大家在与自然的搏击中，拼死守护任何一点建筑材料，宁可牺牲，不让战损。暴风雪中，鄂栋臣爬在屋顶上死死抱住钢梁，防止肆虐的风将铁皮刮走；冰冷的海水里，他与队员手挽手围成人墙阻挡浪击，码头才能破水而出。长城站落成典礼举办时，高悬着的长串红鞭炮噼里啪啦炸开，这片万古冰原上迸发出巨大的欢欣。经过 61 个日夜的奋斗，国歌奏响，南极洲首次有了中国人自己的立足之地。神圣的共和国五星红旗在南极上空升起时，鄂栋臣热泪盈眶。

鄂栋臣也是将中国测绘标志埋设在北极点的第一人。1996 年 3 月，由于在测绘领域的杰出贡献，鄂栋臣被特邀作为内地唯一的极地专家，随香港“北极追踪”考察队奔赴北极。到达第二日，他就开始了紧锣密鼓的勘测。两天后，他独自成功采集了 400 余组卫星数据，并设下了中国第一个监测地球运动的卫星固定监测点。而同样体量的任务，通常需要十人小组才能完成。4 月 4 日，经过一番艰苦紧张的勘测，鄂栋臣终于在白茫茫的北冰洋上定位了精确的北极点！他用力在地轴端点上踏了一脚，把藏在胸口里的五星红旗掏出，在北极点上升起，并将中国国家测绘标志郑重埋设在北极点。他的自豪和兴奋沿交会的经线向南流淌，流进全球华人心中。

鄂栋臣经历了更多“第一”。1989 年，参与中国首次南极科学考察；1999 年，参与中国首次北极科学考察；2004 年，参与中国首个北极科学考察站黄河站的建站……鄂栋臣当之无愧地被誉为“极地测绘之父”。可听到这个称号，他却这样回应：“我做的事很有限，但我的后半生都献给了极地，可以称我为‘极地赤子’。”

“第一”之所以备受瞩目，是因为它代表着背后默默付出的“无数”。

一线冲锋

1989 年 1 月 14 日，“极地”号考察船克服万难，顺着涨潮后形成的冰缝稳步前行，停泊在苏联进步站锚地。船上满载着肩负中山站建站使命的科学考察队员，众人欣喜若狂，跃跃欲试，即刻开始组织人手准备卸货。鄂栋臣等 14 名先遣队员先行登陆了。

夜间，鄂栋臣一行人在陆地上听到了持续数小时的巨大轰隆声，像是推土机声，像是发电机声，又像是大铁板震动声。他们与船上的对讲机迟迟联系不上，难以知晓发生了什么。15 日凌晨，他们跑上古石滩，只见“极地”号考察船被死死冻结在冰山林立的海洋中，坍塌的层叠坚冰围困着船身，寸步难行——竟是发生了特大冰崩。昨夜，两千多米长的断面、几百米厚的冰霎时间倾泻入海，鄂栋臣听到的巨响正是冰盖断裂声、冰山翻滚声、数十米巨浪冲击声的交杂。极致的震撼、悲伤和痛苦让他潸然泪下。

在罕见的巨大险情面前，中国人依旧秉持着百折不挠的坚韧和勇毅。在考察船脱困希望渺茫的境地中，指挥部临时党委决定，宁可弃船也不放弃建站，一定要让五星红旗在拉斯曼丘陵飘扬。鄂栋臣跟随众人，愚公移山般地手拉肩扛。冰封海湾，凄风苦雨，孤绝极地，难凉一腔热血，难阻赤子之心。万幸的是峰回路转，船附近的两座冰山移速不同，撕扯出一条逶迤的冰裂隙，“极地”号成功突围。

大大小小的险况已难以细数。1985 年 1 月 26 日，鄂栋臣乘坐的“向阳红 10”号在别林斯高晋海遭遇了 12 级台风，危急关头，他不顾个人安危，和其他队员一起保护珍贵的科学考察设备。1988 年 12 月 22 日，“极地”号船头左舷前甲板被冰块撞了一个直径三四十厘米的大洞，好在有双层加固的钢板，不至于翻船或沉船。有时狂风暴雪将帐篷都撕裂，有时野外考察乘坐的橡皮艇险些被惊浪打翻，有时遇到海狼袭击……

1991 年 12 月 10 日，长城站的队员已有两天没联系上韩健康带领的冰川组了。鄂栋臣和司机驾驶着越野车前去寻找，向乌拉圭阿尔蒂卡站求助后，对方派出一位熟悉道路的军人随行。冰川组每 30 米设立了一个竹竿，鄂栋臣等人就小心谨慎地沿着标志路线行进。冰盖一望无际，他心里有些发毛。开了一段时间，雾气越来越大，很难看清竹竿的方位，他们只能停车。此时距冰川组的位置还有 15 公里，再往里走，也许今天他们都回不去了。鄂栋臣果断向队部报告，申请撤回。还好晚上成功联系上了韩健康，大家都松了口气。

鄂栋臣在极地的见闻中也有一些妙趣横生的片段。有一次，鄂栋臣出于好奇想去摸摸巨海燕的蛋。未等他的手靠近，巨海燕便脖子一伸，猛地吐出一团腥臭的稀食，他崭新的羽绒服“光荣负伤”。鄂栋臣讪讪地笑笑，心想谁让自己惹怒了人家，遭到报复也是理所应当。在第二次南极科学考察时，鄂栋臣担任分管生活的副站长。为了改善伙食，鄂栋臣和站长高钦泉应队员提议，带着其他几人去企鹅岛东头外浅海域钓鱼。大家没准备钓竿，只有尼龙绳加上挂着瘦肉的鱼钩做的简易钓鱼装备。不过成功率还是很可观的，两个小时就钓上了50斤，足够长城站众人打打牙祭了。鄂栋臣笑称，南极的生灵没上过人类的当，南极的鱼毫无警惕性，总是傻乎乎地咬钩。1989年，鄂栋臣在中山站和队友们欢庆元旦，面向北半球的祖国遥遥举杯。在他的极地之行中有无数个“遥望”“遥想”“遥致”祖国的瞬间。险难、闲趣、责任与使命，共同构成了他的极地回忆。

1999年7月15日，中国第1次北极科学考察，大家在船上给鄂栋臣过了60岁生日，还给他准备了生日蛋糕。他感叹道，自己的生命在测量地球两极中得到了延伸。

极目极地冰原，叩问极地星空，鄂栋臣的极地生涯是说不尽的。

坐镇后方

从刚入校渴望知识的青年到著作等身的教授，从跋涉于极地一线的科学考察先锋到坐镇后方的“将军”，照片从单调的黑白两色升级成了鲜艳的彩色，鄂栋臣的头发却由黑转白。

1991年，鄂栋臣任武汉测绘科技大学中国南极测绘研究中心主任。2005年，任极地测绘科学国家测绘局重点实验室主任。鄂栋臣深知，这不仅是一份荣誉，更是一份沉甸甸的责任。出身于贫穷的农村家庭，他始终真诚而耿直，厌恶损人利己、发腐败之财、只求官帽不为民办事的人。这样坚定的信念也转化成了对自身的高标准严要求：如何高效组织和引领科研工作？如何发掘并培养极地科研事业的新生力量？鄂栋臣总是做得比说得更多，成果比设想更好，用实际行动诠释科研工作者的担当与奉献。

鄂栋臣胆大心细，凭借极富战略性的前瞻目光与持之以恒的毅力，带领武汉大学极地科研工作者们求新拓荒。21世纪初，中国的极地科学考察虽然已经在许多领域取得了突破，但仍处在艰苦创业的过程中。缺少项目支撑、经费保障不足、流程审批困难、人员调度乏力等，一个又一个难题接踵而至，横亘在鄂栋臣及武大极地科考人前行的路上。“士不可以不弘毅，任重而道远”，无论面临怎样的困境，鄂栋臣始终笃行不怠，也多次嘱咐自己的学生，一定要守住极地测绘这块阵地，做业务化的长期观测。1998年9月，北京一家公司向科学考察队捐赠了两台GPS信号接收机，这两台接收机产自瑞典，并不是常用的品牌，用法和配套系统都要从零开始摸索。鄂栋臣对当时负责GPS观测站建设的王甫红说：“这一套东西现在归你管。既然接受了捐赠，就要把配套的所有电脑系统、软件构建起来，在中山站建立一个GPS常年观测站，实现无人值守的连续观测。这项任务在中山站一定要完成。”鄂栋臣任职期间，武汉大学科研工作者在南极测绘事业做出的一次次的发展与创新，都离不开这样一双强有力的推手。

在具有极强专业性的同时，鄂栋臣真正做到了在工作中无私奉献，敢于创新。2000年，为了更好地辅助格罗夫山陨石搜集和研究工作，鄂栋臣指导学生周春霞在现场实测的基础上利用卫星进一步繁衍格罗夫山区的地形数据。当时，鄂栋臣听说了合成孔径雷达干涉测量(InSAR)这种新技术，便迫切地希望周春霞利用它完成工作。但是再前沿的技术也需要数据作为支撑，那时很多卫星数据需要付费。周春霞回忆：“鄂老师自己花了两三万元，买了很多数据，让我做这个方向，紧跟住InSAR这个技术前沿。”而两三万元，在2000年却是一笔不菲的开销。

在鄂栋臣的引领之下，武大极地科研工作者们像是细细密密的苔藓，团结、坚韧，纵使在一片荒凉的南极，也能展现出生命的无限魅力。每当有后辈前往极地参加科学考察，鄂栋臣都会亲自带队前往机场送行。“一定要传承武汉大学极地科考的优良传统”，他殷切的嘱托让大家记忆犹新。身体情况能够勉力支撑时，鄂栋臣亲自冲锋在一线，舍生忘死，责无旁贷；随着年龄不断增长，他运用愈加丰富的经验，以沉稳的胸怀，缜密分析，排兵布阵，成为每个武大极地人最坚实可靠的港湾。

鄂栋臣已经化作一个精神图腾，始终熠熠生辉，影响着一代代武大极地人。

传道授业

在鄂栋臣的一生中，“教师”是一个重要且光辉的身份。“师者，所以传道授业解惑也。”鄂栋臣的一生，不但通过三尺讲台将极地科学考察送进青年人的视野，更通过讲台之外的身体力行弘扬科研精神、传播科学知识。

不少武大极地人的回忆中，鄂栋臣为他们做的“启蒙”讲座都是浓墨重彩的一笔。譬如 1996 年，鄂栋臣为测绘学院本科新生做了一场入学教育讲座，向刚刚迈入大学校园的青年人讲述了自己参与南极考察的经历与见闻。他带学生们领略了辽远纯净的南极风光，还展示了一张北极狐的毛皮。当遥远神奇的极地世界近在咫尺地出现在讲台上时，台下连连传来学生惊奇的感叹声。经由鄂栋臣，极地科学考察的蓝图映入了青年学子清澈而坚定的眼眸。而这群学生里，就坐着后来 16 次奔赴极地、为极地信息化事业作出卓越贡献的测绘学者艾松涛。艾松涛说：“我满眼好奇地看着这些来自遥远极地的新鲜事物，并从此在心中埋下了一颗向往极地的种子。”读研时，艾松涛选择了中国南极测绘研究中心，并选择了鄂栋臣作为自己的导师。2002 年，鄂栋臣向还在读研的艾松涛递上了中国第 19 次南极考察队的橄榄枝，就这样，又一位青年人跟随鄂栋臣的步伐，踏上了极地征途。

只激发学生的好奇与热情还不够，科研攻关需要特别能吃苦，而鄂栋臣能吃苦常常令他那些比他年轻的学生都难以望其项背。他的学生张胜凯至今还记得跟鄂老师“比赛加班”的经历：“刚开始时，我工作到晚上 10 点多就回宿舍洗漱准备休息了，但第二天早上醒来一看，发现鄂老师昨天晚上十一二点还在给我发电子邮件。后来我就想，鄂老师不离开办公室，我也不离开。”那时，张胜凯所在的机房位于鄂栋臣办公室的斜对面，他就看着老师的灯光，与老师一起坚守在工作岗位上。大部分时候，张胜凯能坚持到鄂栋臣离开后再离开，不过，鄂栋臣的工作热情实在高涨，精力也相当旺盛，“有时候他到两三点还不走，我实在是受不了了”，小伙子张胜凯就这样“输给”了当时已经六十多岁的老师鄂栋臣。时至今日，张胜凯感叹：“鄂老师一生是极地人。我和鄂老师相处了 15 年左右，他对工作的热情、对南极的热爱，到现在都深深地影响着我。”庞小平也说，鄂栋臣“终身学习”的精神给了她很大的激励。鄂栋臣读书时主修的外语是俄语，后来又自学英语，甚至有地方口音的英语他也能听懂。在与鄂栋臣共同参与南极国际交流时，庞小平常常为他的英语口语所折服。

除了培养学生，鄂栋臣也以向大众科普极地为己任，利用自己屡赴极地的亲身经历和丰富的专业知识，鼓励更多人认识南极、热爱南极、探索南极、保护南极。他二十多年如一日，在全国各地的高校、中学做了近600场南北极科普报告，曾被中国科普作家协会评为中华人民共和国成立以来“成绩突出的科普作家”，被评为“湖北省科技传播十大杰出人物”等。他以科学考察日记为基础出版了科普图书《极地征途：中国南极科考日记档案》。他编选这本书的初衷是想将中国极地科学考察的创业之路呈现给更多关注科学、学习科学家精神的人们。学生张胜凯说，鄂老师的文笔很好，记录下了很多见闻和情绪。鄂栋臣还给李航创作的《在南极的500天》作了序言，李航回忆说：“鄂老师看到这本书时对我说了很多鼓励的话，希望我们这些理工科学生也能葆有人文的情怀，要让普罗大众看到科考人的故事，听到我们的声音，这对极地科考人自己也将是很大的勉励。”

2014年4月，鄂栋臣被查出患了肺癌。他减少了一部分科研工作，可也不愿“闲下来”，坚持出版著作，参与科普讲座。2018年他又患了脑梗，身体每况愈下。想到自己的病情，他焦急地说：“我是做科研的，脑子坏了就等于废了。”在生命的最后几年，他那份无私奉献的精神依然令人动容。“一个知识分子一辈子能做出一件对国家有用的事，我就心安理得了”，鄂栋臣无愧于自己的誓言。在这种精神的影响下，武汉大学中国南极测绘研究中心持续为社会公众提供南北极科普公益讲座、展览，参与极地科普书籍编撰等，在广大青少年心中点燃“极地梦”的火苗，种下“极地梦”的种子。

恰逢极地科学考察四十载，从1984年鄂栋臣参与的首次中国南极科学考察开始，武汉大学先后选派186人次参加中国39次南极科学考察和17次北极科学考察，是国内参加极地科学考察最早、次数最多、派出科学考察队员最多的高校。前赴后继、砥砺前行是一代代武大人的信条；与冰雪为伴，和风浪共舞，把热血和生命奉献给祖国极地科学考察事业是一代代武大人不变的传承。

对于鄂栋臣这样一位极具家国情怀的科研工作者来说，国家富强、人民幸福是他最真诚的信仰。2000年，鄂栋臣在采访时表示，最高兴的事情发生在1998年9月，那时他主持的“南极现代测绘与遥感应用研究”攻关项目获得国家级科技进步二等奖，在人民大会堂受到国家领导人的接见，在极地顽强拼搏奋斗的成果终于得到了国家的肯定。2008年，已年近古稀的鄂栋臣担任湖北省的奥运火炬手，对他而言，传递奥运圣火与首赴南极一样令他激动。鄂栋臣认为，北京奥运会是中国综合国力增强和国际地位提高的体现。想到从1983年第12次《南极条约》协商会议上中国代表被请出场外，到如今中国成为极地科学考察大国，他心中感慨万千，手中的祥云火炬增添了几分沉甸甸的分量。今天，如果鄂栋臣能够看到习近平总书记的重要回信，感受到党和国家立意深远的殷殷嘱托，一定会将其视为自己这个“极地赤子”内心最高兴、最骄傲的事情。事实上，鄂栋臣已经用自己始终胸怀“国之大者”的科研人生，为回答如何接续砥砺奋斗、练就过硬本领、勇攀科学高峰提供了参考答案。

2017年黄泰岩向鄂栋臣颁发“点赞杯”

鄂栋臣始终没有离去。他如极地测绘领域的璀璨星辰，闪烁在白色覆盖的极寒极荒处，为一代又一代的武大极地人指引方向，唤其冲锋，护其归航。

（撰稿人：赵恩宁　朱宸嘉　沈钰洁）

两赴南极：潜心测绘当尖兵

孙和利　孙家抦

孙和利于南极采集摄影参数数据

孙家抦与雪上摩托和雪上考察车

孙和利，现为武汉大学遥感信息工程学院副教授。中国第6次、第8次南极考察队队员。曾先后主持参与了十几项科研项目。公开发表学术论文10余篇。获得国家科学技术进步奖二等奖一项，国家测绘局科技进步二等奖一项，国家精品课程奖一项，武汉大学师德标兵奖一次。

孙家抦，武汉大学遥感信息工程学院教授、博士生导师，中国南极考察队队员，兼任中国南极测绘研究中心影像信息工程研究室主任，南北极科学考察学会常务理事。从事遥感、摄影测量、3S(GPS、GIS、RS)①集成、数字地球的教学和科研工作及南极科学考察。1990—1993年两次(第7次和第9次南极考察)赴南极中山站和长城站科学考察，还进行了环南极考察和环球考察。

① GPS、GIS、RS指全球定位系统(Global Positioning System)、地理信息系统(Geographic Information System)、遥感(Remote Sensing)。

冰天雪地，蕴含着无限的神秘和宝藏；孙和利、孙家抦在 20 世纪 80 年代末和 90 年代初都两次参加极地科考，展现出武大人的风采与担当。两次南极之行都给他们的工作和生活留下了浓墨重彩的一笔。下面是两人的自述。

孙和利的自述

我的桌上长久地放着一支钢笔。它是我与南极的信物，也是我两访极地的见证。

我在 1989 年赴南极大陆进行第 6 次科学考察时，曾不慎将这支钢笔遗落在控制点位之旁，于 1991 年再度探访时，它竟完好无损地待在原地，只是金属笔帽已经被风吹得发白。于是我将它带回祖国，搁置在办公桌上，每当我凝视它时，我总会想起这两次终生难忘的科考经历。正如这支已经褪色却仍能为我所用的钢笔一般，历经两次科学考察，我的部分人生随着时间的流逝而悄然变化，但更多的却任凭风吹雨打，依旧不改其色。

1989 年夏，我在原武汉测绘科技大学毕业后留校工作已满三年。在这一年里，我经学校推荐参与了中国第 6 次极地科学考察队员的选拔。最终参与科学考察的人员严格来算只有二十余人，分为大洋科考班与陆地科考班两支队伍。选拔条件较为严苛，得益于我的专业条件与前期工作经验的积累，再加上较为年轻、身强力壮，最后的政审合格后，我光荣地成为极地科学考察队的一分子。

科考队员名单出来后，我既喜悦，又紧张。喜悦多来自能代表学校、代表国家出征的荣誉感与自豪感，但同时又为自己能否胜任这份重担感到些许不安。我们随即参加了国家南极考察委员会组织的集训，了解基本的科考任务和科研计划，并学习一些仪器设备的操作、简单问题的处理方法等。同时，我们还赴亚布力滑雪场进行实地演练，模拟极地严寒、干燥、烈风的环境，学习基本的生存技能，更重要的还有为心理上的早日适应创造条件。训练严酷，极强的风力、极低的温度都令人望而生畏，然而，想到自己即将走出国门，肩上背负的是代表中国形象的重担，便咬咬牙坚持下来，对自己的要求也在无形之中提高了。

漫长的等待终有尽头，不久便是出发的时日。当时正值 20 世纪 80 年代末期，是信息闭塞、互联网技术也尚不发达的时代。在去往南极之前，我对这片神秘的领地充满了未知的忐忑，只有向去过的老师、前辈请教南极科考的知识与经验，再通过阅读相关资料书籍，补充自己对极地的认识。随着出发的日期渐近，我心中的向往与憧憬之情也越发汹涌，我已无数次在脑海中描摹冰天雪地的胜景，也已无数次在梦中走进那纯洁无瑕的圣地。1989 年 10 月 30 日，科考队乘坐“极地”号从青岛出发，一路向南。此次科考为中国首次实施“一船两站”方案，即船只先赴长城站，装卸物资与考察队员，再赴中山站。一个多月的海漂旅程说长不长，说短也实属不短。我时常站在甲板上远眺一望无际的蔚蓝海面，再看着头顶高扬的五星红旗，心中便被强烈的自豪感填满。

孙和利在南极进行实地考察

我们先抵达长城站，在那里待了十天左右，进行卸货、建造房屋、调试设备等工作，任务结束后再上船沿南极大陆行驶至中山站。长城站气候较为温暖，各国科考站、科考队员也较多，中山站则相对冷清了不少。我们负责的主要任务是为中山站建立测绘基准、进行拉斯曼丘陵地区地形图、影像图绘制等，为我国后续在拉斯曼丘陵的地质、水资源、重力、生物等学科研究提供基础支持。

考察方式为飞机航拍，先在地面上铺上预先准备好的黑布和白布测量标志，用石子压牢，通过直升机中部挂钩的圆孔安装相机进行手动拍摄；高空中气温极冷，为避免影响相机操作无法佩戴手套，而拍摄使用的是胶卷相机，一次只能拍摄 24 张照片，必须

正在建设中的中山站(航拍)

合理利用拍摄时机，当时也没有任何的专用设备，只能凭借经验来控制按下快门的时间。对于飞行员来说，那时并没有 GPS 导航，全部的飞行依据是一张利用手绘地图制定的航线布设图。受制于种种外部条件，这种航空摄影方式对于初次前往南极的我们而言难度是巨大的。这些经历千难万险后拍摄出的照片便是我们作图的基础资料，在拍摄完成后，小组成员再运用测绘仪器进行实地控制测量，最终制作出完整的地图。在此主要工作之余，我们也会根据考察队要求完成建站的施工放样工作，帮助其他队员完成一些采样、定位的任务，以及建站所需的体力活。同时，科考队也时常向一些较早开始科学考察的国家学习南极科考先进经验，以提高自身水平。

早期科考环境艰苦，开展科研困难重重。严酷的气候不言而喻，那种刺入骨髓的寒冷是难以抵挡的，多加衣物也防御不住，况且为了方便出行和操控设备，队员往往轻装上阵，被冻得四肢麻木早已是家常便饭。同时，南极地区盛行下降风，风力强劲，破坏

航摄影像记录(米洛半岛)

力强，一下雪雪花便平行着飞舞，伸手不见五指，无法视路，更判断不了前方地形状况，科考队员只能依靠建筑物之间的牵引绳前进，即使目的地极近，这样深一脚浅一脚地艰难行走，也往往要走数个小时之久。除了恶劣的气候，考察队还要时刻警惕着极地生物的侵袭。尤其是贼鸥，专攻人类头部，稍有靠近它们的领地，便猛地俯冲下来狠啄，时常直逼得我们在陡峭的地形上狂奔，离得很远了还心有余悸。

当时科考还面临着一个严峻的问题，那便是语言不通。20世纪八九十年代，中国的英语普及水平一般，队员的外语水平不算很高，和他国工作人员交流起来往往连比画带猜，一着急更是无法传达清楚彼此意思。如此一来，我们便经常陷入有口难言的尴尬境地中，产生了挫败和焦灼之感，仿佛与外界有着一层厚厚的隔膜似的。这种与世界有壁的孤独，在科考期间常常发生。令我印象最深刻的是有一次外出考察，来接我们的直升机无法容纳所有的物资与队员，我主动要求留在原地等待飞机折返。我呆立在原地，看着直升机渐行渐远，直到变成一个黑点，再也看不见了，心却莫名地虚无起来。四周除了雪便还是雪，更有一种空寂寂的茫然，仿佛这个世界的声音同时消失在了宇宙的尽头。一种从未有过的孤独和无助感击中了我，我开始胡思乱想：万一飞机不再回来我该怎么办呢？在这冰天雪地里我一个人能活多久？越想越是慌乱，便极力抑制住纷飞的思绪，不断向天际线看去。大概一小时后，我终于听见了直升机从远方传来的轰鸣，不由得松了口气，心里尽是“劫后余生”般的喜悦。前半生的往事早已如烟般消散，然而那时的心情，那样如在火上炙烤般的煎熬，却是终生都忘不了的。

南极夏季白昼漫长，科考环境虽艰苦难言，然而留在回忆里的却大多是那些充满美好的瞬间。尤记得我们在冰面上考察时，到了饭点就席地而坐，拿出馒头来啃，看着远处有两只企鹅摇摇摆摆地来了，我们也不理会，自顾自地做着自己的事情。那企鹅便背着两只手，好似绅士般绕我们而行，这里看看，那里瞅瞅，时不时地停下来仔细研究三脚架等新奇玩意儿。看够了，又摇摇晃晃地走远了。到后来我们便把这群可爱的生物称作喜好巡逻的“监工”。在这片我从未涉足过的领域，新鲜事儿是看不完的。突然听见海面上响起噼里啪啦的一阵声响，原来是鲸鱼一跃而起，正在吞吃海豹；生活在冷水中的鱼对外界干扰极不敏感，于是我们直接将手伸入水中去抓，一抓一个准；夏季阳光充足，有些地方雪水消融，我们出门便不带饮用水，直接在户外找可直饮的雪水，那水清冽可口，在口腔里溢出一股回甘，回忆起来，那便是我喝过最甜的天然之水。

孙和利与企鹅合影

一百余天的时间倏忽而逝，很快，就到了要返程的日子。每次临近离开，才会忽地发现，自己原来还留有那么多的遗憾。除了专业上的抱憾，总觉最终成果与理想状态还有些许差距；在个人情感上也是如此，还没有好好地看过一次风景，还没有再进一步地和企鹅交流，最惋惜的还有受到条件的限制，无法将那些美好的瞬间用镜头记录下来，镌刻成永恒。但从更长远的意义而言，或许不圆满本身就是另一种圆满。正是因为硬件设施的简陋，科考队的成员们在考察时才更加尽心竭力，以人为的勤勉填补仪器的不足，在回国后获得了国家科学技术进步奖二等奖的极高荣誉。而照片的缺失则让南极这片净土永久地封存在我的记忆里，那些难忘的时刻在岁月的冲刷下日益鲜亮，最终变成我生命中的一部分得以留存。

1991 年，学校再次委派我参加中国第 8 次极地科学考察。时隔两年再度回到这里，我的心中自是感慨万千。相比于第一次的忐忑不安，这一次的我可以说是胸有成竹了不少。看着周遭既熟悉又陌生的景象在我眼前掠过，我的记忆也在不断复苏。

初次奔赴南极是由蔡宏翔领队，即使专业知识准备充分，但仍觉得心里没底，绝大部分计划和方案建立在想象的基础之上。测绘是一门脚踏实地的学科，它需要理论知识、极为严谨的态度和充足的经验支撑，而这一切都必须从亲身实践中得来。经过这几个月的历练，两年后重回旧地，我已成为能够独当一面的“老科考人”，开展考察工作逐渐得心应手，处理问题也相对游刃有余。然而，外部条件在变化，自身科研水平在精进，那颗赤诚的报国之心却始终未变。

南极作为一片没有领土归属的陆地，允许世界各国对它进行科学考察和研究，具有重要的科研、资源与战略意义。能否在南极大陆展开大规模的科学考察、科考能否取得具有前瞻性的重大成果，是国家科技水平的体现，更是综合国力与国际话语权的彰显。从过去的被《南极条约》大会轰出会场，到现在长城站、中山站、昆仑站、泰山站、秦岭站的依次建成；从依赖美国 GPS 技术到北斗卫星导航技术的成熟运用，中国在南极地区一步步稳扎稳打，不断攀登新的高峰。这条路太漫长，也太艰辛，背后离不开我国综合实力的与日俱增，也离不开代代科考人的同舟共济。科考团队信奉的宗旨很简单，那便是国家利益高于一切。我们为着共同的目标阔别家人，奔赴极地，怀着同样的信念攻坚克难，不懈奋斗。这份舍身为国的情怀从 1984 年中国首次登陆南极洲时便已扎根，并在一批又一批科考队员的身上薪火相传，绵延不尽。

孙家柄的自述

两次我都是在度夏期间前往南极考察，九十月份从青岛出发，来年的三四月份回国。其中，我的主要工作是空中摄影和遥感及进行冰盖考察等，为中国南极考察队未来的计划积累经验、提供思路。而令我印象最深刻的，当属获得国家科学技术进步奖二等奖之一的“用遥感方法探测富集陨石的南极格罗夫山地的蓝冰区”。经多次内陆考察，目前为止考察队员在蓝冰区已回收近万枚陨石(南极陨石被冰雪包裹没与地面碰撞，研究价值更高)，数量居世界第三。

当我第一次登上南极的陆地时，那种与我曾长久工作过的雪域高原截然不同的风景深深震撼了我，它是那么的广阔无垠、婀娜多姿，使我的心情既激动又忐忑。在当时的条件下，我们进行航空摄影时缺少专业的航摄飞机，只能借用从澳大利亚雇来的直升机。为了对地摄影，飞机后舱座位前的踏板被掀掉，在机肚的铝壳上钻出 10 厘米的洞口，人就跪伏在上面对下方地面进行垂直摄影。在对半岛众多而地形复杂、大部分被冰雪覆盖、无法选择明显地物点的拉斯曼丘陵空中摄影时，为了保证测量控制点的精准度，我们采取了独特的办法：将红色与白色的布匹裁成 8 米长，雪地用红布标点，裸露地带用白布标点，按照规定沿各条航线布置十字形的标。于是在空中看起来既清楚又准确，这也就是我们在进行空中摄影作业之前的准备工作。回国后，当航测实验室老师在仪器上测图时，也不由感叹控制点的准确性，对我们顺利地完成航测成图起着重要的作用。

孙家柄正在做测量标志

在南极这片神奇的土地上，我们虽然会遇到一些突发的困难，但更多的时候则会沉溺于它无比迷人的魅力。在一次布标的过程中，我们需要背着仪器从中山站出发，翻山越岭，踏冰漫雪，一路上气温极低寒风刺骨，紫外线又很强，到达山顶时都是满身大汗。从山顶眺望，达尔克冰川入海段的全貌尽现于眼前，冰裂与沟壑纵横，巨冰开裂、移动，蔚为壮观而又令人生畏，让观者情不自禁地感叹大自然的鬼斧神工。第二天，我们出发去勃洛克尼斯半岛，其间山峰峻峭陡直，大家在攀爬的过程中都十分小心，稍有不慎就会连人带石滚向深谷或者引发雪崩。然而，在这一路极其危险的探索中，我也看到了南极大陆岩层中暗藏的天然岩画、潺潺流动的地下涌泉、洞口内晶莹剔透的水晶冰宫……大自然的美不胜收，让我在工作之余收获颇丰。

南极冰凌

前往南极进行科学考察的时间里，我们的每一天都充实、饱满，也经常会遇到一些有趣的事情。我常在考察工作结束后，驾驶着雪地车四处走走，看一看冰原风貌，或者是去友邦的科学考察站“串门”，各国科研工作者都十分热情，互相之间走访往来，谈笑风生。我们队员也经常一起踢足球、洗“雪浴”，十分热闹。因为我们队是在度夏期间去的南极，正好是极昼时期，基地的房间用集装箱改装排列在一起，只开一个很小的窗户，也并不会影响到睡眠，而我有些时候恰巧睡不着，也会在半夜里出去散散步，偶遇对人友好的企鹅时还会拍个合照。

测量作业属于南极科学考察的奠基石，而我们就是“尖兵”队伍，为考察的具体展开做好前期工作。在40年的南极科学考察之旅中，武汉大学的师生从未缺席。武汉大学是国内参加极地考察最早、次数最多、派出科学考察队员最多的高校，这也让我倍感自豪。身为一代代前赴后继的武大人中的一分子，将生命和热血奉献给祖国极地科学考察事业一直是我前进的动力，而遥感科学就是我为之奋斗、耕耘的领域。遥感，来源于英文词汇“remote sensing”，中文翻译为遥远感知，简称遥感。遥感技术的应用十分广泛，从城市的建设，草场调查，指导农业生产到考古研究，都离不开遥感技术的支持。比如，我在荆州的纪南城和宜城的楚王城遗址的遥感考古工作中，绘制了古城图，还利用遥感显示的湿度和地形等因素，探测了已消失的古河道和护城河，解开了秦将白起引蛮河水淹死楚皇城官兵夺城的引水路径之谜，得到湖北省考古研究所的肯定。同样，遥感科学对南极科学考察事业的发展也至关重要，而我也经常对我们遥感学院的学生说，你们去南极，一是要创新，二是要做出别人做不到的东西。在对未来从中山站到南极点的大剖面调查的规划上，作为测绘领域的研究者，第一个任务是提供从中山站到南极点的地形图，第二个任务就是运用遥感技术辅助大剖面调查工作的展开，包括在全球变暖的背景下南极的冰川如何演化，都是需要你们这些年轻人去关注、解决的科研问题。我现在虽然因为年纪大去不了南极了，但青年学子所能大展的身手是不能被低估的，我也希望他们能在前人的基础上更进一步，以明确的目的与充分的准备迎接挑战，克服困难。

孙家柄进行冰上作业

“南极命运共同体”也为我们科学考察队开展工作提供了极大的便利与帮助。在《南极条约》签订以后，各国对南极都不准有领土主权，不允许携带武器装备登陆南极，同时外来的动植物也不允许被带入，这样就很好地保护了南极原有的生态环境。在南极洲，各国的科学考察站都非常友好，互帮互助，在我看来是一次非常好的“人类命运共同体”理念的具体实践，所以我也曾经向学校提出，是否能向总书记反映一下南极可以作为人类命运共同体建设的一个试点。我在南极考察的那一年，英国和阿根廷之间爆发了马岛战争，但是这两个国家在南极的考察站依旧保持着友好往来；又如，有一次我们的长城站在展开工作时，吊车因为货物超重吊臂磕入海里，智利站的飞机马上过来帮我们查看情况，俄罗斯科学考察站的队员则驾驶着他们的吊车帮助我们开展打捞工作；再如，当年俄罗斯国内经济实施“休克疗法”，进步站粮食接济不上，中山站为他们烤制

孙家柄(左二)于科学考察船"极地"号前

了大量面包，保证他们过冬。因此，南极可以说是"人类命运共同体"的一个典型，为我们中国科学考察队顺利开展科学研究提供了良好的国际环境。

回顾中国南极科学考察的40年，我们从一开始没有、不能参与直至后来逐渐变得强大，发展到如今可以独当一面，做出属于我们的研究成果，这一路都是极其不容易的。目前在南极，我国已经建立了5个考察站——长城站、中山站、昆仑站、泰山站与罗斯海那儿的秦岭站，未来的规划是开展从中山站到南极点的大剖面考察。同时，我们的"极地"号破冰船也正在建设当中，将和"雪龙"号、"雪龙2"号共同承担起未来的科学考察重任。所以，我国的南极科学考察事业的发展正欣欣向荣，未来将在南极科研领域拥有更多的话语权。

写在最后

于40年间坚毅前行，在大事业中磨砺本领。一代代武大人将热血洒在极地，我们同样为自己能够成为其中一员而深感荣幸。从毕业至今，测量工作早已与我们的生活融为一体，我们热爱它，并愿意为之付出自己的一切。两次科学考察，让我们感受到南极独特魅力，更让我们体会到测绘遥感科学在国家事业中的重要作用。我们取得了一些成就，但未来的路还很长，充满了无限的可能性和机遇。希望更多的人能在憧憬中凝聚信念、在奋斗中坚定信心，为极地事业增光添彩。

（采写：刘亦橦　金凯歌　罗佳昕　何国瑞）

从冰天雪地到广袤寰宇：越远，越难，越向前

桑吉章

桑吉章于1991年11月30日与“极地”号合影

桑吉章，武汉大学测绘学院特聘教授、博士研究生导师。1991年参加中国第8次南极科学考察。科学考察期间在测绘小组开展研究工作，参与完成了拉斯曼丘陵西部斯托尼斯半岛等5个岛的地面控制测量工作、33个地面控制点的施测工作，在拉斯曼丘陵建立了完整的地面控制网；参与了中山站站区的碎部测量，在站区平面图上补测新增建筑物。

在下层的书柜里，翻到了一本又厚又旧的相册。相册装得很满，还有一两张照片被仔细地夹在外层。封面的积灰，已经将我粗糙的手指弄脏。这是我参与中国第8次南极

科学考察时的照片。第一张相片是 1991 年冬季拍下的，我穿着黑西装，精神抖擞地站在“极地”号前。

转眼，又是一年冬。而今已是武汉大学参与中国南北极科学考察的第 40 个年头。当武大学子奔赴第 40 次南极科学考察的新闻映入眼帘，看见他们站在“雪龙”号前时，我心中感慨万千。

本以为我的故事相对于鄂栋臣教授这样的南极科学考察领路人来说，实在是有些平淡和普通了，但是看完习近平总书记给武汉大学参加中国南北极科学考察队的师生代表的回信，我最终乐意将我的故事讲出来听听。一方面，忝居前辈，愿将科学考察的经验分享，希望吸引更多的新鲜血液注入南北极科学考察的队伍中；另一方面，为本次南北极科学考察故事项目的开展助力。

初遇——和明媚的中山站“碰头”

我一直认为，南北极的科学考察旅程是一个人一生都值得纪念的事情。33 年前的那个冬天，那个我乘坐上“极地”号从青岛出发，经由大洋洲，最终到达中山站进行南极科学考察之旅的冬天，是我人生中最明媚的冬天。

在那之前我一直认为，南极一定是冰雪交加、寒风凛冽的。直到我来到中山站……明媚这个词确实不是信口胡诌。中山站降水天数 162 天，年平均湿度 54%，全年晴天的天数要比长城站多得多。虽然寒冷干燥，但明媚的阳光却很少缺席。

1992 年的元旦是在船上度过的。“极地”号船驶入普里兹湾，在距离岸边 1 公里的地方，按照惯例换了小船继续行进。在听惯了漫长航程中枯燥的抗冰“咯吱”声后，远远地看见祖国同胞的招手，船上的队友们也十分兴奋。

那时中山站建站才三年，生活条件相对艰苦。中山站距离俄罗斯的进步站仅 1 公里，两站之间关系紧密。中山站四周是连绵起伏的冰山。冰山可没有看上去这么友善，根据冰山理论，其七分之六的体积在海面下，让人望而生畏。冰山被固定海冰牢牢冻结。根据先前科学考察队员的经验，固定海冰破裂成为浮冰一般在每年 1 月中下旬。只有浮冰密集度小于 70%时，具有抗冰性能的船只才能进入站区，再利用小艇和驳船输送燃油、大型物资和设备。

到达中山站后，队员们随即开始了紧张的考察工作和站区建设任务。我们不约而同地把刚来时对企鹅的好奇全都抛之脑后。

测绘——守护心中飘扬的五星红旗

从无到有，从合格到完美，在中山站的科学考察旅程，让我真正体会到迎难而上、不言放弃的感觉。

中山站所在的拉斯曼丘陵，地处南极圈之内，位于普里兹湾东南沿岸，西南距艾默里冰架和查尔斯王子山脉几百公里，是南极海洋和大陆科学考察的理想区域。而我的工作，则是测绘拉斯曼丘陵西部的群岛。测绘小组的任务是完成拉斯曼丘陵西部以斯托尼斯半岛为主的近 130 平方公里区域的航空摄影工作，形成测绘相片，并通过相应的野外调绘，将地面控制点转刺到测绘相片上；完成拉斯曼丘陵西部斯托尼斯半岛等 5 个岛的地面控制测量工作，施测地面控制点 33 个，从而在拉斯曼丘陵建立完整的地面控制网；最后进行站区的碎部测量，将新增建筑物补测在站区平面图上。

1991 年的南极中山站

每个早晨从宿舍内醒来，洗漱完毕就准备出站开展测绘工作。虽然有直升机这个“大块头”帮忙，但测绘的仪器等准备工作，还是需要人力。我的身体相对瘦弱，对于大块头的仪器的搬运总是力不从心。同组的队员总是体贴关照我的情况，扛着重重的仪器，咬牙走在前面，即使搬得吃力也从不推脱。我则尽我所能，将繁琐的小型仪器清查完备，不拖后腿。

跟着测绘小组的队员拿着仪器出门，按部就班地坐上直升机，安全起飞，前往我们熟悉的测绘工作地。

海岛作为一个独立的地理单元，其地理信息的准确性对于后续的海洋科学研究和资源开发至关重要。因此，拉斯曼丘陵西部的海岛测绘需要采用高精度的测量设备和方法，确保测量结果的准确性和可靠性。不仅如此，拉斯曼丘陵西部的小岛群测绘需要整合海洋测绘、遥感测绘、地理信息系统等多种数据源。通过数据融合和整合，使得海岛的地理信息更加全面、准确，更利于国家后续的科学考察。

利用全站仪测绘

野外测量分两部分。一是由我负责的地面控制网建立，为航空摄影测量提供位置基准；二是利用直升机航拍采集地面相片，以此为基础制作测区地形图。那时全球卫星导航系统(Global Navigation Satellite System，GNSS)测量仪器还属于“奢侈品”，我们只能携带全站仪进行导线控制测量。每天的例行工作是背着全站仪和三脚架奔波在岛上，进行控制点之间的测量，而“夜间”则寄居简陋的帐篷。好在距离较远的测点之间的仪器搬运有直升机帮助，因此野外测量工作得以快捷完成。

测绘是一个与野外无法斩断联系的项目。由于站点的初建，我们对周边环境的了解不够透彻。我们连着在野外的小岛上住了十多天。组员们穿着厚重的工作服，拿出搭建帐篷的零件，承受着强风的吹拂，脸颊上的肉也会被吹得变形。搭建过夜的帐篷的布料一次次地变形，刚点燃的汽油灯也因为强风连续熄灭。火星一点点变小，难以下咽的寡淡无味的面条难以填充饥肠辘辘的肚子，此时无奈的心理总会悄然滋生，但退缩的念头从未出现。

测绘，从来不是一件容易的事儿。但如果与南极科学考察的前人相比，我觉得这些看似艰苦的环境，不值一提。正是因为前几批南极科学考察队队员的无私奉献和探索，才让我们的工作开展得如此顺利和成功。南极的地面凹凸不平，十分难走，我们背着全站仪和三脚架，鞋子布满灰尘，脚上磨起了泡，肩胛被仪器压得酸痛，但没有一个人选择停下。因为大家知道，前面的战友走的路，更加坎坷不平。他们都从来没有选择放弃，我们当然也不能落后。

他们风霜雨雪全不怕，我们当然要越是艰难越向前。

每次通过测绘的仪器重新审视这些既熟悉又陌生的小岛，我总能想起临行前鄂栋臣主任的嘱托。我们都了解，南极的科学考察，我们有些迟到。所以大家心里都鼓着一口气，想把工作做好，做完美。中山站门口的国旗，不只在站前那方小小的土地上飘扬，更是在每一位科学考察队员的心中飘扬。我们的夜以继日，都是为了守护心中的那面五星红旗。

新年——跨越万里的“出入平安”

1992 年 2 月 3 日，这是特殊的一天，农历新年的氛围不仅装点着中华大地，也使远在南极中山站的科学考察队深受感染。好邻居进步站是黄色的外墙，而中山站独特的红皮肤，此刻与中国的传统新年氛围不谋而合。即使是大年三十，工作也依旧有条不紊地开展着。1992 年是中山站建站第三年，好比树苗成长，现在还未站稳根基，我们仍需不断地努力建设。

直到夕阳射到小岛的冰面上，散发出迷人的光，一天的工作终于算是落下帷幕。记录数据、整理数据的工作全部完成，大家伙收拾设备回去吃饺子。直升机再次起飞，目的地依旧是中山站。

下了直升机，将所有设备整理归位。经过站前，我的目光总会不自觉地瞥向一个两米多高的漂亮的方向标。除了飘扬的五星红旗，这个方向标是我最难忽视的东西。

为了确定中国南极中山站的方位，1990 年科学考察队连续几天支起仪器进行卫星定位，并进行了精密的计算，才有了这个方向标的诞生。油饰的标柱一段一段红白相间，就像测绘用的花杆。顶部钉着企鹅和熊猫模型，下面钉着箭头状木制标牌，上面写着中山站与祖国各大城市的距离：“北京 12553. 16 公里，青岛 12280 公里，上海 11741 公里，杭州 11637 公里，天津 12493 公里，南昌 11329 公里，郑州 11920 公里，长沙 11236 公里，广州 10701 公里，武汉 11518 公里，成都 11322 公里，香港 10602 公里，哈尔滨 13403 公里，台北 11007 公里，沈阳 12932 公里，石家庄 12317 公里。”这是测绘人的浪漫。

“武汉 11518 公里。”我在心里默念。

科学考察的日子是与祖国隔绝的，不只是地理位置上的，通信亦是如此。从 1991 年 11 月到 1992 年 2 月，整整三个月没有同远在祖国的家人联系，说没有思念是假的，临行前的千叮万咛还在耳畔，“注意安全”的提醒也铭刻于心。除夕夜能够拨打一通家人的电话，让我们得到极大宽慰。

站里的年味更浓，大家还邀请了俄罗斯站的科学考察队员一起庆贺中国新年。热腾腾的饺子摆满了桌子，大家围坐在桌旁，庆祝这个特殊的日子。火红的队服凑满了整桌，没有了工作时的严肃，放松和惬意的氛围在悄悄地蔓延，大家开始分享自己的趣事。

春晚今年播的什么节目？今年的鞭炮有没有去年的响亮？

大家轮着次序拨通新年的第一通电话。轮到我时，心跳不知不觉间开始慢慢地加速，拿着电话时，我的手有些颤抖。“滴”声后，熟悉的声音在耳边响起，嘴角的弧度不自觉地勾起。明明打好了腹稿，却很难流利地从口中说出来。

“新年快乐。”

想了很久的说辞在这一瞬汇聚成一句话。一分钟明明有 3600 毫秒这么长，在这一瞬间，却变成了 0. 016 小时这么短暂。对话的结尾大致还是那句“注意安全，平安回家”。听见熟悉的声音，是这个新年第一件幸福的事情。

回到寝室洗漱完毕，嘴里、鼻间似乎还是饺子的香味，耳边还是家人暖暖的叮嘱。这个夜晚，注定是个辗转反侧的夜晚。红色的羽绒外套搭在床铺上，这个除夕夜，格外的长，也格外的暖。

心中的思念有些难耐，但又想起：“国是家的国，家是国的家，有了新的国，才有新的家。”我们会把这种思念转化为测绘的动力，科研的动力。

我想：明天，测绘的工作一定会开展得更加顺利。

展望——我们在不同的天空守护共同的祖国

说到这儿，我很庆幸自己去过南极，因为南极科学考察教会我良多。

俗语有言，我们脸上的皱纹都是岁月的痕迹。当我的指腹抚摸过脸颊时，仿若还能体会到南极的寒风。这道痕迹属于南极测绘，属于拉斯曼丘陵。这道痕迹让我在往后的科研生活中，面对难题不退缩，坚定地迎难而上，让我在科研这条孤独的道路上，学会将思念转化为前进的动力。

我也主动了解了如今的中山站。中山站现已成为中国规模最大的南极科学考察基地，有各种建筑 18 座，包括办公栋、宿舍栋、气象栋、科研栋等，建有雪冰实验室和极区空间实验室。

现在的条件比我们那时好，听说现在发一条微信是很简单的事情，因为建立了完备的通信室，不仅满足了中山站与北京的联络需求，也能够开展全球范围的文字、图片传输和电话业务。

听说现在用水也不再是一个难题，站上的全自动冷热水供水系统，可以满足各用水点全年不间断的冷热水供给，洗澡间能保证提供水温不低于 40 度的热水。

听说外出考察也不再是清淡的白水面条，各色食品都能在南极找到踪迹。不知道野外考察还需不需要人挡着用汽油灯点火。

听说发电机安装有消烟和减噪设备，可以减少废气排放。

听说现在需要人力的事情变少了，大家都轻松了很多，站上拥有各种车辆十多辆，可以满足交通运输、施工和科学考察的需要。

听说……

鼠标滑过一张张照片，图中的科学考察队员，抑或称为战友们，眼底都是带着光的。祖国如今不再是当初的中国，三十年多后的今天，我们已站在更高的平台上，有了更大的发言权，更强的实力，但即使如此，我们的初心也不会改变。

习近平总书记在回信中对武大师生的“要用国家的大事业磨砺青年人的真本领”等话语表示十分认可，我亦十分赞同。南极科学考察的旅程，是我科研路上闪闪发光的启明星，让我受益匪浅。我相信珞珈人定能胸怀“国之大者”，砥砺奋斗，为实现高水平科技自立自强和建设教育强国、科技强国、人才强国，全面推进中国式现代化作出新的更大贡献！

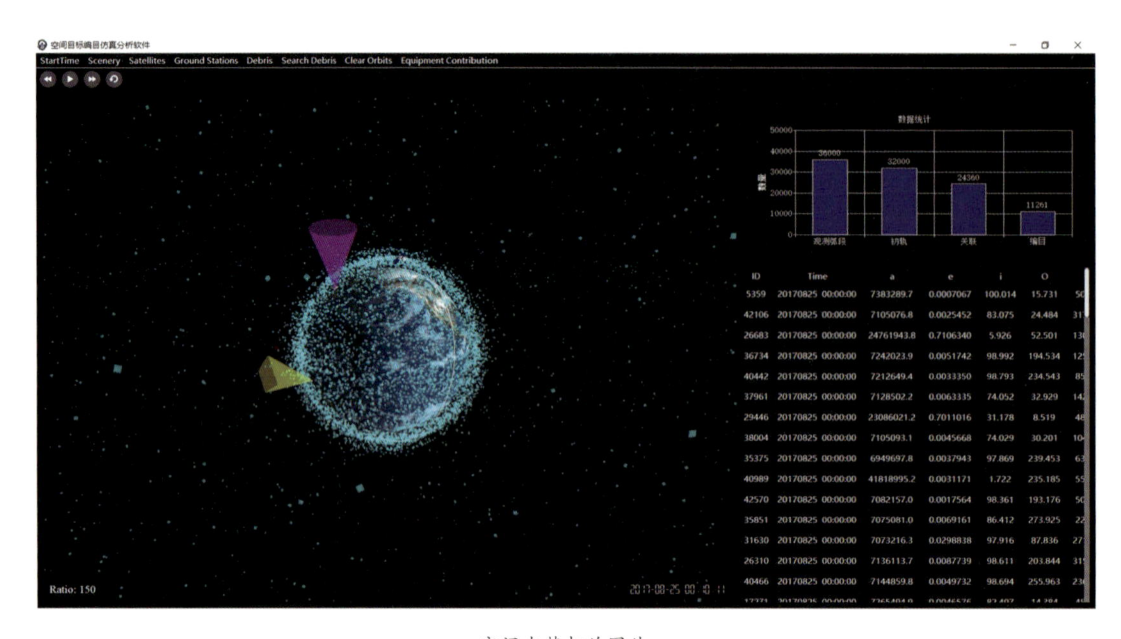

空间态势相关图片

岁月更迭，时代变迁，我们的祖国在一代代科研人的守护下越加繁荣富强。回想起背上扛过的测绘工具，抚摸着手边精巧的航天模型，从冰天雪地到广袤寰宇，我想我一直在路上。科研之路注定不是一帆风顺的，我用行动回答：“这路越远，越难，我越要向前！”新一代的极地科学考察人，一定能在这片独特的土地上探索属于自己的“寰宇”。

（采写：罗晨榅　黄凤麟）

三十九年：从武大走向世界两极

王泽民

2010 年前往南极格罗夫山考察，进行梅森峰高程测量

王泽民，现任武汉大学中国南极测绘研究中心教授、博士研究生导师。一直从事大地测量学以及极地测绘遥感等方向的教学和研究工作，在南北极大地测量资料的采集和处理、冰盖数值模拟和稳定性分析等研究工作方面，作出了创新性贡献。先后四次参加中国南极科学考察，开展南极内陆冰川运动监测和南极大地基准建设。2007 年、2009 年、2013 年和 2014 年赴北极斯瓦尔巴群岛、黄河站考察。作为主要成员完成多项科研成果并获得科技奖励，如“极地信息化测绘技术体系建设与冰雪环境变化监测研究”项目、“极地基础测绘与冰雪环境动态过程研究”项目等。

唤醒与感召：打开极地科研的大门

1985年是我大学生活的最后一年，也是中国极地科学考察的一个重要时刻。

这一年完成了中国南极的首次考察，这一年建成中国第一个南极科学考察站——长城站。同样也是这一年，我站在学校的大操场，迎着孟夏热烈而坦荡的阳光，听着鄂栋臣老师做第一场南极科学考察报告。字字声声关于南极景观的描绘、建站坎坷经历的分享都悄悄点燃了我的热爱，照亮我前往神秘之地的梦想。从此，我与这片冰天雪地结下不解之缘。

我开始更加专注于自己的科研领域，有条不紊地准备条件、充实自己，耐心地等待时机。也正是这种探索，让我逐渐发现这一专业的无穷意趣，从最初由于偶然因素的报考到最后真正发自内心的热爱。

但那时并没有想到，1996年身为博士生的我获得前往南极的宝贵机会。当时恰逢南极研究科学委员会组织大规模的全南极国际GPS联测，与我的专业方向——GPS卫星导航定位相契合，在经历了专业能力、身体素质等多重选拔后，我踏上了南极科学考察之路。

对我而言，能前往南极自然是很兴奋且激动的，这是我第一次出国甚至是环球旅行。在出发前曾幻想过许多可能的场景，越发增加我对神秘之地的好奇与憧憬。但实际上有许多困难需要克服，很多方面难以尽如人意。40小时的长途飞行，从北京出发到日本、洛杉矶、秘鲁，再到智利圣地亚哥、蓬塔阿雷纳斯，最终我强撑着酸痛的腰腿落地南极半岛。到达的那一刻，我发现原来南极的色彩是如此单调而直白——极致的白雪包裹住山体，湛蓝的海水萦绕承接，仿佛能穿透时空。在这里，我对雪的认知发生了改变，雪花小到人的肉眼乃至放大镜都不能观察到其存在，再小的门缝都可以自由进入。

另一件让我意想不到的事情是，在这次科学考察将要结束时，我才意识到全队13人中只有我一位是度夏队员，我将独自踏上回程，而其余队员将留在南极越冬。原来在那段时期，我国的极地科学考察陷入了瓶颈期。由于国家财政困难，前往南极科学考察的队员人数很有限，国家只能提供前往极地开展科学考察的平台，而科学考察仪器装备、科研经费等需要依靠研究项目参与人员自行解决，也就是所说的“自带干粮”。我国在经历了几次极地考察工作后，因为科学考察经费、后勤保障以及其他条件限制，极地事业陷入了一种低潮。但我始终记得当时鄂栋臣老师对于发展极地科学研究的执着，他教导我们只要认为这份工作对于国家和人类有意义、有价值，无论其他人持何种态度，我们都要锲而不舍，坚持做下去。也正是在这种精神的指引与科研的传承下，体验过极地科学考察的不易、研究数据的宝贵难得，中国南极测绘研究中心团队的每一位成员都具有强烈的责任感。不断坚定继续将它做好的信念，支撑着我们一次又一次远赴极地。只要一到达现场，每个人都是拼命三郎。因而我们以武汉大学为骄傲，从第一次南极科学考察到现在，我们都没缺席。

当第一次科学考察结束，要真正离开南极时，我在心中默默念出两个字：再见！相信我会再次回到南极，进一步开展极地研究工作。而当从南极坐飞机回到南美大陆的时候，我的双脚稳稳地踏在地面上，我第一眼看到了充满生命的绿色灌木的时候，竟真的产生了一种想要去亲吻这片有生命力的土地的冲动。

与“死神”擦肩：身体力行在极地科研之路

23年的时间，我在苦寒三极（南极、北极、珠穆朗玛峰）留下足迹，在感受荒凉寂寥的同时，也在了解、监测我们的地球家园。全球环境变化是一个整体的过程，在两极地区有着放大作用，其细微变化常是我们不能承受的生命之轻，因而走进极地关乎全球和人类的命运。而测绘遥感又在其中发挥着重要作用，我们常说测绘是科学考察队的眼睛，是任何科学研究和基础建设的前期保障，利用测绘、遥感手段可以有效解决认识南极过程中的科学问题——全球环境变化。而全球变暖也给南北极动植物的家园带来不可逆的变化，使得那里不再是降雪而是下冻雨，很多刚出生的小企鹅羽毛还没有丰满、身体无法防水的时候，下的冻雨会在它身上结上一层厚厚的冰，从而使它们被冻死。我主要研究的是南极冰雪变化，包括冰盖的运动速度、体积、质量等变化。

四次奔赴北极，四次远赴南极使我真正地走在极地科学考察的路上。而2009年前往南极内陆格罗夫山的经历让我至今仍心惊胆战，那次考察是测量冰原岛峰的海拔高度和冰层下的地形，为研究冰雪变化等提供重要的数据支撑。格罗夫山位于南极内陆，其地理位置决定其风很猛烈，我们待了接近两个月的时间，基本上每天都有十级以上大风，温度在零下20℃~40℃，人只要待在室外会瞬间满脸冰碴。那里还布满了冰裂隙，冰裂隙是由于冰川不同部分的运动速度不一致，导致冰面断裂，进而形成的巨大缝隙。冰裂隙往往被厚厚的积雪覆盖，不易被察觉，如果人和雪橇从上面经过极易坠入其中造成伤亡。

记得有一天晚上我打算外出测量，一般我是骑雪地摩托进行测量，我们的副队长提议开雪地车去，因为体积大，相对暖和一点。我们将GPS等设备架在车顶后就出发了，这是我们俩第一次到格罗夫山，对当地环境、地形不是很了解。当时我们俩一边开车一边交谈，他却突然踩了刹车，我还没反应过来，吓了一跳。紧接着他用手示意我向前看，才发现前面的地面隐约有些凹陷，我们猜测这是不是冰裂隙，于是蹑手蹑脚地打开车门下车，运用以前训练教过的知识进行试探，结果真的在离车一米多的地方出现冰裂隙，瞬间就让人感受到潜伏着的巨大死亡阴影。还有一次，我在第一辆车里负责导航，带着车队一起往里走，那儿风很大吹得地面都是雪，忽然我感觉到车在往下沉，驾车的老师傅猛踩油门，“轰”地把我们的车开过去，位于后边的一辆车用对讲机向我们喊，“你们轧着冰缝了”。他们从后面看见我们的车轧出了一个三米大的冰裂隙。冷静了片刻，我用绳子把自己绑上，爬到冰裂隙边看了一眼，里面泛着一种幽蓝的光，恐怖而惊悚，让人觉得随时可能将你吞噬。

在南极格罗夫山考察，王泽民进行冰下地形测量

“在这里，你每迈出的一小步都可能是人类的第一步，也可能是你人生的最后一步。”由于南极严酷的环境，人类能到达的地方非常有限。到目前为止，在南极1400平方公里的土地上，人类能到达的也只有2%的区域。自那两次可怕的经历后，每次出门我都变得格外谨慎，骑着摩托时常常感觉头皮战栗，死里逃生的每个瞬间都时不时

浮现在心头。但是母校和老师们的嘱托我忘不了，完成南极科学考察的使命我忘不了，武大的精神传统我忘不了，我知道必须为此竭尽全力，向更高的目标，不断突破自我。

随着时间的推移，每一次来到南北极都有不一样的体会与变化，空寂的雪地、彻骨的低温、稀少的物种让我更深刻地感受孤独。记忆中第一次刻骨铭心地想家是15岁时从河北老家来到武汉读大学，那是我第一次走出我们县。而现在极地科学考察是来到了真正意义上的天涯海角，是一种缺乏生命力、缺乏交流的孤独。但苦中有甜，我们会举办各类比赛，在重要的日子举行派对，欣赏极地独特的景观……在春节，我们会包饺子、贴福字春联、挂灯笼，年味十足，还会邀请其他国家的考察队员来我们站上一起庆祝中国最盛大的节日。我切身体会到集体的力量，测绘是需要多人合作的一项工作，团队协作显得尤为重要，我们一起搬运设备、卸货帮厨，在大家相互的帮助下，碰到的困难总能很快解决。另外，我能明显感受到科学考察的后勤保障条件在这些年里得到了质的改善，从天、空、地、海四方面全方位进行考察，科学考察体系日臻完善。在早期我们是没有破冰船的，之后开始有了一艘破冰船，再到2023年首次实现三艘船同时进行科学考察。船上安装了卫星遥感的接收设备，实时获取航路的信息，从而为安全航行提供一个良好保障，大幅度减少遭遇危险的可能。

2010年格罗夫山考察，王泽民进行梅森峰高程测量

博观而约取：让极地走进日常生活

我始终相信某一次的讲座、某一句话会在孩子心中种下科学的种子，激发他们的灵感与热爱。我尝试着用新鲜的角度，身体力行地分享我的经历、传播极地知识，让遥远

之地离大众不再那么遥远。

其实，我与科普很早便已结缘。在大学毕业后不久我就加入了湖北省测绘学会，2000年左右加入了中国卫星导航协会，专门负责科普的有关工作。在学校，我与其他老师一起给武大本科生开设了一门通识课“走进极地”，为有兴趣的同学提供一个全面了解极地的渠道。在这门课中我主要负责南极科学考察站、南极保护区相关的内容，涉及多个学科，比如建筑、环境、企鹅、海洋保护区的管理等，更多的是以自我的亲身经历进行讲述。当时为这门课我准备了两百多页幻灯片，同学们的反馈也非常积极，在课后提出一些自己的思考和问题。能够使学生所学的专业知识与极地事务联系起来，这让我觉得这门课开设得非常有意义。同时我也会面向社会群体进行一些科普文化活动。2023年武汉极地海洋公园策划了一场“千人鲸奇大课堂”，还记得我一走进海豚演播厅，密密麻麻的人让我很是吃惊，后来听说有五千多人。孩子们听我讲述全球气候变暖给两极带来的危害、南极的地理气候，我分享着极地冰川和生物种类、习性和分布，其间还穿插着游戏环节、趣味问答等互动。直到我结束全部报告后竟然还有人在排队进场，使我强烈感受到大家对极地的好奇与热情。

王泽民在“千人鲸奇大课堂”科普活动

不可否认，科普对于激发探索兴趣，引导大众善于思考发挥着重要作用。作为科研人员的我们需要挤出时间，利用自己所思所得所悟，示范科学思维，提升整个社会的科学氛围和大众的科学素养。同时，这也能更好地促进我去学习、探索。说实话，科普想要做好还是比较难的，需要花大量的时间，要在传达信息的基础上又富有趣味性。因为工作，我没有太多时间进行自己的兴趣爱好。上大学的时候我还喜欢打球，羽毛球、乒乓球、网球都会接触一些，但随着整个重心放到工作上后，那些爱好也逐渐舍弃。但这么多年我还是会坚持读书，读一些自然科学和哲学等方面的书，保持对科学前沿的了解和终身学习的能力很重要。

40 年来，中国南极测绘研究中心坚持发挥学科特色优势，在极地科学研究和科学考察支撑保障方面发挥了重要作用，追求更好地认识南极、保护南极、利用南极的目标要求。几代人为此付出了青春和毕生精力，传承着在极地科学考察开创之初就已形成的南极精神，选择了舍小家，远赴苦寒之地，共同推动国家极地事业的发展，而我也将沿着这条道路和同伴一起继续前行。至于为什么会决定坚守一生呢？因为科学需要有献身精神，坚守和奉献源于对这份事业的热爱与责任。南北极是一座蕴藏着丰富资源和科学奥秘的宝库，是至今为止地球上最后一块还没有被开发的宝地，具有极大的科学价值，对很多专业的科学家来说都是一座“知识宝库”。我欣喜于我们的奋斗和付出填补了一个又一个科研空白，实现了一个又一个第一。在我看来，每一次的奔赴是一种超越了单一时空的前赴后继的“自我牺牲”的象征，是为理想和信仰而舍身的总体象征。

冀以尘雾之微补益山海，萤烛末光增辉日月。

（采写：柳锦菲　翁佳月）

我们都拥有海洋：南极之旅与我的海洋测绘梦

赵建虎

赵建虎早年生活照

赵建虎，现任武汉大学测绘学院二级教授，博士研究生导师。曾作为第13次南极科学考察队员出征南极，负责我国首次南极冰盖导航工作。长期关注海底地形地貌精确获取理论和方法、水下导航定位理论和方法、海洋水文学等，在相关领域取得重要成果。

我是陕西人，1996年之前没有见过海，遑论在前往南极的大洋上漂泊数月。我不认为，也没想过自己会和这样的广阔辽远沾上边儿，可是，当我返航的那日，一切便有了答案。

迷失与定位

高中毕业的我，对专业选择一无所知，也对未来毫无头绪。

我们毕业之后也都能包分配，所以在选择专业的时候比较自由随性，当然，也比较迷茫。我填志愿的时候就是稀里糊涂地乱选，后来是因为负责招生的老师一看我跟他是老乡，都是陕西人，就直接把我录到了测绘专业。说来有趣，迷茫在人世间的我就这样稀里糊涂地进入了这样一门需要精准锚定事物空间位置的学科。

求学过程中，我对测绘学科的理解更加深刻，鄂栋臣老师以及其他老师们的课程也潜移默化地提升了我对测绘学科的热爱。“既然选择了这门专业，那就一定要把它做好”，于是我脚踏实地地开始深入学习测绘，老师们也很关心我。在准备第 13 次南极科学考察项目时，导师刘经南院士把我推荐给鄂老师，我才有了这次宝贵的人生经历。那时候鄂老师看着我瘦弱的体型，拍拍我的肩膀问道：“南极科学考察需要强健的体魄与丰富的专业知识储备，你可以吗?”我从没见过海，更是从没去过地球的另一端，况且还是带着国家的使命与武大的荣誉出征！好奇、热血瞬间涌上心头，我拍拍胸脯，向鄂老师保证：“老师，我能行!”为了能加强身体素质，我每天清晨以及傍晚都会在学校的操场上跑步，一次大概是跑 10 圈，慢慢跑，速度慢慢地也跟了上来，体能也慢慢变好。在之后的青藏高原拉练中，我居然挺过去了，并没有想象中的那么累。

赵建虎(左五)与部分队友的合照

就这样，我踏上了南极科学考察的征程。

坐在去往南极的船上，窗外是澄澈如洗的天空与无垠的汪洋，那是我第一次看见海，看见上下一色，触摸壮美辽阔，我听得见波浪碎了又聚，也听到了内心深处的回响，久久难平。

不过到了南极就截然不同了，在晴朗的日子里会感觉无比静谧，似乎有一道墙把南极围了起来，拒绝外界工业化的喧嚣与轰鸣。但有时南极会冲我们怒吼，似乎是向我们宣告它的主权。几千年的雪花重重叠叠，曾经再柔软的它们也在时间的沉淀下变成了厚实坚硬的冰层，就算是雪地车压过去也只能留下浅浅的车辙。由于海拔高、冰盖表面光滑等原因，南极的风异常强烈，我以前以为姚鼐《登泰山记》中"大风扬积雪击面，亭东自足下皆云漫"已经是一个奇景，如今到了南极，便觉得那泰山之雪与这南极之雪相比，真是小巫见大巫了！每当南极的风呼啸而过，雪便被扬起十几米，纯粹的"上下一白"，可见度极低。最严重的时候，除非两个人挨着坐在同一辆雪地车上，距离控制在一米以内，否则是绝对看不清对方的，人要么模糊成一团黑影，要么隐入一片白茫茫之中，队员们的交流要靠呐喊、靠交头接耳，否则话语刚一成形，就被风吹远了。

但是南极之旅的美好却足以冲淡一切。天晴的时候，我与队员坐在雪地车上，张开双臂拥抱这一片不掺杂任何杂尘的蔚蓝，"太美了！"南极的晴日里，我感觉说这三个字就够了。当我们返程，向中山站行进的时候，便总是会像小孩子一样，动不动就一起惊呼与感叹，要么是看到了绿油油的苔藓，要么是飞鸟从我们头顶掠过，或者海里鱼儿跃起……难道是这样的景物我们从未见过吗？不，是在这鲜少有生灵的南极，这鲜有杂音的海洋，一场场与生命邂逅产生的惊奇。

在南极科学考察中，我们还与不同国家的科学考察队进行了交流。看到一些发达国家的科学考察站时，我不禁感慨设施的完备与先进。在那时，我便想：终有一日，中国也会有自己创造的技术，也会变得这么强大。也是在那一刻，我明白了我们国家在冰川研究和海洋测绘方面的不足。更重要的是，我之前想着南极问题，最大层面也只是想到了中国，我们的国家研究。但在和国际友人交流、相处的过程中，我逐渐明白了，南极不是一个国家一个地区的事情，而是"地球村"共同面临的问题。比

赵建虎于南极晴日所摄

如说，南极的冰全部融化后，全球海平面到底会上升多少？冰川里的微生物与病毒会给世界造成什么样的影响？南极附近的动物以后又会何去何从……以前想着的看海，不过是眼前的波浪、脚下冲刷沙滩的潮汐，现在我才明白，海洋连接着世界，延伸到未来。

赵建虎在前往南极的船上

回到武大，回忆起这一路的风光，想起船上海风的吟诵，想起浩瀚的海洋，白茫茫的极地，想起在南极科学考察中其他队员们的专注认真：为了一个数据通宵地守在观测点等待……我重返了测绘的课堂。听着老师们专业而有激情的讲课，回来后不久，我坚定了走测绘这条路，更找到了自己的一生热爱：海洋测绘。我终于从迷失中拨云见日，锚定了自己的方向。一个内陆的孩童终究还是看到了海，一个曾经局促不安的少年终究还是拥有了一片辽阔。是的，我们都拥有海洋。

从南极引路到学科“引路”

领路是一件很难的事情。

高中刚毕业的时候，我是一个连自己未来的路是什么都不清楚的人，又如何想到以后也可以站在前方开路、带路呢？

在第 13 次南极科学考察中，我的任务主要是将其他 7 名队员带到距离中山站 300 公里的目的地，并把他们安全带回。每次带队我都十分紧张，第一，我们这次队员总数只有 8 位，引路的工作就只由我一个人承担，遇到一些极端天气以及其他挑战没办法交流询问。而且南极还存在一个危险：冰裂隙。这是属于南极的裂谷，吞噬着各国探险员与科学考察人员。在那个年代，雪地车只要前端陷入其中，得救的可能性几乎是零。因此在可见度较低的情况下，前进就变得危机四伏。第二，万一路带错了，一天的工作计划就会耽误，而能够支持我们工作的日子最多只有 15 天，大家都是带着各个单位和组织的重要任务出征南极的，半天的时间空缺后果可想而知。当时我还只是一名研究生，老实说，面对这种压力，心里有时还是会打退堂鼓。

返程的时候我们经过了一个卫星布局少、无法定位的地方。那时候都是依靠美国的GPS，要知道，至少有4颗卫星才可以定位，当时在极地，有一块地方相当于是盲区，加上极地的风卷雪，有时如云漫之态，这时雷达的探测也受到影响，所以在那里我们几乎没有任何定位性工具可以依靠。

恐惧，在这种白茫茫一片的虚无中愈演愈烈。我察觉到这种境况的时候出了一身冷汗。万一我不能将其他队员安全带回怎么办？万一物资撑不到救援怎么办？这可是国家第一次向冰盖进发啊，难道真的要以失败告终吗？无数的惶恐与疑惑就在一瞬间淹没了我的脑海。我又想起鄂老师问过我的问题：

“南极科学考察需要强健的体魄与丰富的专业知识储备，你可以吗？”

当初的保证难道不能兑现了吗？就在我心慌意乱，急得一身热汗都快下来的时候，我突然想到了鄂老师所说的“丰富的专业知识”是什么意思，难道我所学的就没有用了吗？之前没有GPS的时候，前人又是怎么找到路的？现在所需要的，恰恰是我们测绘人应具备的知识综合应用能力呀！我深吸一口气，回忆起之前所学的知识，想起老师曾经在课堂上说的“测绘专业的人，最需要的就是冷静与严谨”，一步步地，我们终于成功返回。

在我考虑要不要将“海洋测绘”确定为研究生期间的研究方向时，曾多次去询问我的导师，他总是说：“目前我校的学科建设尚未设立该研究方向，但是我支持你去做，遇到问题你可以找我们这些老师询问和利用学校的图书资源去找答案，相信你可以干好这件事。”“这一方面还没人做，国家陆地测绘我们已经做了很多了，也是时候该往海洋‘拓’一‘拓’了。”如果说那片蔚蓝是激起我动力的源头，那么导师的话语就是支撑着我的后盾。于是我确定了这个将要与我余生牵绊的方向——海洋测绘。

刚开始从事海洋测绘方面的研究时，感觉像一个人举着火把四处摸索。每次我们几个同学聚在一起，只要涉及学术讨论，我注定就是最孤单的那个。听着他们商讨问题，我难以融入，又想到平时大多数时间只能靠不断地翻书找资料，一丝寂寞感总是会涌上心头。还好，有对专业的热爱与老师的鼓励作支撑，我每天还是能够兴致勃勃地跑图书馆、办公室，乐此不疲。

虽然偶尔还是会因为没有什么人可以和我讨论而感到孤独，但我总是转念一想，不那么热闹，不就是相当于多一点宁静吗？这反而给予我更多潜下心来深入思考的机会呀！慢慢地，我开始接纳孤独，享受这份宁静。之前在南极的静谧之中，我听到了内心的热爱与确定，在武汉这段岁月的沉静中，我听到了思维与答案的声音。

赵建虎与“雪龙”号的合照

我的念念不忘，并不是追求回响。但是当我有学生时，我们一起来研究这个领域的瞬间，当武汉大学海洋研究院设立的那一瞬间，我非常激动。这种感觉，就像是一个喜欢星星的人，以前都是坐在山顶孤独地眺望夜空，可是有一天，一群人也跋山涉水来到你的身旁，你们开始一起仰望，或许，天文学最初也就是这么诞生的呢？

精神・使命・薪火相传

在南极，我学到了“深潜”。

在南极科学考察中，我带完路之后，就负责为其他的队员打下手，做做后勤工作。当时队伍里有几名教授，我在帮忙的同时一边观察着他们，发现他们经常在一个点测数据或者进行钻冰芯等任务时，一工作就是一宿，甚至接近一天，吃饭也只是草草几口对付，然后赶快回到观测点进行数据收集。当年给我留下最深刻印象的是，他们在科学考察过程中，似乎从来都不会感到不耐烦，没有怨气，不会因为没有得到理想结果而着急。我作为后勤，有时候会问问他们累不累，要不要休息会。他们每次都是摇摇头，说：“既然来了，既然开始干了，就要做好。”他们一头扎入“研究”的海洋，深潜下去，心中早已远离海水表面的波涛汹涌，而是沉浸于大洋深处的宁静平和。深潜于自己的领域，踏踏实实做好每一件事，求真求是。

后来，我的一位学生参与了后续的南极科学考察活动，他很惊讶，因为在那里看见了我们第 13 次南极科学考察的相片，而我甚至都未曾提及过这件事情。我回复道：这没什么好说的。现在想想，凡此种种或许都是受到那次南极科学考察的影响吧。潜到深处，避开了嘈杂，才能找到纯粹的快乐。

在南极，我学到了“团结”。

在辽阔的静谧与危险之中，伙伴的力量格外重要。我和队员们不仅仅是在科学考察过程中相互帮助，在这种无边的白色里，人其实很容易感到虚无与孤独，这时候就需要伙伴们的加油打气。我们有时候聊聊天解闷，或者慰问关心一下不同小组的队员，如今，光阴早已流转几轮，我们队员间的情谊却未见淡化。逢年过节，我们会在属于我们的第 13 次南极科学考察群里道一声祝福；看到了有关南极的新消息，我们会随时转发分享；生活中有什么有意思的事，这个群聊也是我们的一处倾诉空间。聚是一团火，散是满天星。30 年过去，初心不改，我们在各自的岗位领域上发光发热，又在各自的坐标上共同追忆着属于那年的南极。

在南极，我学到了坚持与热爱。

从我的老师到我，再到我的学生们，从第一次到我们第 13 次南极科学考察队伍，再到如今的第 40 次出征大队，40 年来，不畏困难的南极人一直在坚持这条南极路，武大一直在坚持这条南极路，中国一直在坚持这条南极路，并且越走越远，从冰盖的边缘走到极点，从技术的依赖走向独立。如果没有这份坚持，中国自主制造的“雪龙 2”号不会破冰直往天际，北斗不会在苍穹之上组网，照亮我们归家的路。习近平总书记给武汉大学参加中国南北极科学考察队的师生代表回信，这表明了党中央与国家对南极科学考察事业的支持，如果没有党与国家做后盾，我们又如何有前进的保障与依托？我们也一直传承着那份热爱，是那句年少时饱含激情的“我可以”，是前辈真挚的那句“我支持你去做”，是一次次的挖掘；我们一直深潜于这片“大洋”，探秘着平静之中的瑰丽。“自强、弘毅、求是、拓新”的武大精神正是这样薪火相传，我们的热爱也正是这样生生不息。

（采写：张乐　孙小媛）

初探 Dome A：勇气导航，细心丈量

黄声亨

黄声亨，武汉大学测绘学院教授、博士研究生导师，1998 年中国第三次南极内陆冰盖考察员，主要负责整个车队的导航、GPS 测量等任务，其所在队伍是第一支进入冰穹 A 区域的国家考察队。

黄声亨在南极

我的微信头像是一只企鹅，是我在南极科考时拍的，这张头像我已经用了大概十年，这张图片总是能将我的思绪带回南极，让我重温起饮酒与宣誓的热血，也记起白色荒漠夹杂冰裂隙的恐怖与迷途导航、钻取冰芯与冰面测量的困难重重。站上冰穹 A 高地的场景还历历在目：彼时，我还不知道面前的无名雪峰将代表着什么。我只知道，回头望，路上留下的除了脚印，满地闪耀着的尽是“勇气”和“严谨”。

南极序篇：惊险重重

不过说起去南极，还真是机缘巧合的一件趣事，仿佛冥冥之中有什么也在“导航”着我。当时面临毕业，我正准备联系我老家江西省的测绘局，但恰好当时有院领导劝我

留校，熟悉的环境加上稳定的工作让我放弃了回老家的打算，我决心留下来潜心钻研学术。而这一留，仿佛就注定了我与南极的缘分。

三十多岁的时候，鄂栋臣教授在某天叫住了我：“小黄，你愿不愿意去南极历练历练?”去南极科考？我的心里是非常激动和惊讶的，对于测量行业来说，去南极科考是一个非常珍贵且罕有的契机。于是，在鄂教授的鼓励下，我主动报名参与了这次南极科考。

作为南极科考的“新生”，在去之前我既激动又迷茫，更不必说我们这支科考队的任务是前往从未有人到过的南极冰盖上的冰穹 A 区域。并且这次任务需要脱离战区一千多公里，涉足无人之地，出现一切危险全部靠自救……惊险的种子在我心里悄悄埋下。

去南极路途漫长，这让我暂时忘却了这份惊险，直到真正到了南极，挑战才接踵而来。

抵达南极后，我们面临的最大的困难是装卸物资。由于我们的设备和供给需要及时从“雪龙”号上卸载并搬运到出发地处，而这一段全部为海冰线路，因此这些物资只能人力运输到雪地车上。恰恰危险就隐藏于此。海冰表面覆盖了一层厚厚的白雪，谁也不知道白雪下面到底隐藏了什么。或许，就是一道吞人的裂缝或深渊呢？

这天我们在照常运输的时候，冰盖队队长李院生驾驶的重车下面的海冰突然断裂了 1 米多。但凡反应再迟一点点，便会人车物资俱亡。幸亏李院生队长经验丰富，当即踩

“雪龙”号科学考察物资运输船

下油门加速，这才惊险通过，之后的运输队在经过这个地方时也更是提心吊胆，不敢轻敌。这次经历仿佛也是南极给我们的第一个下马威，预示着这次旅途注定是不平凡的。但是就在这样危险的环境中，我们还是有惊无险地完成了海冰上的运输，正式开启了南极科考之旅。

南极导航：开创与抉择

在南极，我肩负着两项科考任务：一是导航，二是测量。

冰穹 A 是南极内陆冰盖的最高点，以中国南极中山站至冰穹 A 为轴线的南极大扇形区是南极冰盖研究的薄弱区域。同时，以冰穹 A 为中心的南极冰盖内陆高原区，不仅远离各个考察站区，而且是地球上自然环境最严酷的区域，当时无法实行空中援助，因此，以往被人类称为“不可接近地区”，也是南极研究的空白区。

因此，我的第一大任务是为我们这支队伍导航。简要来说：就是保证我们这支队伍“进得来”“出得去”。

开始科考的时候，我们都感叹于这片冰雪世界的纯洁与美丽。但殊不知，美丽的冰雪世界背后，是残酷的生存风险：当时队中年纪最长的成员甫一登陆便觉身体不适，反复呕吐，吃不下饭，也无法开展工作，因为队伍中并未配备医务人员，我们也无法确定病因，只能忧心忡忡地守在他身边，甚至大家都已做好了返程回站的准备。幸运的是，几日过后，这名队友的身体状况奇迹般地发生了好转，欣喜庆幸之余，我们也很快恢复了科考的工作状态。然而工作中不可避免地会遭遇我们最担心的大风天气，粗粝的雪被狂风簇拥到几十米高，如刀片般粗暴地刮过一切暴露在外的皮肤，冻僵、冻紫到局部暂时失去知觉都是常见的事。又或是“低空吹雪”，在进入南极冰盖的第三天，我们便不幸地同它打了个照面，当时雪沫弥漫，风大而急，足以将一个成年男性吹倒在地，使我们的科研工作愈发艰难。

在南极时常有白化天气出现，在这种天气下我们几乎无法辨别方向，眼前只有白茫茫的一片，能见度极低。而这个时候，整个团队的前行只能依靠我手中的导航仪。

在前期我们就按照计划的路线行进，但是这天按原定路线行进时，却意外发现了冰裂隙。这些冰裂隙极为恐怖，上面覆盖着松软的雪层，但是只要人或车一踏上去，就会立即陷进去，严重时会直接丧命。当即整个队伍间的气氛开始严肃起来，我们立马将所有物资和车辆用绳索捆在一起，需要下车进行作业的人员必须拉着这些绳索进行行动。

这次冰裂隙的发现给我们的科考任务带来了极大的威胁，整支队伍在此处停滞了好几天，惊恐和凝重的氛围蔓延至每个队员心里。然而任务紧迫，在李院生队长的组织下，我们召开了一次非常严肃的会议，讨论目前面临的抉择问题：是继续前行还是另寻他路？

我们展开了非常激烈的讨论，李队长建议另寻他路，他认为原计划的路线上出现了冰裂隙，说明这条道路上还可能存在其他危险，不如我们另寻找一条安全的道路一样也可以到达目的地。而我认为最好还是按照既定路线前进，虽然这条原定道路上出现了冰裂隙，但是这条路线上毕竟承载着我们的科考任务，并且也不能保证另外寻找的道路上就没有冰裂隙出现。最后，我们进行了集体表决，决定还是按照原定路线继续前行。在这之后，或许是南极觉得给我们的考验够多了，就没有再给我们设置关卡，最终也是顺利到达了南极冰盖上的最高点冰穹 A 区域，也为后人在冰盖上惊险地开创了一条科考之路。

到达 Dome-A 区域的四人小分队，左二为黄声享

最后进军冰穹 A 区域的时候，我们这支队伍派出了一支四人小分队(包括我)。我们一路前行最终到达南纬 79°16′，东经 77°00′，海拔 3900 米的位置，并将该位置作为本次内陆冰盖考察的终点。在最远点，我用报话机通过大本营向北京汇报了我们到达的位置，通过北京核实了我们已经进入了冰穹 A 区域。本次内陆冰盖考察历时 50 天，深入内陆冰盖 1128 公里，超额完成了令世人瞩目的考察项目，取得了丰硕成果。中央电视台在早间新闻也作了及时报道，而说来好笑，也是看了这次报道，我的父母才弄明白，原来我已经去了南极。

回首这次导航经历，是未知之旅，更是开创之旅。我们为自己在南极的白雾中导航，但是更是在自己心里的未知和惊险之雾中导航。其中或许会遭遇惊险，或许会担忧害怕，或许会犹豫不定，但是只要我们坚定目标，勇于开创，无论南极的风有多大，雾有多浓，我们最后都会到达属于我们自己的冰穹 A 高地。我想，自己开辟的冰穹 A 高地上的天空一定最为蔚蓝。

南极测量：精雕细琢与人情温暖

南极洲的面积有 1400 万平方公里，相当于中国加上印度的总面积。南极大陆 98% 的面积常年被冰雪所覆盖，我们将它称为冰盖，冰盖的平均厚度为 2450 米。南极大冰盖的存在使得南极成为地球气候冷源的“发动机”主导着全球大气和大洋环流的变化，冰盖的变化决定着世界海平面的波动。南极冰盖的形成已有 1 千万年的历史，由于没有污染，保存完好，为人类记录下了地球演化和气候变迁等许多极其宝贵的信息，也是最完整的历史记载“资料库”。因此，在人类十分重视全球环境和气候变化的研究的今天，南极自然是个极好的科学研究场所。

标记标杆

因此，除导航外，我的另一大任务是科考测量，核心是对冰山运动的监测，需要进行定点标记测量并采集数据。

冰面上的任务是明确的。在前期，如第 14 支队进行的第二次内陆冰盖考察中，队伍深入内陆冰盖 464 公里，并在沿路留下了标记杆，而我则在已有线路标记处的数据基础上重复观测，将两次结果进行对比，通过观察变化来总结冰山运动情况。同时，针对前人未曾涉足的区域，我们建立了新的观测点，为下一支队伍提供参照。

冰面上的科考条件和要求是苛刻的。这项工作于我而言是一大考验：离开基站后，队伍基本处于行进状态，大部分时候无法进行有效测量，我只有在停驻集体休息时才能开展工作。往往是刚一停下，我便忙不迭地开始埋点，取出仪器在冰面上架稳并连接好，让其可以自动地采集数据。1998 年我国的测量设备主要依赖进口，当时做平衡监测的设备价格甚至达到人民币二十多万元一台，这也就意味着：每人手头上只能带一台设备，且每次测量的结果几乎不存在容错空间。为了保障仪器的顺利运作，我不仅需要在奔赴南极的途中进行多次多方面的细节试验，并且在科考期间的每日睡前都需要将设备“埋进”被窝，只留一根线连接到车厢外，以免设备在严寒环境中受损。但也正是得益于这样一次次细致入微的检查和试验，我顺利完成了自己的科考任务，没有给团队“拖后腿”。

完成并确认设备的所有测量准备后，我才会返回车内，同大家一起用餐休息。幸运的是，队友们通常会帮我把饭一起热好，我也不用挂心取冰作饮用水的工作，因此还算有足够的时间精力反复检查设备，以保证数据的准确无误。

庆生宴聚餐

冰面上的生活是近于信息闭塞的，没有网络作为媒介，通信主要是靠在预约时间内与中山站取得联系，和家人的联系则只能在站内打国际长途。当时的设备类似于谍战片中的电报机，需要调整方向、架好天线，此外我们队还配了一部铱星手机备用，以便在紧急时刻、特殊情况时进行联系。

冰面上的科考生活是充实的，还穿插着笑语和温情。虽然大部分时候我们都在行色匆匆地赶路或见缝插针地进行科研任务，但同事间的情谊并未因忙碌而淡化。任务期间恰逢一位队友生日，于是全队在宿营时便策划组织了一场小型生日宴。简单的饭菜，狭小的厢房，严寒的环境，却是大家人生记忆中如春阳般温暖的一抹印记。

回信精神：动容与展望

接到习近平总书记回信消息的第一时间，我内心难掩欢欣鼓舞与振奋。

我想起 1999 年的元旦，我们在距中山站 800 公里远的白色大地上举办的一场升旗仪式，当鲜艳的五星红旗高高飘扬在人类未曾进入的南极冰盖之上，那种澎湃汹涌于心头的民族自豪感，我们一直坚守的信念在此刻凝结成白茫茫天地间那抹具象的红色：我们是带着党和国家的期望而来的，我们是肩负着对祖国人民的责任与使命而踏上的这片土地。

在读到回信的这一刻，这份激荡的情感再次发出新芽，我感受到了党和国家对于极地科考工作的重视，对过往南北极科考的肯定，同时也作为一名曾经的科考队员而深受鼓舞。

如今虽然遗憾于年龄所限，无法再次踏上极地科考之旅，但我始终牢记当初科考的宝贵经验，精雕细琢、一丝不苟、持之以恒地发扬“工匠精神”，同时也坚持在做好科研的同时，用心教育好一代代学子，在自己的岗位上尽力为国家培养源源不断的科考人才。

今时今日，极地科考不仅更新了仪器装备，也升级了对于科研内容的需求：多学科的交叉融合已是未来科考的既定趋势，我想我们不仅需要测绘、遥感学科的专业人才，同样也需要医学、法学、环境研究等学科的介入和参与，需要更完善的后勤保障。

最后，对于有志于此的青年朋友，我衷心地希望：

你可以勇于创新、乐于奉献、注重严谨、求真务实，在不懈地追求与实践中写就这片大地崭新的故事。

（采写：陈舒娴　李诗雨）

地球之南，科考不怠

王甫红

王甫红，2000年7月毕业于武汉测绘科技大学(现为武汉大学信息学部)，获工学硕士学位，2006年12月毕业于武汉大学测绘学院，获工学博士学位。1999年9月留校任教，现为武汉大学测绘学院教授。主要从事卫星导航定位、卫星定轨等方面的教学和科研工作。曾参加第15次南极科学考察越冬考察队，并担负建立我国在南极洲第一个GPS常年观测站的重任及国际联测任务，是武汉大学第一位在南极执行越冬任务的研究生。

王甫红与他建立的GPS常年观测站

距我参加第15次中国南极科学考察已经过去了二十多年，这二十多年的岁月是奔腾不息的流水，记忆在冲刷中逐渐褪色，一些细节早已模糊不清。习近平总书记的回信是一次契机，让我得以回望过去，使原本泛黄的回忆重新变得鲜亮。

在1999年的地球之南，一群科研工作者以勇气和汗水，为祖国的极地科学考察事业贡献了一份力量，这五百多天里，无论环境多么恶劣，科学考察的脚步都从未停歇。

在极昼极夜交替、环境极端严酷的南极大陆上，人的生活被极端简化，但是我们的身份与所承担的责任却并不单一。每个成员都是身兼数职的“多面手”，我也不例外——既是学生，又是科学考察队员，同时还是中山站站务活动的参与者。互相交织的三重身份勾勒出我长达五百天南极生活的轮廓，使原本枯燥的越冬生活变得丰富充实。

重任在肩：志向坚定的科学考察队员

前往南极考察，我的主要任务是负责在中山站建立第一个 GPS 自动观测站，以实现自动化观测与数据存储。北京的一家公司向我们捐赠了两台仪器，临行前，鄂栋臣老师亲手将这两台仪器交到我的手中，他殷殷嘱咐："你要用这套设备在中山站建立一个 GPS 常年观测站，要实现无人值守的连续观测。这项任务在中山站一定要完成。"

鄂老师的神情至今依然历历在目，任务在肩，我备感责任重大。然而南极极端严峻的观测环境让我忧心忡忡：低温会不会影响观测？机器能不能正常运行？为了保证任务顺利完成，我提前熟悉设备，安装配置软件系统，咨询了许多到过南极的前辈们，详细了解观测条件。

出发前的细致准备使我提前知道设备所配备的天线电缆长度不足，无法连接观测点和观测房间。我当即向捐赠仪器的公司求助，通过协调，公司直接从国外购买了电缆并邮寄到澳大利亚，我在"雪龙"号途经澳大利亚停船时才拿到了电缆。这件事看似微不足道，却保障了科研任务的顺利实施。在南极大陆那样封闭的环境下进行科学考察，前期准备充分与否几乎决定了任务的成败。

这件小事教会我，仅仅掌握专业知识还远远不够，在面对具体的科研任务时，不仅要有细致的准备、深入的思考，还要有解决问题的能力。就像我负责建立 GPS 观测站，不仅仅要熟悉 GPS 设备的软硬件操作，还要在 GPS 和计算机等设备出现故障时能够排查和解决问题，以应对越冬期间的突发状

王甫红搭建 GPS 观测站

况。作为一个科学考察项目的主要责任人，必须思虑周全，做好准备。在南极大陆能依靠的只有自己，这些意识和习惯也为我以后的科研工作打下了坚实基础。

1998 年 11 月 5 日，“雪龙”号从上海起航。还记得那是个晴天，岸边站满了送别的人，他们手捧鲜花，目送着巨大的船只缓缓驶离港口。“雪龙”号一路乘风破浪，穿越西风带，历经一个月的海上航行，终抵南极中山站，我的科学考察任务正式开始了。

南极科学考察必须克服极端的天气，狂风、暴雪、夏天强烈的紫外线，以及漫长冬季的单调与孤独，种种困难横亘眼前。好在前期准备充分，GPS 自动观测站搭建成功，日常的观测任务也顺利开展。

短暂的夏日飞快地结束了，南极的冬日在凛冽刺骨的寒风到来，黑夜吞噬了白天，莽莽冰原之中，属于我们 20 个人的冬日挑战真正开始了。

冬日挑战：站务劳动的参与者

20 个人的越冬队伍，一半是站务班的后勤人员，一半是科学考察班的队员，我们共同组成了一个守望相助的集体，在黑夜笼罩的南极大陆共度与世隔绝的三百天，每个人都不是独善其身的孤岛。越冬生活里并不只有科研和学习，还需要参加站务劳动。在越冬的三百天里，我们 20 个人都是全能的“多面手”。在大雪封路时一起清理道路，轮流给厨师帮厨，解决各种突发状况……此外，每半个月我们还会集体出动，凿冰化水，为站内生活提供饮用水。

越冬的第一要务是保证生存，其次才是科研。在冰冷严寒的南极大陆，任何一点问题的出现，都有可能让极端的自然环境夺走所有人的性命。中山站里生活的基本秩序、科研的正常进行都建立在三个发电机组正常运转的基础上。为了确保机器的正常运行、有问题能及时发现，站上安排了三班人员来回倒班，昼夜值守。可问题还是出现了——9 月份的一天，发电机的循环水无法冷却，站长把所有人聚在一起，集思广益，排查故障。起初，我们怀疑循环水的管道被堵住，但检查了相关管道却没有发现问题。考虑到发电机的循环水管道连接到离中山站不远的莫愁湖里，于是我们一行十几人前往莫愁湖，一起凿开 1 米厚的冰层来检查管道入水口是否有水源。当时我还用到了我的“老本行”知识，队员们担心是湖中心和管道口的水位不连通，让我拿水准仪进行测量，看两个地方水位是否在同一水平面上。仔细排查后，我们发现是冰堵住了管道口，问题也得以解决，这次的生存危机被顺利化解。

越冬队员集体凿冰取水

在南极越冬的日子就是这样，一件小事也可能造成严重的后果。这就要求每位队员都拥有坚定的意志和强烈的责任感。但只要大家团结合作、齐心协力，依靠集体的力量，再多的困难也能解决。

越冬的生活是艰苦的，不仅仅生活环境简陋，自然环境也十分严酷。南极的冬天总是漫天飞雪，通往山坡上观测站的道路被积雪阻隔，有时候积雪高度直逼成年人的胸口。我们穿着连体羽绒服，靴子、手套、帽子全副武装，行走时要像游泳一样，连滚带爬地穿过积雪。还有呼啸的狂风，裹挟着地上的雪在天地之间狂舞，分不清雪是从天上来还是从地上被卷起，天地之间白茫茫一片，能见度极低。中山站上永远点着一盏极为明亮的灯，光线破开茫茫的雪幕，为人们指引方向。匮乏的果蔬、无尽的黑夜、单调的景色……冰天雪地，孤立无援，但咬咬牙，挺一挺，也没有什么不可战胜的。这样艰苦的条件磨砺了我，塑造了我不怕苦、不怕难、不怕累的意志品质。硕士毕业以后，我读博深造，潜心研究，一路上困难颇多，但也正是这样的意志，激励着我一直坚持下去。

越冬的生活也有它的乐趣所在。在漫长的极夜里，我们举办了很多活动。比如办讲座，大家聚在一起，分享自己的专业知识，厨师讲怎么做菜，医生讲如何保健，我当时分享的是有关 GPS 导航定位的相关知识。讲座上讲的内容早已记不清了，但当时的场景依然历历在目——一块小黑板，几支粉笔，大家搬着凳子团团围坐在一起，边听边讨论。

每年的仲冬节是科学考察队约定俗成一起庆祝的节日，也是南极洲最盛大的节日。

这一天，太阳直射点终于移动到了北回归线上，之后将会往南移动——这是一个重要的节点，南极洲漫长冰冷的极夜达到最长，将从第二天开始逐渐缩短；阳光即将在冰原上复苏，白昼降临，带来光明和希望。

中山站附近除了我们还驻扎着俄罗斯进步站的科学考察队员，仲冬节那天我们一起庆祝。当时储存的蔬菜已经很匮乏，但厨师还是使出十八般武艺做了一桌菜，空气中都弥漫着节日的欢乐。人们不分国界，在漫漫黑夜里心与心无比贴近。大厅里热烘烘的，歌声和欢笑声不绝于耳。远处夜色浓重，巍峨的冰山在黑暗中傲然矗立，中山站的那盏灯依然亮着，守望着白昼的到来。

在南极洲欢度仲冬节

感谢在南极大陆的五百多个日夜，它是我青春浓墨重彩的一笔，时至今日回想起来依然感慨万千。这是对我能力和意志的双重磨炼，严峻冷酷的环境磨砺着我、锤炼着我，让我一次又一次地攻克看似无法解决的难题。人生能有几次这样的经历？知识可以学习，但更深层次的精神品质，不经历是无法获得的。

地球之南，科考不怠！直到今天，我们国家的极地科学考察事业依然被一批批科研工作者们继承着、开拓着，极地科学考察事业也正在蓬勃发展。如今的条件好了许多，但我想，我们经历的困境和挑战，都是相通的。

希望新一代极地科学考察工作者们，认真学习习近平总书记的回信精神，始终记住自己由国家培养，代表国家，也应报效国家；也希望极地的科学考察精神能感召更多优秀的有志青年，激励他们继续在这条路上走下去。

（采写：杨连莹　张鸿宇）

风雪拦不住，情系格罗夫

彭文钧　丁士俊

彭文钧，武汉大学测绘学院测绘实验中心实验师，于1999年至2000年加入中国第16次南极科学考察度夏队，参与完成格罗夫山核心地区110平方公里的地形图测绘，此图被称为世界上第一张南极内陆冰盖高原人工实测的精确地形图；于2005年作为科学考察队员加入中国第22次南极科学考察度夏队，参与收集陨石共5 354块，为我国南极科学考察事业作出了重大贡献。

彭文钧坐在南极冰雪上

丁士俊于中山石旁

丁士俊，武汉大学教授。1999年参加中国第16次南极科学考察，2004年获国家海洋局南极考察突出贡献奖，获湖北省科技进步一等奖、三等奖、中国国家地理信息协会测绘科技进步特等奖、湖北省自然科学优秀论文二等奖等奖项。

南极，一块极寒之地，一块神秘之地，它是地球上的最后一块净土，也蕴含着太多的秘密，有人对它谈之色变，有人对它心驰神往。

1999 年，彭文钧和丁士俊两名老师，代表武汉大学加入第 16 次南极科学考察度夏队的队伍当中，在 1999 年 10 月出发，第二年 4 月回港。两人在做足准备后，便与一众亲朋告别，在上海登上"雪龙"号，开启了他们的南极科学考察之旅。

扬帆远航，一腔热血跨重洋

平静的大海仿佛被"雪龙"号撕开了一条口子，而科学考察的队员们都是扬帆远航的战士。海浪拍打海岸的声音渐渐地消失不见，陆地上的建筑也渐渐地变得模糊，只看得清大致的轮廓，一点，一点，慢慢地整个消失在海的那一边。只有蓝天白云永恒，时不时有几只鸥鸟盘旋，似在为他们壮行。对家人的牵挂也渐渐转为想要在南极干出一番事业的雄心，学校和国家交予的重任，怎么能不完成呢？不是说要尽力完成，而是要坚决完成，既然说是要做，那么就要做到更好。

远处的"雪龙"号

考察队很快便到达了新加坡，"雪龙"号将在新加坡锚地停靠一周补给，而队员们可以下船到陆地上去转转。船上的日子虽然单调了些，但物资准备得却是十分充足。国家对科研的物资供应毫不吝啬，考察队员们又怎能有所退缩？过赤道的时候，船上举办了过赤道纪念活动，船长给队员们发了由他亲笔签名的明信片，还发起了喝啤酒和拔河大赛，拔河的时候，船长就到各队搔痒捣乱，整艘船都被欢快和谐的气氛包围。

又一次登上陆地是在澳大利亚的一个小镇，航行期间在我国香港地区和新加坡各停留一次，在香港没有上岸。与陆地告别，这次他们将穿越魔鬼西风带。狂风席卷着巨浪轰击着船体，强烈的摇晃感让大家晕船不已，整个肠胃都在翻江倒海，基本上所有人都待在船舱休息。不知过了多久，一望无际的大海增添了些许的白色，海冰出现在视野里。在离南极直线距离不到十几公里的地方，“雪龙”号因为冰层太厚无法继续破冰而被迫停下了。考察队领导决定在海冰上卸货，将人员和物资吊运到海冰上，靠人力和机械运送上岸。全船考察队员和水手都被动员起来，加上岸上在中山站度过一个冬天的越冬队员，大家齐心协力开始了货物运输工作。同时，向距离最近的俄罗斯站和澳大利亚站发送信息，请求帮助。这就是南极大陆上的国际主义精神，大家在科研上虽有竞争，但在彼此需要帮助的时候，纷纷伸出援手。最后在各方的努力下，考察队成功到达了中山站，二人的南极科学考察之旅至此才真正开始。

和队友在“雪龙”号船上

出征南极，格罗夫山齐克难

抵达中山站后，格罗夫山考察队休整了一段时间，便开始为考察格罗夫山做准备工作。整个格罗夫山考察队伍共有十人参与，除了彭、丁两名测绘队员外，队伍中还包括一位冰川专家、两位地质学家、三名记者和两名机械师。准备完毕以后，在 1999 年 12 月 21 日，格罗夫山考察小队踏上了征程。

此次内陆科学考察的通行设备主要是三辆雪地车，每辆雪地车后面都用钢缆拉着两辆雪橇，雪橇上存放着几十吨的物资，各种仪器设备，以及三辆雪地摩托车。第15次南极科学考察期间，刘小汉队长曾带三个人单车往返格罗夫山，完成了对格罗夫山的第一次科学考察，而此去格罗夫山地区的路线便是他们走过的原路。由于南极自然条件十分复杂，考察队所走的每步路都是前人所走过的确定安全的路。可以说，此次内陆科考真正是站在巨人的肩膀上。南极的科学考察事业是一代代人接力传承下来的，每一个人，每一个环节都必不可少。

雪地车

三辆雪地车排成一列相继出发了，南极的内陆地区险象环生，走错一步就可能万劫不复。彭文钧坐的是头车，负责的是导航任务，通过记录的经纬度一个个地寻找之前队员做好的路标，沿着路标重走那条确认安全的原路；同时还要负责发现南极内陆中的“死亡阴影”——冰裂隙。窄的冰裂隙只有几厘米，但宽的冰裂隙可达几米甚至几十米，至于它们的深度，有的可达几十米甚至根本看不见底。作为队伍的“鹰眼”，他要时刻关注路面状况，一旦看见雪冰颜色有不对的，要及时提醒后面的车辆。如果实在不能通行，只好绕道行进。队伍遇到的第一条冰裂隙只有一米多宽，但第一次见这样的奇观，队员们是又好奇又害怕，几个人趴在冰面上往下看，冰裂隙深不见底，非常恐怖，仿佛是在地球表面切开了一道口子。回到车上，队员们还在发抖，后怕不已。这条冰裂隙横亘几公里，绕路不现实，好在并不是很宽，于是队伍决定让雪地车开足马力冲过去。雪地车马力很足，前两辆车都平稳地抵达对面，最后一辆车在冲刺时，冰裂隙边缘破碎，拖拽的雪橇沉下去了，好在雪地车马力开足，最终还是有惊无险地过去了。南极的冰面十分坎坷，狂暴的大风让冰聚在一起形成一个个小“山峰”，极寒的气候让这些“山峰”坚硬不已。行驶在这样的路面上，颠簸异常，拉着雪橇的钢缆时常被磨断，考察队只能边修边走，行进速度并不是很快。

考察冰隙的队员

格罗夫山地区有近 110 平方公里的核心区，核心区包含两处岩石露头，彭文钧和丁士俊此去的任务就是绘制一幅比例尺十万分之一的格罗夫山地区核心区地形图，为后续的地质考察所要完成的地质填图提供底图。虽然南极是一块冻结了领土要求的土地，但是这两幅图却可以证明我国在格罗夫山的实际存在和科研力量，以后任何国家要进入格罗夫山地区进行科学考察，需要向我国的海洋局申报，发表有关该地区的任何文章，需要把我国海洋局的极地办公室放在前面。一路上，刘小汉队长讲述了此次考察的目的和意义，他说，这是我们第一次真正意义上的开疆拓土。同时，他也一直做思想工作，建议把原计划的十万分之一比例尺改成万分之一，这对两人的要求无疑提高了很多。因为格罗夫山地区的地形条件十分复杂，测绘条件极差。而万分之一比例尺的地形图上基本每隔一厘米，实际就要踩一个点，相较于十万分之一比例尺所需的几千个点，实在是困难太多。

刘小汉队长举例说，开国际会议的时候，如果我国说自己完成了对格罗夫山地区的考察，拿出来一张明信片大小的成果，这是绝对不行的，必须拿出一张更大的图。刘队长前前后后反复做工作，两人也觉得必须做大一点的图，才更能彰显国家的科研实力，也才能更对得起国家的付出。年轻人一腔热血，既然来了，就要不虚此行，既然做了，那肯定要做得更好。环境艰苦，那就更加努力地去克服，工作量更大又如何？人更辛苦一点又如何？为了祖国，为了科学考察，也为了自己的那么一点点好胜心，两人最终答应了下来，尽力去多采集一些数据，争取做出更大的地形图。

花了 8 天时间，考察队终于到达了格罗夫山地区。扎营的时候，他们让雪地车车头迎着风，这样就能避免营地被大雪埋没。按照传统，考察队十个人按照年龄大小排为老大到老十。每个人都有自己的任务。负责雪冰的老十任务比较特殊，每天扎营一结束，老十就开始了工作，先挖一个一米多深的深坑，然后整个削成坡面以采集雪冰的样品，每下去十几厘米，雪冰就可能是几百上千年前的了，尽管有专门的设备，挖如此坚硬的雪冰依然十分辛苦。丁士俊排行老六，彭文钧排行老八，老八和老九，老十两个人之间相互都只差一岁，年纪最小最近，关系也最好，所以每天晚上，老八、老九都会帮老十工作。

工作时的内陆考察队

格罗夫山核心区域测绘，时间紧任务重，因此，在仪器上的准备之外，他们还在测量方法上做出因地制宜的选择，针对岛峰地区这种人难登、数难测的“硬骨头”，丁士俊采用“交会”方法进行“碎部测量”；而剩下较为开阔平坦的部分，就由彭文钧通过雪地摩托车采用载波相位差分技术进行动态测量，显著地提升了数据采集效率。

设备和测量方法的更新是做好充足准备的应对，然而，南极还有一系列无法预测的挑战在等待着他们。

极端环境下，一举一动都充满了考验，简单的动作也在严寒下也无法进行。架设仪器的过程中，丁士俊不得不脱下手套调整。但是，脱下手套的一瞬间，冰冷的空气就把手指冻得几乎无法动弹，寒意几乎让他丧失了知觉，更不用说进行精密的螺旋调整了。但即便如此，他的内心是非常坚毅的、逻辑是足够清晰的、目标是绝对明确的——再艰苦、再困难，都必须将数据采集完成。有时候，因为手被冻得着实无法承受，以至于不能正常操作仪器，他只好将手放入衣服内取暖片刻，待手指稍微有些恢复，立刻伸出手来开始迅速操作。精密的仪器校验本就耗时耗力，如此，一次数据的采集往往需要耗费数个小时的时间，他的手有时甚至冻伤到了极点。不幸中的万幸，南极严寒的环境让细菌几乎没有存在的可能，因此伤口也不会感染化脓。

出于安全考虑，科学考察队规定野外作业的时候不能一个人出去，所以中央台一位同行的记者就会骑着雪地摩托车带彭文钧出去。在彭文钧作业的时候，记者就爬上一个高处拿望远镜看着彭文钧。而彭文钧就背着一个 GPS，开着雪地摩托车，每相隔 10 米就跑一条直线出来，而在直线上，每相隔 5 米，GPS 仪器会自动采集一个点，所有的线都跑过以后，整个网点就出来了。最终将彭、丁二人采的点交会综合在一起，就得出了格罗夫山地区的地形图。彭文钧每天的工作就是骑着车到处跑，记者朋友甚至开玩笑说是每天带他出去遛狗，也就是这些玩笑让考察队营地更加温暖，与这冰封万里的南极形成鲜明对比。

每一个浸透冰雪的数据的背后，是他们在冰封之地即便冻伤依旧在坚守的手，是他们代表学校、代表祖国使命必达的决心，是他们排除万难坚定完成任务的执着。为了那份数据，可以不惜一切。

考察队在格罗夫山工作的 12 月至次年 2 月期间，南极正处于极昼状态，时间的概念似乎在冰封大地上逐渐消失，为长久的白昼所吞噬。持续照耀的阳光不动声色地将冰面部分融化，营造出一片静寂的假象。有时，一个人在外进行测绘工作，冰天雪地间万籁俱寂，只有“刺啦刺啦”声不时传来，让人不由感到毛骨悚然。冰盖的变化也给考察工作带来了更多的不确定性，融化的冰层隐藏着无穷危险，眨眼间的疏忽，人就有可能坠入无底深渊。

南极的天气极其恶劣，阴天和起大风的时候，整个室外都是雾蒙蒙的，能见度很低，只能看见物体大致轮廓，而至于冰裂隙、冰窟之类的，完全发现不了。有一次起大风，机械师拿着测风仪在通风口处测了一下风力，发现室内有六级风，可见室外的自然

工作时的彭文钧

环境有多恶劣。平时队员们基本都以工作为中心，每天除了休息，就是工作，很难有空闲时间去做其他事情。受限于当时的条件，我们吃的是航空餐，喝的是加热融化的雪水，但自然的恶劣并没有击倒任何人，也没有一个人因为环境而产生心理压力，每个人心中所想的只有自己的任务。

复杂的地形，恶劣的天气让广袤的南极大陆也时刻暗藏危机，在格罗夫山地区工作的队员是要打起十二分的精神与这冰天雪地斗智斗勇。因为有极昼的存在，所以早晚也只不过是时间上的区别，无论什么时间，天空都是蒙蒙亮的状态。有一天晚上，由于工作任务较重，去的地方是比较熟悉的碎石区，为了不打扰其他人工作，彭文钧就一个人单独出门去野外作业。最初一切顺利，不料雪地摩托车突然被一条冰裂隙给卡住了，万幸的是这条冰裂隙较窄，摩托车没有掉下去，来不及多想，他赶紧跳下车联系营地救援以免扩大损失，最终得以脱险。彭文钧在南极科学考察最危险的一次经历也是在一天晚上，老九和老十陪他去野外考察，遇到一处碎冰区，整个地面全是冰裂隙，起初我们开着车想办法绕过这一片区域，但越走越发现不对劲，冰裂隙越来越密集，如同摔碎的玻璃，遍地都是，横七竖八的全是缝，完全无法躲避。他们停停走走，反复试探，最终实在没有办法，三个人一合计，闭上眼睛，决定直接开足马力往前冲，雪地摩托车快得像是要飞起来一样，心也跟着提到了嗓子眼。那一刻生与死仿佛置之度外，只有呼啸的风划过脸庞。安全冲出后，三人都打起了冷战，可谓是南极版的“生死时速”。

南极，危险与机遇并存，实际工作五十多天后，内陆队全员都光荣完成了相应的任务。离家这么多天，想家是肯定的，几个月来，队员们也只是在过年的时候用中央台记者的卫星电话给家里打过电话。离开格罗夫山区前，他们到格罗夫山的最高峰哈丁山附近转了转，学爱斯基摩人的样式试着做了做雪屋，但是越做越大，最后收不了顶了，就放弃了。他们还把十个油桶绑扎起来，插上旗帜，做了一个地标，油桶上写着考察队十个人的名字，作为纪念。

回到中山站又花了将近八天时间，由于在内陆地区条件受限，我们几十天没能洗澡。回来那一晚，站长不仅亲自带人来迎接考察队员，用丰盛美食庆祝全队平安归来，还特地嘱咐大家将澡堂留给他们，让他们能好好洗个澡。

在如此艰苦的环境下，有如此一帮志同道合的战友，为了如此光荣的目标而奋斗，真的是人生中莫大的幸福。考察队的付出当然也迎来了收获，刘小汉队长通过研究第15次、第16次南极科学考察带回来陨石，提出了新的地质学理论，而他们最终也完成了这幅万分之一比例尺的格罗夫山地区地形图，在学术上为祖国开疆拓土。

对于他们而言，这幅地形图绝不仅仅是两个人的成果，它的背后有着成千上万人的身影，还有学院、学校和国家的支持。南极的风雪能够轻易地吹走一个人，但是由千千万万人组成的精神脊梁，它是无论如何都无法吹动的。“功成不必在我，功成必定有我”，一代代人、一群群人的使命接续相传，这就是中国南极科学考察能走到今天的秘诀，南极科学考察精神如此，武大精神如此，中国精神又何尝不是呢？我与你，你与他，我与他，14亿中国人牢牢依靠在一起，没有什么困难是克服不了的。

逐梦前行，武大精神代代传

丁士俊停留在考察站期间，还做了一件有着特殊意义的事情。在中山站，每一位首次到达南极的省份代表都肩负着一项特殊任务：在考察站上方高耸的不锈钢杆子上，竖立一个指向自己省份的标牌。这个简单而庄严的仪式，不仅代表着大家的到来，更是与家乡相连的纽带，仿佛用一根无形的线，将南极的辽阔与自己的家乡联系在一起。

刚巧，丁士俊和一位湖南台的记者是第一批到达南极的湖南人，他们怀着自豪和激动承担起给湖南留下南极标牌的“重任”，让湖南的印记飘扬在南极中山站的湛蓝天空。通过精心测算两地之间的距离和方向，他们将考察站与湖南的方位数据记录在标牌上，一笔一画地留下了湘江的印记。

丁士俊在格罗夫山测绘过程中

这根杆子上的一个个标牌，不仅代表着省份的荣耀，更代表了越来越多省份的人能够参与这场南极科考事业中来。每一块标牌都是中华儿女对祖国疆土的想念，亦是中华儿女大团结，为祖国南极科学考察事业而奋斗的决心与信念的象征。

2005年彭文钧又参加了中国第22次南极科学考察，11月出发，次年四五月回港。此时女儿才刚出生不久，彭文钧带着一张她的照片就迈上了前往南极的征途。重新登上"雪龙"号，思绪万千，上一次南极科学考察的一幕幕场景在他脑中流转。不过相较于上一次的青涩懵懂，这次的彭文钧显然更加成熟稳重，与"雪龙"号上的船员也早已熟识。差不多航行了一个月，彭文钧再次登上了南极大陆——这片留存着他无数回忆的地方。

考察期间，彭文钧在格罗夫山区成功安装了5个永久性卫星地面角反射器，为以后绘制格罗夫山区的卫星影像图作准备，同时，还设置了7个冰流运动监测杆，为研究该区的冰流运动速度及冰貌动态变化过程等提供精确数据。

第15次南极科学考察共收集了4块陨石，第16次南极科学考察内陆队10个人共收集了28块陨石，而这次，队员们克服了各种困难，共收集陨石5354块，超过前三次收集数量的总和，其中还包括我国科学家发现的第一块月球陨石，这也使得我国的陨石占有量从全球未上榜直接上升到全球第三名；不仅如此，他们还对格罗夫山区的57个岛峰进行了地质调查，开展了遥感、测绘、冰盖进退、冰雪样品采集、古气候研究等多项工作，取得了很多重要的第一手资料和科研数据，为我国的南极科学考察事业作出了重大贡献。

如今我国的南极科学考察事业蒸蒸日上，硬件设施早已不可同日而语，但唯一不变的是每个前往南极的人心中都有着一团火，一团团结互助的友爱之火，一团踔厉奋发的奋斗之火，一团发光发热的奉献之火。

得知习近平总书记给武汉大学参加中国南北极科学考察队师生代表回信，彭文钧、丁士俊备受鼓舞，这无疑是对武大参加极地测绘的师生、对武大南极测绘研究中心、对武汉大学的巨大支持。

南极考察是一份传承的事业。丁士俊的一位学生毕业后在国家海洋局工作，也参与了南极科学考察的事业中来，还给丁士俊发送自己在南极拍摄的照片，这也让他想起了当年在南极考察的故事，莫名的激动和感慨在丁士俊心中涌动。这份科学考察事业的“接力棒”在武大人的手中传递，坚定的科考精神在一代代武大科考人的身上传承和延续，也不断激励着大家前行。

南极的风雪、寒冷与神奇，早已不再只是一个个陌生的概念，转而成为所有武大极地科考人员心灵深处的一种情感和精神的象征。值得一提的是，在格罗夫山前行和测绘的过程中，丁士俊和队友们还戴上了印有鲜明学校字样的铜制标识，将它们放置在裸露的岩石上、岛峰的冰面上、格罗夫山的最高峰上……无论南极风雪如何流变，巨石和其上的铜牌永存。通过放置标识，他们为这片荒凉之地，注入了渺小而坚定的存在感，向南极这片古老的土地宣示他们的到来，也记录着他们在南极的探索与留恋。通过这些点缀在南极大地上的定位标识，他们留下了武大人的独有印记。希望在未来，会有越来越多的武大人积极投身到极地科学考察的事业中来，延续武大南极科学考察精神的光辉，为祖国的极地科学考察事业发展作出更大的贡献！

飘扬在南极大地的中国国旗

（采写：余蕴欣　韩雅宁　郭真誉　姜曾瑞）

第二篇　行而不辍

且向苍穹：探索地球之极，丈量人类未来

李德仁

李德仁，武汉大学教授，中国科学院院士，中国工程院院士。德国斯图加特大学博士。现任武汉大学测绘遥感信息工程国家重点实验室学术委员会名誉主任，地球空间信息技术协同创新中心主任。国际著名测绘遥感学家，我国高精度高分辨率对地观测系统的开创者之一。2023 年度国家最高科学技术奖获得者。2008 年被苏黎世联邦理工学院授予名誉博士，2012 年被国际摄影测量与遥感学会授予最高荣誉“名誉会员”。

李德仁院士

作为测绘遥感人，在近 70 年的学术生涯中，我到过世界许多地方，在各个国家、地区留下过坚实的前进步伐，也激发出许多思想碰撞的火花。回首这些经历，南极科考始终熠熠生辉，一如当年踏上那片大陆时摄人心魄的蓝色晴空。我们关心极地，在人迹罕至处探索生命的过去与未来；我们将卫星送入太空，在遥远之处激活社会更高效更美好的可能性。作为一名仍在不停工作、不停思考的科学家，我总是要将目光投向更高处、更远处，因为我相信，我们关心极地，也就是关心地球的未来与人类的命运。

行程万里，初心如一

武汉大学是中国极地科考的“排头兵”，我们家最先与南极科考结缘的其实是我夫人朱宜萱。1990年参加中国第7次南极科考时，她将当时最好的摄像机赠送给鄂栋臣、孙家抦二位教授，测量人员用摄像机在飞机上拍下照片，再进行影像处理。就在这样艰苦的条件下，武大的科研人员们一步一个脚印开启了南极航空测量。我也一直非常支持南北极科考工作，因为测绘遥感是科学领域的“尖兵”，越是在艰难的条件下，越要敢为人先，只有先画出精密的地图，才能为后续的研究做出基本的保障。

2006年，我和宁津生、陈俊勇、许厚泽三位院士一起踏上去往南极大陆的行程，在北京宣誓之后，我们途经法兰克福，一路南下抵达智利，最后裹在“大力神”号飞机的网兜里，在摇晃中抵达了南极。这次旅途充满了幸运——南极科考的最不稳定因素之一就是天气，而我们的这次考察始终被阳光环绕。这份幸运使我们顺利地完成了与韩国、乌拉圭、智利等科考站的交流。在考察过程中，我始终思考：我们测绘技术还能为南极科考做点什么？

20世纪80年代，地理信息系统技术被外国垄断。为了维护国家信息安全、建立属于中国的地理信息系统，我将龚健雅老师派往丹麦学习。他学成归国后，我们组成了30个人的研发团队。3年期间，我们响应中央“把科研成果落在祖国的大地上”的号召，封闭在研究基地中日夜奋战，最终做出了国产自主知识产权的地理信息系统基础软件平台。我将其命名为“GeoStar”，它有一个更响亮的中文名字：“地球之星”，也就是现在的“吉奥之星”系列软件。后来，利用其网络地理信息系统(GIS)软件，我们做

2006年1月，李德仁与夫人朱宜萱教授赴南极考察

出了对应“谷歌地图”的“天地图”。“天地图”的诞生有其必要条件，当时应用较为广泛的“谷歌地图”在中国国家边界问题上一直存在争议，一旦我们使用，就等于变相承认了西方的边界划分观点。中国研制出“天地图”，是从根本上守护了国家的领土主权。“天地图”的应用效果非常好，在目前的全球范围内，也只有“天地图”能与“谷歌地图”分庭抗礼。

而在南极，“天地图”又有了新的作用。中国利用“天地图”赠送给全球南北极考察委员会一个免费的互联网，即 WebGIS。此外，由于欧洲没有属于自己的地理信息系统，却又需要在南极进行信息共享，便向中国请求帮助。于是我们利用“天地图”制作了南北极考察数据的共享地理信息平台，赠送给各国科考人员。这既是我作为测绘人对南极科考的一种回馈，也是我们中国人在国际交往中友善、慷慨的一种象征。

再有，南极独特的地理位置，决定了其对于我国卫星站建设的重要作用，如果直接在南极建造卫星接收站，那么测量效率将大大提高。2006 年，我们院士考察团实地勘测了南极的测量遥感基础设施，回来之后就向中央写了建议书，提出在南极设立遥感卫星接收站和常年 GPS(后来是“北斗”)观测站，进一步发挥它们的重要作用。

极地的奇特风貌让我至今记忆犹新，无论是可爱的企鹅、海狮，还是壮丽的冰川、遍地闪耀的云母，都展现着这片净土的珍贵与绚烂，我相信这份美不仅吸引着人类欣赏，更值得全人类珍惜。因此无论是我，还是长年深耕极地科考的科学家们，都会为了探索与保护这份自然之美、生命之奇而不断贡献力量。

协同发展，敢为人先

作为中国科学院院士、中国工程院院士，除了本领域的研究，我还肩负着更深远的使命：一是完成关于国家发展的重大咨询，二是引领整个学科的发展，三是为国家发掘、培养新的院士梯队。因此，我的工作与国家、社会的长远发展息息相关，这也使得我持续思考关于人类社会未来命运的基本命题。目前，人的个体生命至多是一百多年，而我们所在的地球已经有长达几十亿年的生命历程，我们的子孙后代还将继续生存于这片家园，关注地球可持续发展就是关注人类的未来。

2018年12月30日，李德仁在测绘遥感学科发展高端论坛上作报告

近年来，气候变化愈演愈烈，已经对人类活动产生了重要影响，在南极也可以观测到迅速退减的冰川和消失的物种。随着科技的进步，人类对地球的理解、开发越来越深，甚至自诩为“主人翁”。但我时常想，如果人类不善待地球，地球也是会惩罚人类的。以南北极为例，如果南北极的冰雪迅速消融了，海平面上升，那么全世界不知道有多少个城市要淹到水里去！一个人可以随手拾起一片垃圾，甚至是十年如一日地种下树木将荒漠变成绿洲，那么从我的领域出发，我能为地球的可持续发展提出什么建议呢？基于对极地考察的观察，以及对中国科学研究现状的考量，我在几年前提出了“三极”(南极、北极和青藏高原)协同科学研究的设想。

南北极由于其特殊的地理条件，存在着大量冰川，青藏高原虽然不是冰极，但它是地球屋脊和万山之祖，这三极均受人类活动影响较小，是从事生态研究的重要场所。对此，我提出将“三极”连成一个网络系统进行系统研究，这有助于回答人与自然的关系，回答地球、太阳系可持续发展的问题。在这项协同研究中，得益于进入青藏高原的便利，中国相较于其他国家，具有得天独厚的优势，我们更应该敏锐地把握这种优势，抓牢三个极点，进行系统研究，走在世界的前列。当然，这也并不是指向封闭，我们始终乐于与世界各国态度友好、本领扎实的科学家携手合作、共同探索。

不可忽视的是，“三极”本就条件艰苦，需要克服重重困难，开展“三极”研究更不是一蹴而就的。既需要国家层面的眼界、规划与投入，也考验科学研究者的精神品格与家国情怀。我当时提出了一个50亿元资金的计划：用10亿元来发射冰卫星，用10亿元对太阳进行观测，用10亿元搭建地面物联网，剩下的20亿元用作研究基金。这种设想建立在我们国家日益强大的经济实力之上，但是在几十年前，在物质条件不够充分的情况下，如何制定规划、开展科学研究才更能体现一个国家的胆识和魄力，是我该思考的。以极地科考为例，中央领导很早就意识到了南北极考察的重要性，在改革开放初期就将南极考察工作提上了日程。1983年的南极条约协商会议上，由于没有科考站，中国代表团是以缔约国的身份参加的，表决时甚至要被请出会场。1984年，中国派出了第一支南极考察队，只用了45天，就成功建成了第一个南极科学考察站——长城站。事实证明这个决策极其果断，富有远见。如今，一个国家想要进入南极，必须做出南极条约协商国未能企及的科学贡献，难度可想而知。科考站建成不到8个月后，中国正式成为《南极条约》协商国，从此在国际南极事务中获得了表决权，也标志着中国独立自主、有计划的南极科考时代正式开启。

20世纪80年代的中国并不富裕，且缺乏南极考察的经验。在这个领域研究近乎一片空白的情况下，能否做出成果是不确定的，然而科学这条路上并不只看学术论文和科研成果。作为一名科学工作者，我们必须要有这样的觉悟：一不怕苦、二不怕死、三不计名利，这样才有可能在艰难困苦面前，勇敢地扛起为国争光、为人类谋利益的责任。我了解到，许多参与极地科考的队员都有面临险境，甚至是“死里逃生”的经历，但他们从未退缩，反而是以必胜的信心冲击每一项研究的“第一次”，让五星红旗飘扬得更远。我想，习近平总书记的回信也正是对这种不计得失、为国奉献、刻苦钻研的科学精神的最好勉励。

薪火相传，弦歌不辍

一个学生刚进入大学，上什么课、接触什么人将极大地塑造其人生观、价值观。拿武汉大学“走进极地”这门通识课来说，在课上，亲赴极地的科研人员讲述科考经历、极地知识，为学生们打开了解极地的大门。我所在院系也有一门针对本科生开设的课程，即“测绘学概论”，我一直积极参与其中。尽管我每天的日程都安排得相当满，也经常在世界各地出差，但我始终认为科学研究需要一代代人的努力与传承，不管工作再忙，为祖国发掘、培养科研人才始终是我所牵挂的、需要我为之付出的。“测绘学概论”这门课被学生们称为“最奢侈基础课”，因为这堂课由我校的6位院士共同向本科生授课，已经持续了二十多年。这门课的诞生并非心血来潮，而是来自我的老师的亲身教诲和一位学生的“遗憾”。

1983年9月，李德仁在德国斯图加特大学攻读博士学位

我留学德国时的博士生导师是阿克曼教授，尽管我有时打趣，说他学习软件、编写程序都不如我快，但他给我的影响是更深层的，是人生哲学、教育理念上的启发。他有一个观念令我印象很深，他说："老师的第一责任就是上课，应当用你的知识和情操去启发学生，用你的教学活动去发现学生。"后来有位学生毕业多年后来看望我，他向我谈起学生时代最大的遗憾，就是没有上过我的课。我想了想，现实情况确实如此，在去德国进修之前，我每周讲三门课，后来当了院长、校长，事务繁多，慢慢也就远离了上课一线，而这样的情况在每个大学都屡见不鲜。另外我还观察到，很多本科生是因为专业调剂或者对专业不了解来到了我们学院，对专业不满的思想倾向很严重。这些想法的出现归根结底是对于未来的茫然，他们不了解这个学校、不了解这个专业、不了解需要做什么、更不了解自己能够达到的高度。

而要发现和调动这些学生的潜能，因材施教，最好是有一批已经足够了解本专业的"引路人"。于是我向宁津生院士提议，我们几个院士共同推出一门课，从摄影测量、大地测量、重力测量、地形测量、地图制图和卫星遥感等不同的方面解剖测绘学，以自己的知识和经历告诉每一位本科生：通过学习测绘遥感知识，你们一定能够有所作为，成为国家的栋梁。在授课时，我不仅会讲解测绘遥感的原理，还会将其与具体应用相结合。这些应用往往是最前沿的科技，去年我讲解的正是"珞珈"系列的三颗卫星。这些新科技同学们大多耳熟能详，甚至为此深受震撼，但基本上还停留在远远望着、一知半解的境地。这时，我们在课堂上将其娓娓道来，让远在天边的前沿科技工程与近在眼前的专业知识来一次"亲密"的碰撞，同学们自然会对这门学科有更直观的概念、更深切的体察。

我想这就是作为教育工作者的一种本分，不仅要做专业知识教育，更应该做思想品德教育、人生教育。一直上这门课，也是我对于"传承"的亲身实践与长期坚持。从20

世纪 80 年代开始，武汉大学的师生几乎从未缺席过极地科考，正是说明了这份探索的信念、传承的情怀已经流淌于武汉大学极地科考人的血脉之中。

2017 年 6 月 22 日，李德仁参加武汉大学毕业典礼并为毕业生拨穗

我还能想起大学二年级去海南做测量，那时候也没有 GPS 等设备，地上到处是毒虫、蚂蟥，高高的椰子树挡住了视线，我就只好爬到树顶上去作业，结果摔下来，所幸被当地一位老红军战士救下，这才捡回一条命。如今，智能化水平已经大大提升，这种靠人力、冒着生命危险，一点点做测量的时代已经过去了。我们把 GPS 放在卫星上，在手机上一刷，图像很快就出来了。如今的极地科考也是，很多设备不需要人长期守在身边，只要设置好，远程调试、操作，在电脑上点一点就能收到数据。这轻轻的“一点”“一刷”变化之惊人，可能就是一个甚至一代科研人不懈探索的一生。

如今，在极地科考和遥感测绘领域，我们国家取得了突飞猛进的进步，收获了相当可观的成果，武汉大学的科研工作者们也始终以国家、人民的需求为己任而不懈奋斗。习近平总书记在信中提到，希望我们始终胸怀“国之大者”，接续砥砺奋斗，练就过硬本领，勇攀科学高峰。这正是我们测绘遥感工作者所坚持的传统，作为科学研究的“尖兵”，不仅需要严谨的科学态度和扎实的理论知识，更需要一往无前的勇气与担当。

世界正发生着深刻而广泛的变化，我相信极地科考的成果将更深入地惠及普通人的生活，未来地球上的每个人能够在手机上“玩”卫星。我期待创新的充分涌流，突破性成果的不断涌现，我期待承载着厚实美德的东方智慧能够点亮人类、点亮未来。

（采写：刘诺　何国瑞　赵恩宁）

心之所向，行之所往：丈量冰原，为国发声

李　斐

李斐于南极长城站

李斐，武汉大学中国南极测绘研究中心教授、博士研究生导师。1982 年毕业于中国科技大学地球物理专业。1992 年 6 月在中国科学院测量与地球物理研究所获理学博士学位。曾任国际南极研究科学委员会南极地理信息常设委员会联合主席、中国南极测绘研究中心主任，曾参与 2011 年、2012 年中国北极黄河站科学考察。

武汉大学的师生一直是中国极地科学考察事业的积极参与者，漫漫冰雪征途，我们从未缺席。一代代武大人用脚步丈量神秘而广袤的极地，展现着他们的真才实学与敢于担当、不懈探索的精神，书写了一个又一个科学考察故事。

在我们测绘人眼中，极地有得天独厚的实验条件，能为我们提供丰富的研究资源和广阔的成长空间。因此，前往极地科学考察，是我从学生时代就有的初心，最终能够如愿，其中的激动难以言喻。

近年来，中国极地科学考察事业蒸蒸日上，越来越多后起之秀投身于南北极科学考察的浪潮。作为亲历者，此次讲述我的点滴体验与感悟，一是因见证了国家极地科学考察事业的发展壮大，二来也是想给那些立志科学探索的年轻人加油，希望他们能为国家极地科学考察事业做出更多贡献。

心向往之，秉持初心奔赴

1984 年 12 月，中国第一支南极科学考察队踏上了南极洲这片神秘的土地。当时我正准备攻读研究生，作为地球物理专业的学生，深知极地这种特殊地区对专业学习和研究有何等重要的意义。加之我向来对大自然也有强烈的好奇心和探索热情，因此在得知选拔队员的消息后便积极报名，希望能够参与中国第一次南极科学考察。很遗憾因为阅历不足等原因，我没能如愿，但是前往极地的念头就像一颗种子，从此深埋在心底。我暗暗下定决心：以后有机会就要争取，一定要亲身参与！现在，我已经如愿踏上过南极的长城站并参加过两次北极科学考察，但仍觉得极地科学考察魅力无穷，如果有可能的话，我还想再次踏足。

冰川是极地科研的重要研究对象之一。冰川变化是气候变化的指示器，同时也与物质平衡密切相关。譬如，冰川消融关系着海平面的上升，从而影响着大洋周边国家的人民生活、政策制定等。而我两次前往北极的主要任务也就是冰川考察。在此过程中，我主要承担的工作是测量冰川几何变化，记录其流动速度，分析其厚度的增减，这是测绘人最擅长的了。现在随着科技的发展，南极测绘研究中心的研究内容也越来越广泛，如地球物理、空间物理、极地生物、极地战略等，都囊括在研究范围之内。

“孤木不成舟，单丝难成线”，我深切感受到，我国的极地科学考察事业是一项集全国之力的浩大工程。我们能顺利地在南北极开展科学考察，有赖于综合国力的不断增强。比如我国自主建造的“雪龙 2”号极地科学考察船，具有强大的破冰能力，能为我们的极地科学考察提供有力的平台支撑和安全保障。这是我国科技和经济发展的一个缩影，也是国家极地科学考察实力的一个体现。

除此之外，极地科学考察还涉及国际合作。在北极时，许多国家的科学考察队都住在科学考察站内，我也曾经参观过韩国、法国、德国等国的科学考察站，与外国科学考察队员沟通交流。在极寒之地，面对强大的自然，人类必须抱团取暖，人与人之间展现出了一种原始而朴素的团结和友好。

学科协同形成的合力也是极地科学考察能取得成果的关键之一。地球上各个系统都是一个有机整体，相互联系、密不可分，极地科学考察亦不例外。除了自然科学，人文科学、社会科学也不可或缺。譬如，南极是没有国界的，但是众多国家在这个大陆上进行探险、科学考察、旅游、命名等活动，这就需要制定大家认可的条约和规则予以规范。

无惧挑战，唯有“热爱”二字

对人类来说，极地的生存条件相对恶劣，即便做好了充分准备，不期而遇的危机仍然是每个极地科学考察人员面临的一大挑战。2011 年 4 月，我抵达了位于新奥勒松的中国北极黄河站，开展冰川变化研究。那是我第一次参与北极科学考察，还没来得及平复激动的心情，就发现脚下的土地有几分“不平静”，冰凉的融雪漫入靴子——竟是北极海冰提前融化了。暴风雪呼啸肆虐，地上的雪也被吹得漫天飞舞，摘掉墨镜后连眼睛都睁不开，周围变得白茫茫一片，能见度仅有几米。往年这个时候，北极刚刚进入极昼，也未开始融雪，科学考察队员会直接乘坐雪地摩托在冰面上通行，只需半个小时便可到达测量地。而海冰消融就意味着雪地摩托极易陷进半融化的冰雪里，无法直接行驶，我们不得不绕道很远。往往早上 8 点出门，返程时已是晚上 10 点多了。在我的印象中，一路上，几乎每个人都摔倒过，而且一旦摔进融雪的河里，混着冰的水就会灌进靴子里，真的是冰冷刺骨，举步维艰。

李斐在北极驾驶雪地摩托车

在新奥勒松所在的斯瓦尔巴群岛，时有北极熊伤人的事件发生，北极科学考察作业危险因素之一就是北极熊。尤其在三四月份，北极熊冬眠醒来后会四处觅食，甚至攻击人类，而北极熊又是保护动物，我们不能随意伤害它。为了保护自身安全，北极科学考察有一个硬性要求就是带枪。队员离开科学考察站时都得携带枪支，在前行至站区设定的界线后，就要将子弹上膛，保持警惕。如果离得很远就看到了北极熊，可万万不能招惹它，必须尽快撤离；如果是北极熊突然出现在附近，我们就不得不用枪来自卫了。除了极地特殊自然环境的考验，人烟稀少的工作生活环境对心理也是一个不小的挑战，与孤独共处算是我们的必修课。

其实当我回顾这段过往时，所有苦难艰辛好像都沉入了北极的冰河，回忆的底色更多是成就感与自豪感。丰硕的科研成果背后是无数人的倾力付出，我能成为其中一分子已是幸事。总有人问我去极地科学考察苦不苦，我从不觉得辛苦，反倒觉得这是一种难得的人生体验。无论做什么事情都可能遇到问题，但问题到底有多大，难不难解决，每个人的看法都不一样，关键是你认为这件事值不值得去做，意义又有多大。

乐在其中，“揭秘”科学考察之外

提起极地科学考察，很多人的第一感觉就是“条件困难”“生活艰苦”，不过我认为艰苦程度也许并没有大家想象的那么严重。

2011 年我去北极科学考察时，生活已经较为方便。我们科学考察的区域在挪威的领土范围内，挪威有专门的公司管理，大家统一都在食堂就餐。虽然吃到新鲜食物比较困难，但是满足基本的营养需求不成问题。

极地也有简单的娱乐设施和场地，比如室内羽毛球场和篮球场等。队员们除了研究和实验，也有空余时间可以休闲娱乐。北极的冰天雪地里有我们的脚步，篮球场上则洒满了我们的欢声笑语。

早期的极地科学考察，通信是难题之一。站区没有网络覆盖，也没有信号，要想和外界通话，就必须拿着带有长长的天线的卫星电话。当时的卫星电话使用起来是很不方便的。首先，它只有在室外没有遮蔽物的情况下才能接收信号，因此打电话时我们只能待在天寒地冻的户外；其次，卫星电话的信号也不如智能手机那么稳定，我们必须得让天线保持指向卫星的状态，如果稍微挪动就可能影响通信。我参加极地科学考察时，科学考察站已经连接上互联网，通信问题都迎刃而解了。今年 2024 年，我有学生还在南极进行科学考察，其间与我通了几次电话，几乎没有任何困难与障碍。

勤道导之，本是“分内”之事

海明威说：“巴黎是一场流动的盛宴，如果你年轻时有幸停留在巴黎，那么无论以后你去哪里，巴黎都会与你同在。”或许对于我们这些从事极地研究工作的人来说，南极与北极也是如此。无论我们之后离开南北极去了哪里，投身了什么领域，那些经历都会鲜活地存在于我们的记忆里，带给我们一路向前的勇气与动力。因此，自极地考察回来后，我将更多时间投入极地科普与教育事业，讲述科学考察故事，分享极地见闻，培养极地人才。如果有更多的人能从中了解极地，爱上极地，那么我作为教师也算是尽到了一份责任。

因为向往极地，热爱并曾亲历极地科学考察，所以，宣传极地事业也是我非常热衷的一件事。2017 年，我参与策划的展览“向南！向南！武大人在南极”在万林艺术博物馆开展，除了大量图文并茂的展板，还有许多极具南极特色的珍贵标本与模型。展馆里的历届科学考察队旗与墙壁上一长串科学考察队员姓名，更是折射出武大人四十余年前赴后继的付出。我也时常为研究生作一些讲座，结合自身实际经历，介绍南北极的概况，回顾世界极地科学考察历程，探讨中国在极地科学考察中取得的各项突破性进展，尤其是测绘科学上的进展。望着台下一张张求知若渴的年轻面庞，我的内心也难免澎湃起来，人才永远是大学最美的风景。我始终相信，梦想总是要有的，万一实现了呢？但这个“万一”里隐含的是坚持，只有坚持梦想，才能最终实现梦想。衷心希望有“极地梦”同学们都能得偿所愿，期待在南北极科学考察的一线看到大家的身影。

这些年，武汉大学中国南极测绘研究中心为全校本科生开设的“走进极地”通识系列课程，我承担了第一讲“走进极地——绪论”的任务，我觉得也是很有意义的。无关年龄，无关阅历，只要热爱就大胆争取，这种浓郁的极地科学考察文化氛围，正能为青年人尝试探索极地提供助力。

我个人非常鼓励学生参加极地科学考察。每次上课我也会用亲身经历告诉学生何谓“不忘初心、勇于探索、胸怀祖国、放眼世界”。我想，教育本就是一种潜移默化的影响与领悟。“一棵树摇动另一棵树，一朵云推动另一朵云，一个灵魂唤醒另一个灵魂”，我相信，极地科学考察精神会在一代代武大人之间传承，发扬光大。同时，对于参加极地科学考察的我的学生，我说得最多的话是：多注意安全，多采集数据。在极地考察一定要多动脑筋，那里是个得天独厚的实验场所，掌握第一手数据才能得到更符合实际的科研成果。不怕困难、勇于探索的精神也非常重要，在环境相对恶劣的野外做研究，没有肯干、肯吃苦的精神是必然不行的。极地是一个很锻炼人的地方，不仅在于科研和考察，更多的是对人意志的磨炼。经受住这些考验，在今后的人生中也会拥有克服困难的勇气与能力。我担任武大南极中心主任的时候，每年科学考察队员出征和凯旋，我都坚持去现场送行或迎接，因为极地科学考察实在是一个很光荣的事业。

尽己所能，发出中国声音

时至今日，从无到有，由弱到强，中国极地科学考察事业已然迎来它的“不惑之年”。回望四十年峥嵘岁月，一代代极地工作者勇斗极寒，辛勤付出，在自己的岗位上发光发热。我曾担任过国际南极研究科学委员会南极地理信息常设委员会的联合主席。该常设委员会主要负责南极地图、地名等地理信息相关的数据交换、产品发布、规则制定和工作协调，由中国人担任联合主席，也就意味着我们国家在命名方面能拥有更大的话语权。“科学无国界，但科学家有祖国”，我将尽己所能，努力在南极的国际事务中发声，为中国在南极的科学考察和研究争取更多正当权益。

习近平总书记的回信，是对一代代武大人极地探索的极大肯定，更是对投身于极地科学考察事业的全体奋斗者的充分肯定，令我们所有人与有荣焉。通过参与国家的极地事业，作为科研工作者，我们磨炼出自己的真本领，用汗水与智慧换取珍贵的极地数据与经验；作为传道授业者，我们培养了一大批极地事业的传承者和接班人，为人类的科学探索事业不断注入新的活力与动力。

回顾十余年前的极地之旅，是国家坚定的支持为我们拓展了前往极地的道路，是无数前辈不畏艰辛、勇于探索的精神鼓励着我们不断前行。习近平总书记常说：“我们走过千山万水，但仍需跋山涉水。”我们将不负使命，步履不停，尽己所能为我国在极地的考察、保护与和平利用事业作出贡献！

（采写：陈彦霖　张阳盼）

我在南极上“公开课”

张小红

张小红于中国南极中山站前

张小红，武汉大学中国南极测绘研究中心主任，二级教授，博士研究生导师，兼任武汉大学测绘学院导航工程系主任。长期从事卫星导航定位、多源融合导航、GNSS 电离层、GNSS 反射遥感等方向的研究，先后两次参加中国南极科学考察和 1 次格陵兰科学考察。

回望我的两次南极科学考察经历，它一直在潜移默化地塑造我的个人品格，影响了我的许多重要抉择，使我受益良多。1998 年，作为科学考察队中年龄最小的成员，23 岁的我有幸参加中国第 15 次南极科学考察；5 年后，博士刚毕业的我再次踏上南极大陆，前往中山站。20年过去了，很多记忆已经变得模糊，科学考察过程中记录下的照片，我也是最近才再次翻出来，但宝贵的“南极精神”从未泯灭，甚至已经刻在了我的心中，流淌在我的血液里。可以说，从学术兴趣的启蒙，到坚定学术科研道路，从初出茅庐的学生到一名为国育才的老师、投身国家科学事业的研究者，极地科学考察伴随着我的成长，每一次的科学考察经历都给我上了宝贵的一课。如果要问我“什么是‘南极精神’”，我在南极上的这几门“公开课”大致可以概括。

初入南极的第一课：不畏艰险

1991年中国南极测绘研究中心成立，每年科学考察任务很重，需要年轻、业务能力强、不怕吃苦的科学考察队员。1998年参加中国南极长城站科学考察时，我还是一名二年级的硕士研究生，正在武汉测绘科技大学(后并入武汉大学)攻读大地测量与测量工程专业。这次科学考察其中一项任务是国际GPS联测，我专业对口，专业学习成绩又是班级第一，经过导师李征航教授的推荐，获得了这次加入科学考察队的机会。还记得当时鄂栋臣教授提出的第一个要求就是：能吃苦。

第一次参加南极科学考察，在前往长城站的路上就给了我一个“下马威”。在此之前，我从未出过国，且不说各种陌生的出入关和登机手续，更重要的是我携带着极其贵重的仪器设备。总共五大件行李，除了一小部分个人随身物品，其他全是大件儿测量仪器：2套Rogue GPS接收机、2台扼流圈天线、2个脚架，以及各种测量标志。我仍清晰地记得，我先乘坐Z38次列车从武汉到达北京，再从北京坐飞机到多伦多，先后转机圣保罗、布宜诺斯艾利斯、圣地亚哥，再到蓬塔阿雷纳斯坐C-130“大力神”运输机，这才最终抵达长城站。40个小时的漫长航程，一刻不停，我现在回忆起来都觉得不可思议，大概是心中对那片神秘陆地的向往，才让我坚持下来。

许多人认为，我们到了南极直接开始研究任务就可以了，实际上南极野外考察条件极其艰苦，考察环境也很复杂。缺乏观测条件，就创造观测条件，我经常背着沉重的仪器设备翻过一个又一个山头，跋涉于崎岖不平的山地。在观测菲尔德斯海峡断层的活动情况时，因为长城站只有一个顶部设有强制对中装置的GPS观测墩，其它监测网点均埋设在地面，所以监测精度不高。为了加强对菲尔德斯海峡断层三维形变的监测，我在海峡断层的两侧修建了 5 个顶部设有强制对中装置的水泥 GPS 观测墩。山上没有水，我就一次一次地从山下搬运到山顶，水泥、沙子也都是靠我慢慢搬运上去。那段时间我的主要任务就是“翻山越岭”，这对我的身体和意志是很好的锻炼。几个观测墩的建立，也为以后的考察队监测菲尔德斯海峡断层的形变打下了坚实的基础。

在长城站，我还经历过一次危险，亲身体验了一回教科书里说的“乳白色天空”。我同中国科学技术大学的一位教授出去采样，采样点离站区很近，大概只有两三公里，所以出来时连指示方向的工具也没带。当时想法很简单：一鼓作气采完样。正在采样时，天气突然间就变了，天地浑然一片，能见度大概只有一两米，我们仿佛被抛入了浓稠的乳白色牛奶里，完全辨别不了方向，找不到回站的路，对讲机也耗光了电，心中十分焦急。我们虽然嘴上说着“才两三公里，应该能走回去”，可走来走去也找不到在哪里。我急中生智，想到长城站那里是一个岛，只要走到海边，沿着海岸走，不管走多长时间一定能走回长城站。

时间慢慢流逝，已经晚上八九点了，虽然南极极昼，但天色并不明亮。站上的队员们看着外面久久不散的迷雾，见我们迟迟不归非常担心。于是，站里派了几位小伙子出来寻找我们。可是大雾弥漫，连长城站的灯火都完全淹没于雾中。有位小伙子不但没找到我们，还在寻找路上不小心踩空，掉下悬崖，摔断了胳膊，为此不得已中止科学考察任务先回国了。这算是相当严重的一场意外事故。兜兜转转，经历曲折，我们终于平安到站，得知这一消息后，我们震惊不已也深感内疚，止不住地自责。

虽然最后安全返回了，但是仔细想想仍十分后怕。这段路看似近，其实途中多有起伏，有海拔几百米的山，需要翻山，有些地方还有悬崖，有裸露的岩石，还有地方覆盖着雪。不过南极的科学考察事业本身就是一种冒险的事业，在恶劣的自然条件面前，即便时时刻刻注意“安全第一”，也难免发生意外。比起外国，中国南极科学考察队的安全系数已经是最高的了。

在南极进行科学考察，其实和爬山是一个道理。爬到半山腰，一抬头畏惧高山，心里不由得就打起退堂鼓，但如果你再坚持一下，也就快到山顶了。一览众山小，这时再回望来时路，会发现也没什么大不了的。40 年来，武大人亲历了中国极地事业从无到有，从弱到强的发展历程，靠的就是这一份坚持，不畏艰险，攻坚克难。

深入探索南极的第二课：开拓创新

有了1998年在长城站的科学考察经历，2003年，我有幸加入中国第20次南极科学考察，与澳大利亚联合编队，这也是我们国家进行的第二次南极埃默里冰架综合考察。

埃默里冰架考察中，张小红(前排左三)与部分澳方队员合影

当时澳大利亚已经属于“南极科学考察强国”，而我们国家起步较晚，尚且属于“南极科学考察大国”。从考察经验方面来讲，这次中澳合作，我们能借鉴首次冰架队的一些经验，但澳大利亚已经在埃默里冰架进行了多年科学考察，经验比我们丰富得多。从科学考察设备方面来讲，澳大利亚冰架队的装备确实很先进。从中山站去戴维斯站开展科学考察工作时，由于中国的南极航空网尚未建立起来，我们搭乘的是澳方的直升机。虽然说我们有“雪龙”号，但考察船运行时间段有限，运输效率明显制约着科学考察任务的实施效率。相比之下，澳大利亚的南极航空网很发达，物资与人员投送能力具有明显优势。从后勤保障方面来讲，戴维斯站的生活条件也要好一些，比如更大的站内规模、更便利的通信条件等。那是我第一次直观感受到国与国之间在南极科学考察方面的

差距，我们国家要想迈向“南极科学考察强国”，仍有很长一段路要走。认识到这一点后，我的心底悄悄埋下了一颗种子——让世界看到中国极地科学考察的成果。

埃默里冰架是南极第三大冰架，对气候变化十分敏感。此次科学考察，我们借助中山站就近的便利条件，以气候变异如何影响海洋和冰架相互作用为主线，研究埃默里冰架与海洋动力学的相互作用。这不仅是我国南极科学考察新开辟的研究领域，也是国际最前沿的科学研究课题，具有重要的科学意义，能够提升中国在南极科学考察事业上的“显示度”。

传统研究冰架移动轨迹的做法是每年或者隔年进行 GPS 复测，采用高精度相对定位技术获取冰架的年运动特征，并假设观测的数小时冰架不动，但这并不符合实际情况。我是队里唯一学习大地测量专业的，为了能够获取冰架每天、每分钟的运动状态参数，我尝试利用精密单点测量技术，通过我们自己开发的高精度精密单点定位软件，计算出冰架每隔 10 秒的移动速度，得到冰架的移动轨迹。为了采集冰架运动数据，我特地增加了连续 5 天、全天候的高精度 GPS 观测。全天候数据采集，需要我们全天候待命。我们将观测站设在离帐篷不远处，GPS 接收机主机放在我们的帐篷内。幸好所使用的接收机有 2 个电源接口，我们用三块蓄电池轮流供电，手动切换电池，保证不中断连续观测。最终我的解算过程完全符合冰架运动特性，我们可以研究冰架每天的运动特征，而不仅仅是年变化。从此，各国南极科学考察队大多效仿我们采用精密单点定位技术，也算是我对南极科学考察事业做出的一点贡献。

张小红正在进行考察工作

在这里，我要特别感谢家人对我的支持。两次南极科学考察，很长一段时间我在照顾家庭上是缺位的；再加上通信条件受限，每次联系家人只能匆匆报个平安，虽然不曾向他们提及科学考察中的重重困难，但我知道他们心里始终担心着我。特别是参加第 20 次南极科学考察时，2003 年 11 月出发，次年

3月初才返回，我夫人正有孕在身。像进行唐氏筛查、羊水穿刺等，很多孕期检查我都没能陪在她身边。出发前我的内心十分纠结，但是夫人明白我探索南极更深处的渴望，仍然给予我无条件的支持。

开拓创新，说起来只有四个字，却概括了一代又一代武大人四十多年的砥砺奋进、勇攀科学高峰，背后的付出是难以想象的。循规蹈矩走前人的老路很简单，但是想要做出“新”并不简单。很庆幸当我还是一个年轻的后生时，就有机会参加南极科学考察，与不同专业领域的研究者接触，使我逐渐明白要想出“新”，先要兢兢业业、一丝不苟地将自己的工作做到位。看似每年都在执行相似、重复的考察任务，实际上每次的新发现都来源于这些日积月累的观察。

离开南极的第三课：始终胸怀“国之大者”

有人问我：“你已经去过南极两次了，对南极的神秘感总该消失了吧？”恰恰相反，如果还有机会，有人再问我“你愿意承担下一次南极科学考察的任务吗”，那我的回答一定是“愿意”。我相信每一位参加过极地科学考察的人，都会做出和我一样的回答。究其根本，这种劲头来自一种信念，一种建设“极地科学考察强国”、建设科技强国的信念。

距离我最后一次参加南极科学考察已经整整20年了。

20年前，我是中国极地科学考察的一名参与者。第一次参加南极科学考察，我被评为“中国南极科学考察优秀队员”，再到后来人们将我称作“大地测量师”，其实我不过是干了我专业内的事。恰好国家有需要，恰好我的专业对口，又在大地测量领域作出了一些成绩。荣誉固然是对我专业能力的一种认可，但所谓的“荣誉”远没有本职工作重要。包括1998年我还在南极时，江西卫视曾有记者特地去到江西老家采访我的父母，最后好像还形成了一部纪录片，但这部纪录片我一直没看过，我还是从同事那里知道这件事情的。我始终认为，一个人的立命之本在于他的实力，其他东西都如过眼云烟，是虚无缥缈的。

正如习近平总书记在给武汉大学参加中国南北极科学考察队师生代表的回信中提到

的，“用国家的大事业磨砺青年人的真本领”。南极科学考察的经历就是对我很好的磨炼，我的专业能力在南极得到了充分实践。试想一个初出茅庐的“毛头小子”，刚走上科研学术道路，就能得到这样两次宝贵的锻炼机会，多么幸运啊！可以说我现在所具有的科研品质，很大一部分得益于南极科学考察的塑造。

20 年后，我是中国极地科学考察事业的一名继承者。我将我的经验、我全部所学传授给青年学生，向他们宣传、科普南极知识，培养他们的学术习惯、学术志趣。在给学生上课时，我时常会提起武大极地科学考察的历史，以及我在南极考察的经历。当我注视着台下的学生，我能从他们眼睛中看到当代青年学子对中国极地科学考察事业展现出的热情。仍记得在“世界南极日”这一特殊的日子，我们收到了习近平总书记的回信，那一天我的心情无比激动，深受鼓舞，这封信是对我们武大师生继续投身极地科学考察事业非常大的激励。

张小红在南极埃默里冰架扬起武大极地科学考察的旗帜

近些年，我们国家极地科学考察的基础设施建设逐渐完善，科学考察能力飞速发展，极地事业足以成为青年学子大展身手的舞台。武大极地科学考察一直是武汉大学一张靓丽的名片，有了测绘、遥感这些强势学科的支持，武大极地科学考察具有独特的优势。此外，我们还在充分发挥生命科学、空间物理、国际法等学科优势，在学科融合中共同守好极地科学考察这块阵地。

收到总书记的回信后，我还在学校做了一场《领悟重要回信精神，打造极地科教高地》的专题报告，报告提到，面对我国已经成为极地大国，但还未成为极地强国的现实，我们要找差距、补短板，充分发挥武汉大学的多学科优势和潜力，面向国家极地战略需求，集中力量办大事，搭建多学科交叉大平台，搭建中国极地高端智库，解决极地重大科学问题，贡献极地治理的中国方案。最后我还号召在座的听众：我们要把用国家的大事业磨砺青年人的真本领作为我们的行动指南，把实现高水平科技自立自强和建设教育强国、科技强国、人才强国作为我们的使命，把武汉大学的极地事业做大做强作为我们的责任。

“爱国爱校、敢为人先、自强不息、求是拓新”的武汉大学南极科学考察精神将是我一生的财富！

（采写：关彤）

从珞珈山到格罗夫：自山巅来，向更高远处

闫　利

闫利，现任武汉大学测绘学院副院长，二级教授，博士研究生导师。兼任中国测绘地理信息学会教育工作委员会委员，任《测绘科学技术学报》《遥感信息》《地理信息世界》等编委。长期致力于卫星测图、移动测量、匹配导航理论与技术以及测绘发展战略研究。曾经参加中国第19次南极科学考察，在科学考察中进行陨石回收、测绘、地质和冰雪调查工作。

闫利

收到习近平总书记的重要回信，二十年前的南极记忆再次鲜活起来，回望昔日点滴，更使如今脚下的道路变得清晰明确，在祖国阔步发展、日益繁荣富强的今日，每一个在大事业中磨砺自我、不断成长的我们，都是收信人。

天外来石：猎陨之旅

气印贯穿于浑圆的黑色石块中，我望着这块小小的石头，不久后它将得到一份鉴定报告。陨石，这两个字总是和神秘与未知联系在一起，带着天外来物的玄妙色彩。在旷远的荒漠中羁旅的矿石，身上每一个熔坑都好像一个星球的剪影。而此刻，身处白色的茫漠之中，我注意到眼前一枚布满熔窍的石头——我激动得简直不知道该说些什么。几个月前还在新疆学习如何辨别陨石的我，如今已经身在南极大陆，在冰天雪地中实践我

所学得的知识——我弯下腰去用微颤的手拾起它，交给了队友们。几个小时前，我们刚刚经历了数十个小时的飞行来到了内陆冰盖的生活舱。一经着陆，我们便士气高涨地向碎石带进发，开展陨石回收任务。

后来我得到鉴定结果，那是块样貌不凡的普通石头。有这次猎陨乌龙作为经验教训，大家鉴别陨石的效率和决心都有所增进，在格罗夫山陨石富集区，我们成功回收了两千多枚陨石。

栖身在第 19 次南极科学考察之行的诸多计划站点之一，在格罗夫山区捡陨石之余，我们同时进行地质勘测等工作。由于南极地区极地风强劲，气候变化无常，预测手段跟进难度较大，根据当地情况对研究工作方案进行调整是家常便饭。若是忽然遇到极端天气，就难免要将今天的勘测任务向后分摊。在极昼的日子里，天边始终擦着一丝白色，但“夜里”也时常见不到太阳。完成当日的勘测任务后，我们回到生活舱休息，很多队员因这模糊的亮光难以入眠。

时针很快就会走到早六点，我们的工作并不从一早开始。清晨时，极地风尤其野蛮

格罗夫山考察队名单

强劲，一般在上午九十点，疾风渐息，天气转向晴好，我们随即出门展开当日的勘测工作。

外出勘测时，除去驾驶雪地车外，其余时候大多依赖步行。南极地区的太阳辐射强烈，为防止紫外线灼伤皮肤，我们很少喝水，也尽量减少其他需要将皮肤暴露在日光下的活动。

闲暇的日子里，我也偶尔能空出时间去基地外面拍些照片作为影像记录。海潮一样透亮的恬静蓝冰有着奇妙的宽抚人心的力量。从中山站单机飞往内陆冰盖时，我在机舱里协助机组人员进行导航定位和投影，飞越蓝冰区的时刻，心中也会升起一丝与冰面如出一辙的平和。

半个月的时间转瞬即逝。2 月 3 日，我们乘坐雪地车离开冰盖返回中山站，同时沿途进行 GPS 检测点的复测。冰盖上雪丘冰凌遍布，有的检测点移动到了雪层之下，我们只得暂停脚步，将它从雪碴中刨出来。回程中大家兴致勃勃，天地无涯无垠，极目眺望可以看出去数十公里，太阳将光辉洒在雪原之上，美丽的光线层层晕开。

结缘遥感：学以致用

赤道附近的海域风平浪静，行船平稳，队员们也逐渐习惯了海上的生活。在清澈的蓝天下，晕船的阴霾短暂地一扫而空。船队行经过索马里地区前一段时间，船员们结成了海盗防备小队并接受了防备训练。打靶练习时，我同所有的男孩一样感到激动，这份罕有的经历同后坐力冲击一并刻写在记忆里。

从上海出发，乘船去往南极大陆，航程大约是一个月。数十个日夜，足以讲述太多故事，足以展望无限未来。

1985 年的夏天，我经由调剂进入航空摄影测量专业进行大学课业学习。那时候对于很多人来说，遥感还是一个很陌生的名词，就像深埋于土壤下的睡种，既不为人所见，也不为人所知，但终有一日它要冲破土地的裂隙，结出丰硕的果实。拿到录取通知书后，我检索了相关信息，有人说它就是坐着飞机去拍照，而师长大多对这个陌生的专业持以未知的沉默，一座未知的高峰横亘在我前往武汉测绘学院的路上。

尽管怀揣着未知，但我想遥感作为一个工程学科，只要它契合国家的需求，就是有价值的。从小开始，记忆中的讲台上就高挂着"勇攀科学高峰"的训言，教科书和报纸上都印刷着报效国家的科学英雄的故事，无形中将这份追求刻画在我们这一代人心底——一个人活在世界上，只是简单地生活着是不够的，更要有所追求，要做出一番事业来。

大学毕业时，恰逢国防计划建设伊始，我们利用遥感知识领域的匹配导航、影像与地形记录资料助力实现了无外源信号精确制导武器的研制。在那之后数十年间接踵而至的是遥感三线任务、遥感测绘转型升级、"一带一路"智能测绘等重大项目。人生风华正茂时，我在祖国的大事业中成长。湖北测绘生产基地落成时，我参与协助开发、就业和培训等工作。那时懂得计算机的人本就不多，能够编程的人更少。凭借求学期间获得的计算机基础技能，我在建设工程中更加游刃有余。

立足于将理论转化为实践，科研的另一面是洞见未来。进行研究工作的同时，我就科研技术成果的安全使用等问题拟写了几份咨询报告并提交给国家重大工程咨询计划。那时我的人生依然行进在丈量土地的道路上，但关于去往南极科学考察的宣传消息不时闯入我的生活，聚光灯一次次熄灭又亮起，不同的声音讲述着不同的南极故事。

2000 年前后，国家科研实力和建设实力稳步增长，加之政策支持与推进，极地科

闫利在雪地中行驶

学考察正如火如荼。在同国家海洋局极地办公室的工作接触中，我还常常会想起在测绘学院上学时极地科学考察站的宣传，那些奔赴科学考察归来的前辈们自豪的神情与真挚的讲话在每一个测绘学生的心底埋下了一颗奇妙的种子。我们同所有青年人一样，也同所有没有去过南极的人一样，乐此不疲地在脑中勾勒着那片遥远的大陆上，每一道沟壑的风光。

在 2002 年，这颗沉睡良久的种子终于苏醒、抽芽、破土而出。

中山记忆：饮冰热血

第 19 次南极科学考察正在招募遥感测图人员，在鄂栋臣老师的极力推荐下我加入了科学考察队伍。

为了顺利完成格罗夫地区的测图作业、冰盖测量等检测性工作和寻找陨石的任务，“出征”之前，在进行仪器准备和方案编写的同时，队员前往新疆天山地区进行前期准备，强化陨石等相关专业知识，接受体能训练。在那里我们集中学习了雪地车的驾驶、工具的维修和自救等基本生存技能。我仍然记得学习发电时，仪器启动的声响，那是我第一次亲手操作发电。完成基础技能的学习之后，我们前往海拔约 4000 米的天山一号冰川进行实地体能适应训练。在新疆的日子里，我还利用训练之余去参观了“一带一路”沿线，看着随着国家的强盛，曾经写在稿纸上的理论真正书写在祖国的锦绣河山上，它成为繁荣发展和文明交流的纽带，自豪感在我心中油然而生。

2002 年 12 月，我和学生张胜凯一起登上了去往南极大陆的船。近一个月的航船生活中，无边无际的海和若隐若现的陆地交错显现。

航程中按惯例开展了“南极大学”教学活动，队员们既根据自己的专业进行授课，也是学员。同时南极大学还开设了丰富的课余活动。我和央视记者共同负责摄影课的讲授，他们从艺术的角度向大家分享如何构图，我则利用从后期处理层面入手讲解。有时在下午，我会去参加茶社的活动，队员们聚在一起喝茶聊天，谈论过往也畅想未来。回想漫长的行程中，与我交流最多的是掌控整座轮船的船员。作为少有的不晕船的队员，大多数时候我待在驾驶室里和船员们学习轮船的结构和驾驶，同时尽我所能协助他们开展导航等工作。船员们亲切地告诉我应当如何掌舵、转向、加速和减速，向我教授他们征服大海的所有本领。在赤道的日子风平浪静，一跨过这条最绵长的纬线，我们就正式进入夏日的领地。

抵达中山站时，越冬的队员出来迎接我们和船上漂泊万里而来的物资。他们拉起横幅，向我们挥手致意，性格活泼的队员率先跳下船去同他们拥抱。

这一次科学考察计划有许多站点，去往冰架前，我们先在基地开展其他工作。

我们主要负责影像匹配、气候分析测图等工作。由于人数较少，不足以外出勘测时编组，通常都是各自负责自己的工作。

一次勘测任务中，我们依计划分头行动。集合时，过了约定时间许久却仍差一个队友未到，大家怀着不好的预感四处寻找失踪的队友，广袤的冰原间却始终不见人影。就在大家心境低落，将近放弃的时候，发现他坐在一道冰裂隙边，神色恍惚，身上还带有些伤口。我们连忙跑过去，原来是他在勘测时跌入了冰裂隙，不幸之中的万幸，他依靠之前训练的求生技能从冰裂隙里爬了出来。我们扶着他往基地走去，在身后留下一串深浅不一的脚印。

在中山站进行科学考察工作时我会写工作日志记录每天的工作内容，生活日志则以影像的方式储存在电脑里，每每打开那个文件夹，一个多月以来的南极生活就跃然眼前。

除夕夜里，我们在基地做了一餐年夜饭。我负责打鸡蛋，张胜凯负责洗盘子，大家为了庆祝还开了罐头，队员们围坐一团，好不热闹。晚上大家利用电台和家人通电话。由于事先了解过南极科学考察的风险，不想家人为我担忧，出发前我并未告诉他们实情，只是说自己手头要忙的工作太多，就不回家过年了。电话拨通后，我发现有较长的延迟，一时间不由得担心自己的谎言被抓包，不想父亲只是说了句“你那边的信号不太好啊”，我松了口气，又询问了他们家里的近况，祝他们新年平安。

拜完年后，我们各自回到卧室休息。我打开电脑，看着形形色色的冰原照片，想起有一个方向感不太好的队员，在回收陨石时，他一直认定远处有一块特别的大石头，于是我们一行人向之进发。但当我们走到它面前时，才发现这竟然是一座山峰，在冰雪的遮掩下只露出尖顶。尽管那不是陨石，但也同科学考察以来发生的所有大大小小的事情一样更加鼓舞了大家的斗志。身处青春年华，成长在国家发展强盛的时代，承担科学考察大任，我们走过的每一步，都是在冲向真理的号角引领下，勇攀科学高峰。

闫利驾驶雪地摩托

国之大任：再赴征程

进入西风带的那一夜，风高浪急，大家都进入船舱里，我坐在床边，随着波浪颠簸。长波托举着船身，随洋流沉浮，迟缓而有力地摇摆开来。

春分日，我们再次回到熟悉的土地上。一经着陆，大家便各自投入新的工作。在刚刚结束的科学考察征途，冰雪环境下如何实现影像匹配成为遥感专业悬而未决的重要问题节点，也成为我们回归校内岗位后首要进行的技术攻关的核心。

在教学实践的过程中，我们更加重视将“学以致用”的创新与实践精神发扬、传承下去，重视将新技术、新思想、新理念作为教学底色，培养学生的科研能力与科研视野。

作为导师，我期望自己培养出来的学生走出校门之后，能够在学校获得的知识基础上继续深造，在技术革新等方面起到引领同行的作用。在教学之中，我非常重视学生选题的前沿性。一个内心有所追求、符合国家社会需要的科研人才在研究方向的选择时应当立足当下、面对未来；一个能为社会注入新活力的科研成果应具有至少五年的可持续研究性，对学生来说才是合适的选题，才能够为后来者在看似圆润饱满的石壁上凿开一扇粗砺狭小的窗口，让真理的影子洒露眼前。在我读研期间，导师带领我们参与了第一次全国土地调查的技术攻坚工作。我和科研小组的同学们一同将学业上最新的技术创新应用到实地调查中，改善了当时落后的调查手段。同学们都大受鼓舞，并且更加坚定了报效国家的志向。求学过程中导师为学生所提供的平台、机遇和带给学生的裨益是不容小觑的，因此相对于学生，在国家社会的发展与需求上，导师必须具有前瞻性。导师的引导潜移默化地影响学生一生发展的方向，在教学实践之中，将国家需求与学生个人发展有机结合至关重要。

立足于国家当下的需求，我们鼓励学生在求学期间积极实践，投身到社会发展的工程计划当中，多做成果的实践转化；面向未来国家的需求，我们更加着重培养学生的科学前瞻目光，发展可持续、新视野、能纵深的新方向科研。同时，在学科交叉的重要性日趋展露的今日，我们也十分重视对学生进行本专业之外的知识、科研之外的综合能力以及精神世界的培养。随着科技升级，学生学习的重心逐渐由知识的学习转向思维、精神与学习方法等方面的学习，通过武汉大学始终重视的通识与多学科交叉教育，我们期望培养新一代拥有广泛知识基础，能支撑纵深精细研究的“金字塔形”人才。

（采写：李沄溪　谢伊米）

梦中风雪不曾摧：铭刻在心底的中国测量标志

赵珞成

赵珞成于“雪龙”号前

赵珞成，现为武汉大学测绘学院高级实验师。2008 年 10 月—2009 年 4 月作为高级工程师参加中国第 25 次南极考察，参与完成中山站绝对重力基准点测定以及拉斯曼丘陵相对重力网布设。

在南极的科学考察经历让我前所未有地体会到祖国与人民的血脉联系，这份坚定的信念也一直伴随我，给予我源源不断的勇气与信心。

遥赴南极："雪龙"号、西风带与冰层

被选派参加我国第25次南极科学考察时，我已经51岁。自身的年龄与南极的遥远神秘都让家人感到十分担忧，但南极科学考察是武汉大学一直在坚持的事，既是责任，也是荣耀。经过深入的了解，我最终决定接受这个任务。

第25次南极科学考察的重要任务之一是昆仑站的建设。昆仑站建设于南极内陆冰盖最高点冰穹A之上，是我国继长城站和中山站之后的第三个南极考察站，也是我国首个南极内陆站，具有极高的战略意义和科研价值。为了完成这个任务，我们第25次科学考察队较往年提前了一个月左右出发。2008年10月20日，我们乘坐"雪龙"号从上海启航，跨过大半个地球，前往南极中山站。

搭乘"雪龙"号前往南极的第一道难关是西风带。这是环南极大陆的一片海域，地球自转搅动空气，再加上赤道上空受热上升的热空气与极地下降的冷空气碰撞交汇，使得这一区域极易出现台风气旋，因此也被称为"魔鬼西风带"。由于出发时间提前，我们进入西风带时，气候相对往年更加恶劣。船上的气象组每隔半个小时就要更新一次气象数据并作出预报，使"雪龙"号的航线尽可能地避开台风气旋。然而有一回，"雪龙"号两侧遭遇了向中间靠拢的两个台风气旋，在当时的情况下，"雪龙"号已经避无可避，只能够从两个台风中间穿过去。

"雪龙"号上所有的门窗全部关闭，每个人都要回到自己的船舱。我没有亲眼看到当时的风浪有多大，但是我可以感觉到整艘船都在剧烈地摇摆，俯仰横滚，犹如脱缰的猛兽。后来听驾驶舱内的船员说，当时劈头盖脸的巨浪差点把整艘船都笼罩住。"雪龙"号露出水面的部分有十余米，而驾驶舱在甲板之上第四层，可想而知当时的惊涛骇浪。所有人当中，最着急、最担心的是领队，其次就是驾驶员和气象组。他们不仅不能离开各自的岗位一步，而且承担着作出决策的巨大压力。那个时候，船的摆动幅度已经不再受人为控制，驾驶员只能根据经验，让"雪龙"号往那个风浪最小的方向行驶。

一开始，我躺在床上，身体随着船身大幅倾斜，整个肠胃中翻江倒海。为了缓解难受的感觉，我勉强坐起来，抓着床，披上棉被。肠胃的活动空间小些了，但脑袋的摆动

幅度更大了，头晕目眩间，我只好闭上眼睛。除了椅子，“雪龙”号上所有家具都是固定的，但在惯性的作用下，柜门被不断掀开，柜内的物品不断甩出。风浪平息后，几乎整个船舱都是一片狼藉。

而随着“雪龙”号越来越靠近南极内陆，破冰变得越来越困难。距离中山站还有二十多公里时，“雪龙”号已经无法继续完成破冰任务。南极地形复杂，海冰上运输困难，为了降低运输的工程量，我们希望能让“雪龙”号尽量靠近中山站。为此，我们考虑用爆破的方式帮助“雪龙”号破冰。整个科学考察队都下到了冰面上，用冰钻打孔后安放炸药。季节影响了海冰消融过程，以防万一，每个人都是拴着安全绳下船作业。但是由于海水吸收了爆炸产生的冲击波，破冰爆破并没有达到理想的效果。最终，我们只能选择原地卸货。

赵珞成与队友实施海冰爆破

卸货是南极科学考察里面工作量最大的任务，大量物资的搬运工作需要全员参与、连续突击才能完成。我们在船的底层，全副身心都投入装卸搬运。当上一年越冬队队长徐霞兴驾驶雪地车越过船头时，看似结实的冰面突然开始下沉。在这千钧一发之际，他急中生智，打开天窗跳了出来，才从冰水中爬回冰面。得知这件事后，我们行走在冰面上都会格外小心。

随着我国国力的增强，我国南极科学考察队伍的设备越来越完善，对南极的了解越来越深入，参加南极科学考察的人员越来越多。但在面对风险时团结一致、顽强拼搏的精神却是南极科学考察给我留下的最深刻的记忆。

为国争先：重力仪、观测墩与中国测量标志

我在第25次南极科学考察行动中的主要任务是中山站绝对重力基准点测定以及拉斯曼丘陵相对重力网布设，为未来的航空重力测量提供服务。我们所使用的高精度绝对重力仪是武汉大学测绘学院在2007年刚刚购入的。收到设备后，我们立即在设备箱表面端正地贴上了五星红旗。鲜红的国旗直到现在依然没有丝毫磨损，当时参加南极重力测量的绝对重力仪和两台相对重力仪也依然在为武大测绘提供服务。

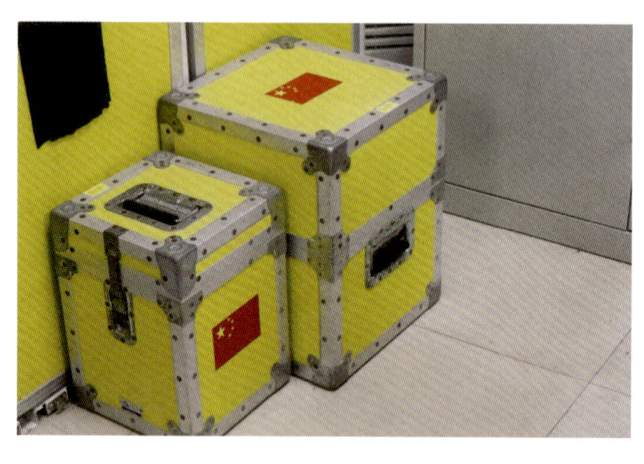

设备箱上贴着鲜艳的五星红旗

重力仪的使用是测绘研究的必修课，但当我们到达南极之后，南极的狂风和低温对测量提出了全新的考验。一方面，大风和低温大大增加了重力仪的散热，也使得耗电问题变得更加突出；而另一方面，我们的绝对重力仪采用的是激光干涉的方式进行测量，但当我们将在室内调试无误的绝对重力仪架设到野外时，干涉条纹就开始变得不稳定，甚至消失不见。一开始，我们怀疑是仪器本身出现了问题。但经过反复检验，我们发现，罪魁祸首竟是南极的经久不息的大风。它使得激光束经过的空气介质发生抖动，进而引起了激光干涉条纹的变化。

在当时的环境下，为了解决这两个问题，我们先是用毛巾在绝对重力仪上部单元与下部单元的连接的地方围上一圈，再用棉被盖住重力仪保温。方法虽然朴素，但切实解决了问题，绝对重力测量最终得以顺利完成。

科学考察工作中最大的困难是人手和运输设备的不足。为了完成任务，我们选取了3个绝对重力测量点和10个相对重力测量点。测绘的第一步是踏勘，方案设计时，在

赵珞成进行绝对重力测量

地图上选定的点位只能提供大致的范围，实际测量前需要我们到现场去找到一个具体的测量点，可能是一块岩石，也可能是一个凹槽。为了减少对运输车辆的需要，我们常常步行进行踏勘，最远到达过距离营地六七公里的距离。

踏勘完成后，我们就需要在每一个绝对重力测量点上建筑水泥观测墩。观测墩不需要很高，一二百毫米。在我们最初的设想中，工程队的工友会帮助我们完成观测墩的建筑。但实际到了南极才发现，工程队承担着全队最急最重的任务，根本分身乏术。因此，我们向工程队的工友学习了如何制作混凝土、浇筑观测墩。出发时我们只需要随身带着水泥，直接用测量点附近冰雪融化产生的积水、风蚀岩石产生的沙砾按比例混合，这样便有了混凝土。搭上模板，倒入混凝土，如此一来，几个观测墩便由我们自己搭建完成。

观测墩建完，稳定一段时间后就可以展开测量。但因为运输装备不足，需要进行远距离野外作业时就要等待交通工具的调配。前往较近的地方，我们可以搭乘全地形车或者装甲运兵车，但距离更远的地方，陆地行车会异常困难，我们必须等待直升机。当时为科学考察队提供服务的有“卡-32 双发通用直升机”和“直-9 轻型多用途直升机”两架直升机。其中，“直-9”体型较小，更加灵活，更适合我们的科学考察行动。但作为我国航空公司自主运营的直升机，“直-9”比从韩国租用的“卡-32”承担了更为繁重的运输任务。一直等到全队撤离南极的前一天，我们才获批使用“直-9”。那时全队上下都已经开始打

观测墩与相对重力测量实验

包了，但是因为任务还没完成，我们组的成员都还处于工作状态。

由于时间紧迫，我们一共去了四个人，在不同的测量点同时展开GPS定位和重力测量。按照原本的计划，我们要在每一个点都埋设测量标志。测量标志是国家经济建设和科学研究的基础设施，在同一测量标志点进行连续观测得到的数据，对地理科学研究、空间科学技术研究都具有很大的价值。而在南极，测量标志的埋设更是有着格外特殊的意义，它们是我国在极地测绘中的成就和贡献的坚实证明。

第一次切身感受到这份含义的沉重是在"雪龙"号上，我在图书室读到一篇报道：在英美主持的南极最高会议上，我国的代表团被要求离场，因为在南极领域还没有做出足够的成果，我们便被认为没有资格表决。从那个时候开始，我意识到，虽然测量工作的内容大体一致，但是在南极，它代表的是无以复加的深重含义。在国内，这可能是一个工程项目，或是一个研究项目，但是在南极，这就是维护国家主权的倚仗，是我们能够发声的底气。只有当到达南极以后，我才如此深刻地体会到：我们代表的是中国。

但在这最后一次测量工作中，我们测了坐标，测了重力，却受限于时间，最终没能埋下那代表着中国的测量标志。南极地貌多变，经过了这么多年的风雪侵蚀，当时的测量点已难以寻到。而这几枚无法补上的中国测量标志一直铭刻在我心中，成为我至今难以释怀的遗憾。

念兹在兹，永志难忘

离开南极那天，领队通过电台向中山站内的越冬人员郑重告别，最后，"雪龙"号鸣笛两声，"滴——滴——"便宣告了真正的长别。那一瞬间，我在悠长的鸣笛声中热泪盈眶：如果可以，我还想再次踏上这片土地，只是恐怕再也不能了。

人的一生中，能有几次这么宝贵的机会呢？

2009 年 4 月 11 日，我们带着两台相对重力仪坐火车回到武汉。刚一走出武汉站，我们就看到鄂栋臣教授所带领的武大中国南极测绘研究中心人员与他们手中的横幅和鲜花。他们带着亲切温暖的笑容，热情地迎接了我们。

赵珞成在南极奇岩怪石上留影

我们完全没有料想到会有这样的仪式。那一刻，唯有不辱使命的强烈自豪感荡漾在我的心中。

习近平总书记在给武大参与中国南北极科学考察队师生代表的重要回信中说：“希望学校广大师生始终胸怀‘国之大者’。”于我而言，对武大南极科学考察精神最直接的体会便是“吃苦耐劳”与“不计得失”。在科学考察队中，我们永远只关心要完成什么，怎么能更好地完成这些事情，从来不关心可以得到多少报酬，可以获得多少补助。南极科学考察是服务国家、人民的大事业，我能够有幸参与其中，是不胜光荣之事。

赵珞成（左一）与队友在欢迎仪式上的合照

（采写：张怡悦　徐艺榕）

弘扬“珞珈山精神”，争做极地测绘事业的奋斗者

艾松涛

艾松涛参与北极黄河站建设

艾松涛，武汉大学教授、博士生导师，现任中国南极测绘研究中心副主任，湖北省南北极科学考察学会秘书长。自2003年起一直在武汉大学工作，先后赴南极长城站、中山站和北极黄河站执行科学考察任务，从事极地测绘信息化、冰川变化相关研究和教学工作，研发了中国极地考察管理信息系统以及船岸互动系统“雪龙在线”和自主可控的极地时空信息平台“双龙探极”，并建立境外首个北斗监测站。

从武汉大学珞喻门进校，右手边的草坪里静卧着一块来自南极珞珈山的石头，它是我参加中国第24次南极科学考察后从南极中山站带回学校的——是的，南极也有一座名为“珞珈”的山，它与武汉大学珞珈山相距11500余公里。

从南极珞珈山到武大珞珈山，这块南极石成为武汉大学师生往返极地征途、探索科学奥秘的见证。自2002年至2016年，我共参与了16次极地科学考察，参与建立北极黄河站，建立了中国境外首个北斗监测站，并研发了“双龙探极”信息系统。往返于两座珞珈山的这些年，我始终在工作和日常生活中铭记武汉大学“自强、弘毅、求是、拓新”的校训，争做一名极地测绘事业的奋斗者。我把这视为“珞珈山精神”，时时用以激励自己求索真理，创造新知。

艾松涛带回武汉大学的南极石

自强：我们能不能想办法赶上?

1996年，我进入原武汉测绘科技大学学习。新生大会上，鄂栋臣老师为我们作了一场极地科考讲座。台上，他给我们展示了一张北极狐的皮，还有很多南极的照片。我满眼好奇地看着这些来自遥远极地的新鲜事物，并从此在心中埋下了一颗向往极地的种子。读研究生的时候，正赶上中国南极测绘研究中心招生，于是我主动和鄂老师联系，加入了他的团队。

早在本科学习期间，我就能熟练使用测绘仪器设备，对软件编程也比较感兴趣，锻炼了自己的动手能力。读研后，我常常想尽办法、克服困难赶在截止日期前尽快完成鄂老师交办的工作。平常我也会及时向鄂老师反馈研究进展，积极主动的态度得到了老师的认可，也让我获得了更多科研机会。2002 年，中国第 19 次南极考察队组队期间，鄂老师找到了我，问我是否愿意前往南极长城站。向往极地多年的我既激动又兴奋，毫不犹豫地接下了这份光荣的任务，踏上了前往南极的征途。

在远离祖国、远离师长亲友的南极，“自强”是必备的生存之道。有一次，我和队员们乘坐一艘小艇从长城站去往韩国站。出发的时候一帆风顺，但是走到一半，我们突然遇上了大雾，能见度不到 10 米，浮冰密布，我们迷失了方向。我们在海面上小心翼翼地划着橡皮艇，左摇右晃地避开浮冰，这让前进的方向变得更加模糊不定。所幸在出发之前我已经做了功课，把韩国站的位置标在了手持 GPS 上。这时，我把 GPS 拿出来，尝试导航到韩国站。虽然 GPS 导航没有匹配详细的地图，但是让我们有了一个穿越迷雾的大方向，测绘技能就这样派上了用场。最终我们艰难穿过了那片满是浓雾的浮冰区域，大家都很开心，我还和站长及机械师一起合影留念。这一次化险为夷的经历让我深刻感受到：一定要主动作为，自立自强。

艾松涛(左二)从南极长城站去韩国站途中穿越海雾

顺利到达韩国站之后，我们跟韩国人交流分享测绘地理相关的信息。让我印象深刻的是，有一位韩国学者拿出一张乔治王岛周边的地图给我们看。那张图是关于地形地质的，非常精美。当时看到那张图，我脑子里就闪过两个念头：一是，我们经常号称自己是“亚洲测绘第一”，但是和当时他国产品相比，我们的测绘制图成果还是有差距的；二是，我们能不能想办法赶上，并且超过他们？这次见闻给了我很大的刺激，我下定决心一定要做个东西出来。不说超越别人，起码要超越自己，有中国的特色，有我们武汉大学的特色。

弘毅：胸怀“国之大者”，任重而道远

1991年，为了和国际组织对接地图、地理信息和地名，我们国家成立了中国南极测绘研究中心，挂靠在武汉大学(原武汉测绘科技大学)。我们武汉大学长期坚持从事与南极地理信息相关的工作，至今仍然是去极地考察的次数最多的中国高校。我们极地测绘事业从1984年开展南极考察起步，是从无到有；20年之后又参与北极考察站建设，是从小到大；而现在，我们国家的极地事业正处在一个由大到强的过程中：目前我们确实是极地大国，但要想成为比肩欧美的极地强国，还是任重道远。

我的导师鄂栋臣教授是让我以弘毅之精神做极地事业奋斗者的引路人。那时我们缺少明确的项目支撑，在非常困难的情况下，拿不出更多的经费做配套的科学研究。但是鄂老师多次嘱咐我，一定要坚守极地测绘这块阵地，做长期业务化的观测。

2007年12月，我有幸参与国家北斗卫星导航系统建设，带队建成了中国境外第一个北斗监测站。那时北斗二号刚发射了一颗试验卫星，我们需要测试试验卫星状态如何。可是我们国家在北半球，缺少南半球的试验场，所以我们想联系南半球国家做测试。一开始我们和澳大利亚一所大学联系，有一位教授很支持我们，但他说这件事可能有点敏感，尽管北斗和GPS是类似的，还是需要上报学校。结果他们学校也层层上报，最后报到澳大利亚国防部，这件事就不了了之，没了音讯。后来我向鄂老师提议，如果澳大利亚不让我们建站，我们就到南极去建，因为南极科学考察站是我国独立自主建设的。在测绘学院老师的支持下，我们事先做了模拟测试：如果在南极中山站建一个北斗监测站，卫星定轨的精度，尤其是南北方向的精度，就能够提高3~4倍。所以后来我们与主管部门联系，提出想把北斗监测站放到南极。可是过了一年多也没有消息，我以为这件事又要无疾而终了。有一天，鄂老师突然告诉我要建南极北斗站，派我和一个师弟去北京，与其他单位联合攻关。项目组要求做到高精度定位，所以我们还要考虑温度、湿度、气压等气象参数，当时我负责对接配套气象设备，气象数据播发软件也是我开发的，至今还在南极中山站持续运行。2007年底，我参加中国第24次南极考察，作为试验队长，最终圆满完成了中国境外首个北斗监测站的建设任务。现在，我国的北斗卫星导航系统与美国的GPS、俄罗斯的格洛纳斯、欧盟的伽利略一起构成了全球四大导航卫星系统，在军事、民用、科技等方面形成庞大产业链，我们国家在自主卫星导航领域已经不会被“卡脖子”了。如果当初我们被动等待澳大利亚的回话而放弃南极建站的话，也许会转向其他国家建站，但至少境外北斗建站的进程会变慢。在那个特殊的时间节点，我们武汉大学充分发挥学科优势，服务了国家重大需求；而我有幸参与其中，成功建立了中国第一个境外北斗站，并持续开展极地测绘遥感信息工作。“知责任者，大丈夫之始也；行责任者，大丈夫之终也。”把国家事业融入个人梦想，让个人追求在时代召唤中激荡青春，我辈全力以赴，使命必达。

艾松涛(左二)与同事们在南极北斗监测站

多次南极之行让我感受到，南极也是践行人类命运共同体理念的一个典型区域。我还记得2003年1月29日，长城站有一些多余的建筑材料，乌拉圭站想要却没有运输装备。最终我们借用俄罗斯的拖拉机，将长城站的建筑材料运送到乌拉圭站，免费送给他们真正实现了按需分配。2020年12月，尽管是在中美贸易争端、中澳关系低谷的大背景下，中国直升机和美国巴斯勒飞机还是共同参与了营救澳大利亚南极病员的紧急撤离行动，这再次表明南极洲是友谊之洲。

中俄合作将南极长城站建筑材料送给乌拉圭站

求是：直面问题，说真话最有力量

近年我主要关注的研究领域是极地信息化，这既是主动对接国家需求的科研事业，又是面向大众的公共信息服务，所以实事求是必然成为科研过程中需要谨守的红线。

在过去的二十年里面，我一行一行写代码，积跬步以至千里，终于研发出极地态势感知系统“双龙探极”。这个系统融合实时数据与历史档案，结合物联网、大数据与人工智能技术，可视化呈现各国极地活动的实时动态及时空变化，是一个服务全球的极地时空信息平台。

极地主管部门关注极地发展，社会大众也关心我国的极地事业。每艘中外破冰船上的每一名考察队员背后都有一个家庭，家属们都期盼着自己的亲人平安归来。“双龙探极”系统发布的极地动态信息，就是为了让所有人都可以在线找到自己想了解的内容，让关心我们的人有客观准确的信息可查。

“双龙探极”系统以测绘遥感为基础，还能够解决一系列关乎科学考察队员生命安全的问题。比如我们能够直观地看到哪里出现了冰裂隙，有助于雪地车安全行驶。同时，我们可以分析冰裂隙出现的原因：地形复杂的地方，冰川流速不均匀，就会因为褶皱、拉伸等产生缝隙。我们可以通过流速检测和遥感卫星的影像共同分析，综合判断危险区域，提升科学考察队员野外作业的安全性。

“双龙探极”系统每天要处理超过千万艘船舶和飞机的轨迹数据，经数据清洗之后，精确和可靠的大数据支撑了极地态势感知与可视化集成，能够让浏览者更加快速地捕捉有用的信息。实事求是的科研态度不仅关联着信息的准确度，也与科学考察队员的安全息息相关。

还记得在2002年我第一次参加南极考察，在长城站的时候偶尔也充当站上的翻译。有一次，智利站通过高频对讲呼叫长城站，对讲机有杂音听不太清楚，我当时就没有听太明白，问了两遍也不好意思再问对方，只了解到智利站建议我们的直升机使用某个频率的通信频道。正好船长也在长城站，他了解情况之后再次与智利站对讲，通过多次对话，确认了我们考察队直升机可以使用的通信频率，避免信号干扰引起空中交通事故。船长对我说，不论问对方多少遍，一定要问清楚。这件事让我明白一个道理，不论知道不知道都要勇敢地说出来，只有敢于直面问题，才有可能解决问题。

“双龙探极”信息系统中显示的冰裂隙

我的导师鄂老师也是一位实事求是、身体力行的学者。在2004年北极黄河站建站的时候，尽管已经65岁了，鄂老师还是坚持奔赴极地现场，亲自参与野外考察。2004年8月13日，我和鄂老师一起到黄河站附近的一条冰川踏勘，晚上11点才驾驶小艇回到站区。由于是极昼，当时的天空还很亮，我们拉着武汉大学的旗帜在码头上拍了一张照片。在北纬79度，在深夜的阳光中，想着这一天冰川考察的收获，65岁和27岁的脸庞上洋溢着同样的笑容。

2004年8月13日鄂栋臣和艾松涛在北极黄河站出海归来

拓新：始终跟跑的人，当不了冠军

创新应该成为科技工作者的初心。前期，我们什么都不懂，可以“跟跑”，向别人学习。但是如果始终跟着别人，我们就没法超越。当我们走到一个无人区，已经超越了所有对手，只剩自己的时候，就要探寻接下来前进的方向。前面没有别人走过的路，所以我们得自己走出一条路来，开拓新的领域，进入无人之境，这就需要更多的思考，这也是我们目前面临的挑战。

在我们的极地科学考察进程中，南极探索实现了从无到有的突破，北极科学考察是由小到大的发展，现在我们国家正在持续发力，实现由大到强的转变。在转变过程中，我们需要不断创新，创造自己独特的成果。习近平总书记强调科技自立自强，我们走的正是自主创新的极地信息化道路。“双龙探极”信息系统自诞生以来就在不断改进和完善，2009年开发了二维版本(当时叫“雪龙在线”)，2019年升级为三维版本，同时兼容桌面浏览器和移动网络。近四年来，仅前端代码就更新了三百多次，平均不到一个星期就要更新一次。如果只是购买国外的软件，我们根本不可能自主更新；况且国外也没有同类系统可卖，真正先进的系统，即使有也不会卖给我们。正是因为我们的极地信息系统是从底层代码开始，每一串代码都是自己一点一点敲出来的，我们才能及时更新，不受制于人。比如在新华社报道“双龙探极”之后，这个系统被更多人访问，我又赶紧升级，在有限的硬件资源条件下，尽量提升多用户访问的流畅度。

当前，我的研究团队里面不少学生也在逐渐成为“双龙探极”系统建设的生力军。叠加实时卫星数据，重建海冰漂移轨迹，细化全球洋流流量，估算船舶碳排放，一大波全新的功能模块正在集成到“双龙探极”系统中，推动系统从极地信息可视化集成向极地态势感知、极地治理辅助决策演进。这个系统现在是独一无二的，而且我相信，在未来的一段时间内，它仍将是独树一帜的存在。

回首过去近三十年的求学和工作，我一直期待在新空间、新知识和新方法上有所突破。2002 年是我第一次参与中国南极考察，长城站是我踏足极地的第一站；2004 年我参与建立中国首个北极考察站——黄河站，并建立中国首个北极 GPS 跟踪站，为冰川运动监测提供了基准站；2007 年我在南极中山站建立了中国境外第一个北斗/GNSS 监测站，为我国自主卫星导航系统的高精度定轨提供支撑；2009 年我在北极黄河站首次开展冰下地形测绘，逐步建立山地冰川立体观测体系并发现了以往被忽略的快速冰流区；2013 年我在北极黄河站建成我国首个北极 GNSS 监测站，建成高纬度北斗/GNSS 观测网；2014 年我在南极长城站建立稳定的验潮观测站，实现了我国主要考察站的自动化潮汐观测及预报。除了极地测绘遥感野外观测，我依靠武汉大学地理信息系统的学科优势，聚焦极地信息化建设，于 2005 年研发了中国第一个极地考察管理信息系统，后来又推出“雪龙在线”“掌上两极”等极地信息化相关的应用软件，并不断迭代成为如今的极地态势感知系统——“双龙探极”。

艾松涛向中央电视台记者介绍“双龙探极”系统

这是千里马竞相奔腾的新时代，这是创新潮波澜壮阔的新征程。“双龙探极”信息系统，实现了从“跟跑”到“领跑”的创新突破，也将不断谱写武汉大学极地科学考察的华章。

用国家的大事业磨砺青年人的真本领，核心是大事业，关键在青年人。国家大力推崇“老师站上本科生讲台”，要更多启发年轻人，让学生更快地成长，也是给老师们更多与青年人互动的机会，为此我牵头开设了本科生通识教育课程“走进极地”，与南极中心的诸多老师一起，将南北极科学考察的知识和经验传递给更多年轻人。截至目前，我的学生中也有丁曦、陈帅均、褚馨德等年轻学子远征南极，为极地测绘事业接续奋斗。

同时，我也希望有更多的青年人加入极地考察与研究这个大家庭，去冰雪环境中磨炼自己，去感受大自然的伟力与神奇。用满腔的热血与无悔的青春，书写亘古冰原上的“珞珈山”故事，勇往直前地去奋斗、再奋斗吧！

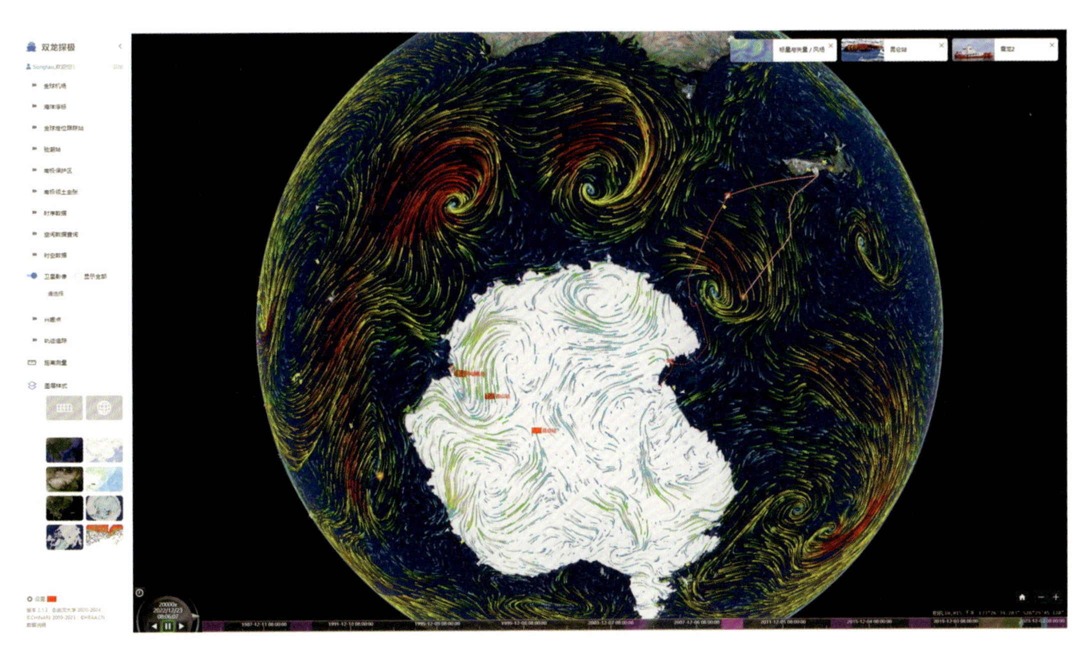

“双龙探极”系统截图

（采写：林佥千　肖宇轩）

未曾停笔的极地地图

庞小平

庞小平，武汉大学中国南极测绘研究中心副主任、二级教授、博士生导师，极地环境监测与公共治理教育部重点实验室副主任，湖北省南北极科学考察学会理事。主要研究方向为数字地图制图与地理信息系统、极地冰雪环境测绘遥感与极地制图等。曾2次赴南极、1次赴北极科学考察，获得多项省部级科技进步奖和优秀地图作品裴秀奖。多次获得武汉大学和湖北省“优秀女教职工”称号。

1985年，鄂栋臣教授从南极回来之后，给武汉大学的学生们作了一场极地专题报告。这场激动人心的报告，不仅是我第一次近距离接触鄂教授，也是我第一次有机会更深入地了解极地科学考察。自此，极地的别样风物，实地探索获得的珍贵成果，探索过程中艰辛与欣喜交织的复杂心情，以及科研工作者们不畏艰辛、坚韧不拔的品性，绘成了一幅幅生动的“极地地图”，在我澎湃的心底缓缓展开。

起笔：从地图上认识极地，到极地去测绘地图

在接触极地测绘之前，我是武汉大学资源与环境科学学院地图制图系的教师，也是

本专业的一名在职研究生。1999 年，我国准备组织第 1 次北极考察，秉持着“极地考察，测绘先行”的理念，考察队需要一幅全要素的北极地区图作为首次北极科学考察的地理参考，极地测绘的学术带头人鄂教授便开始着手组织绘制北极地区图。一番考察过后，他找到了我所在的学院，于是，包括我在内的几名资环院老师展开了带领研究生们绘制北极地图的工作。在跟随鄂教授完成极地制图的过程中，我对遥远而神秘的极地产生了极大的兴趣。

后来，我在鄂教授指导下继续攻读研究生，沿着极地测绘这条路，一直走了下来，到现在已有 30 年之久。当时鄂教授所在的测绘学院下设的中国南极测绘研究中心，只有 3~5 名研究生，这些年轻的学生们是极地考察的新生力量。那时，我正跟着鄂教授做极地研究，可谓是“使命在身”，参加极地科学考察就成为了必然选择。

2001 年，我国组织第 18 次南极科学考察，我很荣幸地代表武汉大学成为考察队的一员。现在想来，习近平总书记在回信中关于“学校广大师生始终胸怀‘国之大者’”的语句，大抵指的就是这个意思吧。从老师到学生，都以“探索极地，报效祖国”为己任，代代相传。

在动身前往南极之前，我的心情非常复杂。一方面，毕竟自己是第一次前往南极，心中自然是激动万分；另一方面，家中老人年纪大了，我的儿子也才 9 岁，没有旁人帮忙照顾，心里也多了几分牵挂。不过，比起牵挂，更多的还是兴奋与好奇，这次极地科学考察将会是我人生中一次非常难得的经历。在动身前的培训中，我就一直在想：南极究竟是什么样的？

在亲身参与极地测绘之前，极地于我而言，仅仅止步于书本上的文字、杂志上的插图、纪录片里的讲解。那时的我，只能靠想象去描摹心中的图卷。南极，应该是一片与世隔绝、被冰雪覆盖的陆地吧，这里常年严寒，大风呼啸；高耸的冰山，晶蓝色的冰洞，仿佛能带领人们穿越到另一个魔法世界；企鹅成群结队地散步，晃动着毛乎乎的身体；海鸟在头顶掠过，唱着清脆的歌谣，翅膀擦过冰盖的表面，拂落烟花一般绽开的雪……北极呢？大抵能看见憨态可掬的北极熊，灵动美丽的北极狐，独特的北冰洋风光，还有北欧绚烂的极光吧？

但是，去南极途中颠簸的风浪、登陆后站点内外艰苦的条件、冰原上一众孤独摇摆的企鹅，还是让我心中添了些落差感。在经过一段时间的适应和调整之后，我开始全身心地投入工作。根据安排，我们此行主要有两大任务：

第一，使用经纬仪、水准仪更新站区的地图，如探测建筑区的地形变化，用相机拍摄新增的地物，还有一些管道的变化情况。这些任务对我来说，算是专业领域内比较常规的任务，在完成过程中没有遇到较大的困难，只需要把站区图一丝不苟地实时测出来，为站区规划和科学考察活动提供地图支撑。

第二，生态环境监测。这个任务主要是结合我的博士学位论文来展开，即菲尔德斯半岛的生态环境脆弱性评价。那么整个南极环境的脆弱性如何呢？结合我的专业知识来看，全南极尺度上整体环境的脆弱性是自然形成的，局部地区的脆弱性则是自然脆弱和人类活动共同作用的结果。众所周知，南极半岛是南极洲上人类活动最频繁的区域，也是最大的无冰区，菲尔德斯半岛近40平方公里的土地上，就有五六个国家的站点，还有智利的空军基地、机场，人类活动非常频繁。这也对南极的局地生态环境造成了较大的影响，甚至已经产生了一些环境反馈，在全球范围内引起了广泛关注。所以，我们对半岛上的植被（如苔藓、地衣）和动物进行了观测，用这些数据作为结果指标，对环境进行评估。

除了南极科学考察，我还前往北极参与了2012年秋季黄河站考察。与南极相比，北极的生存环境和后勤保障要好很多。南极洲没有土著居民，一切生存与发展都需要靠自己；而北极则有所不同，后勤保障问题相对容易解决。特别是黄河站所在的挪威斯匹次卑尔根群岛的新奥尔松，最早是由挪威托管的一个国王湾煤矿，后来由于一系列环保问题，煤矿废弃，变为科学城，基础设施建设相对完善，物业也相对成熟。另外，我们是乘坐飞机前往，路程上的不适感和生存压力比南极考察要小。

尽管如此，北极地区的科研压力却更大一些。除了做北极地物光谱观测，我们还需要到黄河站附近的A冰川、P冰川做国内长期进行的山地冰川变化监测。我和队友们背着大包小包的仪器设备爬冰川，途中还有很多冰裂隙。对于女性科学考察队员来说，面对宽度较大的冰裂隙，需要绕路行进，不能像男性科学考察队员那样，先将设备放好，再一脚跨过去，因此，我们女性队员时常出现爬了一段不小心滑倒滚下冰川的情况。

正如习近平总书记在回信中的那句“顽强拼搏、严谨工作”一样，两次奔赴极地的实践经历，对我后来极地冰雪遥感和极地制图的研究具有深远的影响。作为一位极地测绘遥感与制图的教师，身为一名极地测绘遥感与制图的专业人员，运用测绘遥感技术绘制精准的地图，为国家极地科学考察提供地图支撑，是我责无旁贷的使命。

运笔：从地形测绘到资源环境考察

鄂教授曾数次提起“极地科考，测绘先行”，其言不谬，极地科学考察需要地图作为支撑。最初，我们主要是测绘大比例尺的基础地理图，为极地考察、极地基础设施建设和多学科研究提供基础地图，主要完成了《南极洲全图》和《北极地区图》两张小比例尺挂图、大中比例尺的系列极地考察重点区域图，以及《南北极地图集》。

《南极洲全图》和《北极地区图》汇集了我国开展极地探索科学考察二十余年的实践成果，其中《南极洲全图》获得了地图学与地理信息系统领域最具权威的国际学术组织——国际制图协会的“杰出地图作品奖”，这两张具有纪念意义的极地地图，也成了我办公室经常查阅的两幅挂图(图 1、图 2)，甚至挂在了“雪龙”号考察船、极地管理部门以及很多极地科学家办公室的墙上。之后，我们又编制了一系列南北极地图，包括站区图、重点考察区域图、极地卫星影像图等等，这些地图在 2004 年获得了我国优秀地图作品奖——“裴秀奖”银奖。

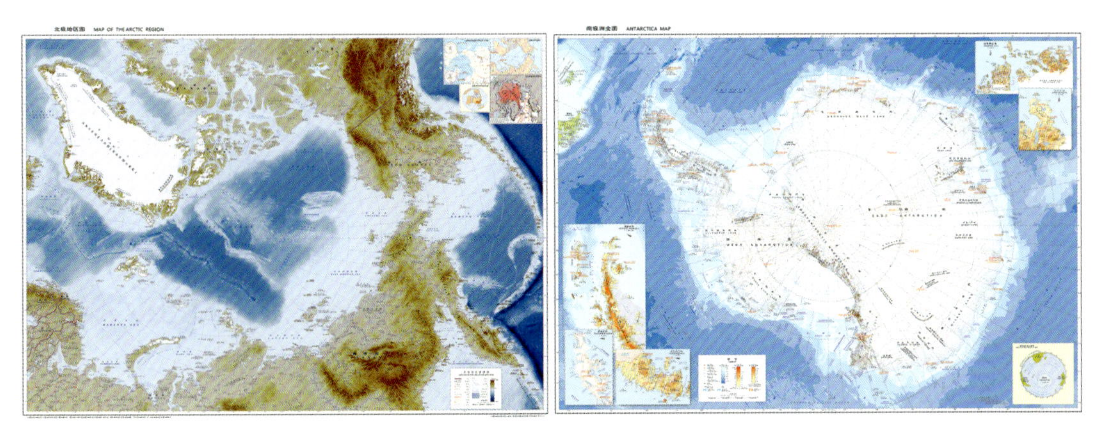

庞小平办公室里的挂图：《北极地区图》和《南极洲全图》

关于《南北极地图集》的编制，还有一个令我十分难忘的故事。2007 年秋天，我和同事们前往莫斯科参加国际制图大会，会上，主办方在地图展上展出了《南极地图集》(2005 年)和《北极地图集》(1985 年)两本极地综合性地图集。翻阅这两本厚重的地图集时，一种前所未有的震撼感瞬间席卷了我的内心——这两本来自俄罗斯的图集除了有非常详细的南北极基础地理图，还有非常丰富的多学科专题地图，展现出俄罗斯这个极地考察强国在南北极科学考察中的雄厚实力与巨大成就。而我国当时有一些极地的基础地理图，也就是我们常说的“普通地图”，另外就只有少量的地质、气候等专题地图，距离成为极地考察大国还有很长一段路要走。这极大地激发了我的责任感、使命感和紧迫感。因此，经和主办方协商，我花了几百美元把这两本地图集买下来带回了国内，作为我们当时为数不多的珍贵地图资料。

心中的万千感慨，最终只汇成了一句誓言：一定要做出一本我国的南北极地图集，一定要缩小同极地考察大国之间的差距。对此，学校给予了大力支持。于是，我国将 25 年的极地考察成果整理出来，搜集了一些国外的资料，在 2009 年出版了我国的第一本南北极地图集，并获得了国内地图界最高荣誉——“裴秀奖”金奖。这一年，恰好是我国极地科学考察 25 周年。可以说，《南北极地图集》的出版，算得上是我国极地科学考察历史上具有里程碑式意义的“壮举”了。

随着对极地环境与资源调查的不断深入以及认知的不断提升，我国开始编制环境资源专题地图。特别是“十二五”至“十三五”期间，也是我国极地科考 30 周年之际，国家设立了“极地专项”，有国内多学科领域的专家学者共同参与，我有幸成为“南北极资源与环境信息集成共享与服务”这一课题的负责人。这是一项前所未有的创举——“资源”“环境”“信息”等字眼逐渐出现在我们的基础地图之上，清晰直观的专题地图逐渐为我国的极地科学考察发挥着愈加重要的作用。这些年来，我们着手推进的专项成果的地图

《南北极地图集》

可视化项目取得了重大突破。昔日“奋起直追”的誓愿，在我们的不懈努力下，一步一步靠近，一步一步实现。

在“极地专项”任务中积累了多学科的调查成果之后，我编制完成了《南北极环境与资源地图集》(目前尚未出版)。这是我国第一本以南北极环境和资源为主题的专题地图集，它能够直观地反映出南北极环境与资源的现状、动态变化以及对全球变化的影响和反馈，体现出环境资源多要素在内容、空间、表示方法上的系统性、逻辑性、科学性及其相关作用相互影响的关系。这本图集的成功编制，使“十二五”南北极环境综合考察多学科的成果可视化为专题地图，系统汇集成一本有着统一数学基础、空间尺度和表达尺度的地图集，促进了多学科调查成果的综合分析和利用。这既是“十二五”极地专项现场考察和科学研究的成果表达，也可以为多学科极地研究提供直观的数据资料，为国家极地战略决策提供有力的依据，成为认知极地、保护极地、和平利用极地的“好向导”。

延伸：从资源环境视角到战略视角

在资源环境地图的编制逐渐成熟的同时，为面向国家的极地战略需求，服务极地管理部门的宏观决策，能够深度参与极地治理，我们开始步入“战略制图”阶段。

鄂教授不止一次地在课堂上和在课下交流中跟我们强调：“我们测绘到哪里，我们的地名命名到哪里。带有中华人民共和国标志的测绘基准点埋设到哪里，就象征着我国极地权益延伸到哪里。”由此可见，极地地图测绘以及地理实体的命名是我国在极地实质性存在的象征和证据。所以，我们在测绘地图的同时，也在持续推进地名命名的工作。

我们在对每一个地理实体进行测绘(包括其位置、形态、特性)的同时，都要进行命名工作。截至目前，我们已经完成了南极359条冰上地理实体命名，随着冰上地理实体命名任务的展开，冰下地理实体命名逐渐成为现在和未来命名的重要工作。这也正契合了“地名也是战略”的观点，每每念出由团队命名的极地地名时，总有一种庄严的归属感和对极地事业的敬畏感。如今，我们已经和中国地名研究所共同编制出版了《南极洲地名图集》，想要进一步推动我国的极地地名命名工作，从地理实体命名上强化“主体观”和“核心战略聚焦”。该图集虽然早已出版，但每一个反复推敲的名字、每一处详细斟酌的标注，都让我们感受到维护国家极地权益的决心，还有逐渐向极地考察大国迈进的信心。

在气候变暖和经济全球化的背景下，极地的政治、军事、气候、资源和航道价值不断提升，日益受到国际社会的广泛关注。众多极地大国通过开展极地考察与极地权益争夺，从科学和政治的角度了解极地、研究极地、治理极地并利用极地，给极地地缘政治格局带来挑战。中国作为极地利益攸关方，将极地视为关乎国家安全的战略新疆域，重视开展极地考察，积极参与极地治理，在极地和平稳定与可持续发展中发挥重要作用。随着极地考察成就凸显和国际地缘政治格局的变化，我们迫切需要一本直观反映国内外极地考察进程、各方权益争夺现状、中国极地事业发展情况等内容的专题地图集，指导完善中国的极地政策，提升中国的极地话语权。

2024 年是我国从极地科学考察 40 周年，结合我国在极地科学考察中获得的大量的极地信息，以及一直以来对深入参与极地国际治理的强烈渴望，新时代想要解答“如何参与国际治理”这一问题，从国家和科研的层面来看，相关政策、法律、数据的支撑是非常必要的，于是，我带领我的团队整合了一些我国极地战略方面的研究成果和相关资料，编制了《极地考察与大国博弈地图集》。

从内容上看，我们的极地地图从最早的基础地理图，到环境与资源专题地图，发展到了现在的战略制图。极地制图与我国的极地战略的实施和极地科学考察的推进息息相关，极地测绘遥感技术也在与时俱进，而《极地考察与大国博弈地图集》的设计与编制恰好呈现出地图集集科学性与艺术性于一体的综合性特征，充分展现我国极地事业的成就、优势与不足，为中国极地战略的部署提供数据支撑与决策支持。面对日益复杂的国际极地局势，我国应加大极地考察与软科学建设投入，加强国际合作和多边治理，积极参与极地事务与资源开发，为极地的和平稳定发展和人类命运共同体的构建保驾护航。

另外，我国的极地研究方向也非常具有战略性、前瞻性，这与国家极地战略需求和国际极地科学前沿息息相关。结合两极冰雪环境变化的探测成果，我国将北极的探索重点定位在北极航道，也就是航道资源的和平利用，在开辟新航道的同时，节省运输成本；我国南极研究重点则在全球环境变化上，恰好切合了“实现人类命运共同体”的人文关怀，为世界共同关注的环境问题贡献出“中国智慧、中国方案”。

从参与极地测绘与制图工作以来，我从未停下绘制极地地图的笔，而与此同时，我国的极地探索也宛若一幅未曾停笔的画卷，其间有行云流水的昂扬之笔，有问题丛生的凝滞之笔，有悠远绵长的延伸之笔，亦有隐藏机遇的转折之笔。面向未来，极地探索的画笔终会由年轻的后进者们从我们的手中接过。再度回望这两次特别的旅途，在回味自己曾经的学习和成长的同时，我特别想送给年轻人一些话：不忘初心，砥砺奋进，牢记习近平总书记回信所言“接续砥砺奋斗，练就过硬本领”，一代代地为国家的极地事业，作出一份自己的贡献，努力让中国成为极地强国。

（采写：张鸿宇　杨连莹）

二十四载冰雪路，以器量方绘极疆

周春霞

周春霞在执行埃默里冰架考察任务(2011 年 1 月摄)

周春霞，武汉大学中国南极测绘研究中心教授、副主任，武汉大学派出的首位参加南极科考的女性。2000 年 12 月—2001 年 3 月，参加中国第 17 次南极科学考察，赴长城站执行全球定位系统国际联测任务(SCAR GPS Campaign)；2009 年 9 月，参加中国北极科学考察队，赴黄河站开展遥感地面数据采集和冰川运动监测等工作；2010 年 11 月—2011 年 3 月，参加中国第 27 次南极科学考察，赴中山站执行验潮站基准标定及维护升级埃默里冰架运动特征和物质平衡观测等科考任务，任度夏副站长兼科考分队队长。

寒冬凛冽。我摘掉眼镜，打算休息片刻，电脑屏幕上的数据变得模糊。如今数据查询便利，极大助力了遥感测绘研究，而24年前，却是另一幅光景。

初出茅庐：长城站科考

去极地考察一定要接受行前教育。首先是安全保障训练，比如出行前要严格观测天气，至少要两人同行，还要携带对讲机等装备。其次是身体素质培训，须进行相应的体能训练，以应对极地的恶劣气候。对于内陆考察队员，体检和培训的要求会更为严格。最后是环境保护教育，要与动物保持距离，不接触或者恐吓它们，垃圾必须带走不可乱扔。至此，要去极地的紧张感和真实感慢慢袭来。即使提前做过研究，实地考察到底和从书本资料上学习不同。没有亲身到过，很难真正体验到极地是何种存在。

第一次登上长城站是2000年12月到次年的3月，参加全球定位系统国际联测项目（SCAR GPS Campaign）。早在1985年，长城站就已经建立起来了。站在那里，回首是前任科考队员们的努力与成就，向前是极地广阔的研究领域，令人心潮澎湃。现如今，长城站早已实现了数据的自动化传输与导回；而在当时，数据的采集主要依靠人力。那时设备硬件条件有限，存储卡的储量很小，存储一段时间后，需要把数据导出来，更换新的存储卡进去，才能采集到完整的GPS数据。作为国际测量项目的成员，我们在数据采集完成后要将其交给专门负责的科研人员处理，然后上传提交给国际组织。

2001年元旦，科考队员们在长城站升起国旗

在极地的工作最讲求“天时”。尽管对

那里的气候环境早有耳闻，但“恶劣”一词完全无法真正展现出极地的严寒、风暴和变化莫测。我们必须时刻关注天气，把握工作时机，还要应对数据采集中途风云突变，不得不临时中断的情况。天气虽然造成了一些阻碍，但我们最终圆满完成了任务。在南极进行科学考察，是一个不同专业的科研人员汇聚在一起、彼此合作互助的好机会。当时我需要协助一位做南极生态方面研究的王自磐老师，他负责采集贼鸥的数据。不同于我在站区内的观测点采集数据，要测量贼鸥的头骨、腿长、体重等，就要前往贼鸥的栖息处。栖息处远离站区，路途全靠步行。虽然累，但这个过程也给了我接触、感受南极自然生态的机会。南极的动物有它们独特的魅力，最令人喜爱的就是企鹅，摇摇摆摆，憨态可掬。在它们的眼睛里，仿佛能看见纯净的天空。我们也和其他国家的科研人员有许多研究方面的交流，在这个过程中，我不禁思考我们国家的极地考察事业现状：中国进入极地研究领域较晚，成果少于部分国家。进入极地首先是建站为主，如今站区已经建好，就要逐步转向科研为主，我们的科研水准会逐渐赶上其他国家。那时我们在一些领域仍处于落后状态，比如极地遥感方面，我们使用的大多数卫星是别国发射的，很多问题别国已经有了一定研究成果。我们要去啃一些“硬骨头”，要寻找还没有发掘的研究点，再去不断地改进。可能正是在这个思考的过程中，极地在我心中埋下了种子，成为我生命中不可分割的部分。

惊险重重：黄河站科考

第二次去极地是2009年在北极黄河站进行科学考察，开展遥感地面数据采集和冰川监测工作。从站区到冰川有相当一段距离，在春季雪还未化的时候，开着雪地摩托就可以很快到达冰川。但我们此次考察是在夏季，雪已经融化，摩托无法驾驶，只能选择开艇从海上绕到冰川附近，把艇停靠在岸边，走路到冰川前缘做观测。我们常常早上八九点出发，晚上九十点往回撤，大部分时间是在走路，全靠两条腿丈量冰川。有一次从冰川上下来时，时间已经很晚了，夜晚的海变得格外不友好。我们走到小艇停靠的地方时，寒风吹得人面部生疼，海浪剧烈地拍击在岸边，耳旁的一切都仿佛是在怒吼。要发动小艇，就要先将它推进海中，再快速一拉，启动发动机，让桨开始旋转工作。如果小艇启动时太靠近海岸，螺旋桨就会被岸边的石头打烂。我们是在跟海浪抢时间，大家一起把艇推出去，驾驶员快速启动小艇。但是那天的浪实在太大，我们试了无数次，每次小艇刚被推出去，就被浪打回来。我的手逐渐麻木，被海浪打湿的衣服带来丝丝寒意。从海上返回站点行不通了，没有其他办法，我们只能把小艇拖到岸上放置好，启程沿着岸步行回去。

我们很少对话，没有食物，只有不停地走路。在此之前，我从未感到过走路是一件如此枯燥的事。脚下是冰雪和冻土，耳边是无尽的风声，在这天地间，似乎什么也不存在了。一连几个小时的步行，让我的腿从疼痛变成了麻木，全靠惯性在机械地迈动步子。夜里 12 点钟，我们才终于返回了站区，那个夜晚就这么深深地留在了我的记忆之中。也许科研工作也是如此，要磨砺前行，要应对许多困难，要长久地坚持，但我们都不曾放弃。

还有一次情况很危险，所幸我们咬牙坚持，捡回一条命。那天小艇虽然成功发动了，但回去的路上海浪越来越高，几乎已经越过了人的头顶。我们一行三个人，就驾着一艘轻薄的小艇，随着浪摇摆，随时有可能倾覆。好在开艇的孙维君老师经验比较丰富，没有顺着海浪驾驶，而是使艇成一定角度，与海浪对抗，减少被掀翻的风险。即使是这样，我们也有不知多少次差点就被浪掀进海里。我和同行的刘雷保老师坐在艇的两边，努力维持着平衡。海面上只有我们一艘艇，三个人，一言不发。有一瞬间，我觉得这无边无际的海好像永远也跨不过去，但这念头马上被下一个浪淹没了。我不敢去想如果被掀进了海里会怎么样，寒冷、饥饿、颠簸，我忘记了一切，眼里、心里，只剩下翻滚咆哮的海浪。直到小艇靠岸，我的脚终于踏在坚实的地面上，心脏好像才落回实处。对于我是怎么回到休息处，怎么走去餐厅的，现在已经完全没有印象了，大概是因为思维还停留在波涛汹涌的海面上。吃饭的时候，丧失的语言功能逐渐恢复，刘雷保老师才开口说了一句：“今天捡回来三条人命。”

第二天早上，我发现我的胳膊酸痛无比，简直提不起劲来。仔细回想，原来是昨天坐在艇上的时候，我什么也做不了，在极度的恐惧和紧张中下意识抓紧身旁的扶手，整个人都紧绷着。现在劫后余生，放松下来，才感受到手臂酸痛不已。这是我所有极地科考经历中最惊险的一次了，至今心有余悸。

实践真知：中山站科考

第三次是在 2010 年，我们去南极中山站考察，主要工作是验潮仪维护和冰架物质平衡观测。我们有一个任务是去埃默里冰架上监测物质平衡杆，本以为按照以往的经验，应该很容易就能找到之前设定的物质平衡杆。但是因为雪的积累率比较高，很多平衡杆被掩埋了。我们在前几个地点都一无所获，经过仔细搜寻，最后才找到了一根，发现它 20 厘米左右的长度露在雪面上。在极地做实地考察就是这样，总会有意料之外的困难出现。这些年的实地经验告诉我，要做科研，首先要有丰富的专业知识作为支撑，其次就是要有随机应变的能力。真正去过现场，见过极地的冰盖、冰架、冰川和海冰的人，才能更好地认识到极地究竟是什么样的，才可以对变化更加敏锐，对环境更有求知欲。我讲课时会惊讶地发现，一些我认为是常识的问题，许多学生却完全没有这个意识，因为他们没有去实地考察过。真正的极地和书本上的有很多差别，身处在极地，更能意识到人在自然面前是多么的渺小。许多人说我们是去征服自然的，我不太赞同。我们其实是用我们的知识和技术，去更好地了解自然，去摸清它的脾气。乘着船漂浮在海面上，放眼望去是一片空茫；走在冰川上，是一望无际的雪；独自身处观测点，环绕身边的除了风的回响就是寂静。人在此刻只会变得无限渺小，对自然心怀无限崇敬。

2011 年 1 月，周春霞在南极埃默里(Amery)冰架

经常有人问我，作为女性去极地会不会有很多不便之处。其实在极地，男性和女性科研人员并没有那么多差异。在野外不好饮食，我们就背上牛肉干、巧克力、山楂片等等热量高的食物还有干粮；上厕所不方便，早上就尽量不喝水；交通不便，我们就背着设备步行。也许作为女性，我们的体力相对而言弱一些，但我们同样有自己的优

势，比如会比较细心。在极地的日子里，最重要的就是团结协作。不仅仅是科研工作，还有生活的方方面面，需要每个人都去贡献体力和劳动。值得欣慰的是，全世界都有越来越多的女同胞参与极地考察。

极地生活也有各式各样的活动点缀其中，像乒乓球、羽毛球的比赛，还有建站纪念日活动等。我们也和其他国家的科研人员开展文化交流：有一次在长城站，我们教两个德国学生打太极拳，还要想办法把动作都翻译成英语，蹩脚的翻译使大家哭笑不得。长城站和中山站都离俄罗斯站比较近，遇到节日，就会互相邀请去站上聚餐庆祝。地球上最寒冷的两极也因此被温暖和乐趣填满，让极地成为我记忆中不可磨灭的地方。

脚踏实地：南极中心向未来

经过多年的发展，国家在极地方面的投入正在逐渐发挥作用。硬件方面，“雪龙”号、雪地车、搭载先进装备的固定翼飞机等，使我们能够采集到更精确的数据。如今卫星数据大多免费公开，所有人都能够获得，都有技术处理。而我们国家现场采集到的独特的数据，越来越具有价值。武汉大学的极地事业也在不断发展。就中国南极测绘研究中心而言，1991 年中心正式成立，到 1998 年我在鄂栋臣教授门下读研究生时，中心的规模还比较小。当时只有一间办公室和一个展览室，里面放了一些海报和企鹅标本，成员也只有几个。经过多年的不断发展，如今中心已经有了二十多名研究人员和八十多名研究生。中心为我们提供了平台，也推动了我们的学科建设，我作为中心的副主任，很希望能够进一步推动中心发展壮大。极地目前还是一个比较冷门的研究领域，我希望能有更多、更合理的宣传，让越来越多的科研人才走进极地。鄂教授在晚年的时候做过六百场关于极地考察以及环境保护的讲座，让更多的人了解极地，我们如今正在用我们的努力继续这项工作。2022 年，中心的艾松涛老师组织开设了“走进极地”的通识课程，让本科生也可以了解中国南极测绘研究中心与极地研究。极地的广阔天地，还有着无限可能。

鄂教授六十多岁的时候，仍会每天工作到很晚，在工作上付出极多精力，为了中心的发展呕心沥血。我想，无论是鄂教授还是我都不曾设想，如果重来一次，我们还会不会选择做极地研究，因为对极地的坚持，早已成为一种朴素的情怀。我一向认为自己并不是特别聪明，一路走来依靠的始终是勤奋。我以鄂教授为榜样，把百分之九十的精力都投入在学习和工作之中。

这种不计回报的投入也带来了亏欠。有一次周末我在家，孩子却突然问我："妈妈，你今天怎么没上班?"这个"无厘头"的问题顿时让我的愧疚涌上心头，平时我周末也在办公室，以至于在孩子眼里，我每天都要上班。这些年来，对于家庭，我确实亏欠不少，但工作始终召唤着我，使我不能停下脚步。我们常说，做一件事，并不是图名图利，而是"干一行，爱一行"，不回首过去，只认认真真地走脚下路。哪怕是一件小事做到极致，那也是成功。

2023 年 12 月 1 日，习近平总书记给武汉大学参加中国南北极科学考察队的师生代表回信，肯定了我校为我国极地科学考察做出的积极贡献。我深受鼓舞，但随即感到深深的压力。有了这封回信，我们和武汉大学中国南极测绘研究中心，一起展现在大家面前，受到了来自社会各界的关注。我们更要用实际行动去交上一份答卷，继续探索，永不止步。

对于广阔的两极，靠两只脚在现场实测是远远不够的，需要用科学有效的手段不断推进南北极科考。而极地本身就是一个综合交叉的学科大平台，包含生态、冰川、海洋、地质、地球物理、医学、法学等等，遥感测绘能够为这些学科研究的开展提供基础数据，是重要基础保障。我们要聚焦国家发展需求，主动发挥武汉大学多学科交叉优势，把相关的学科联合起来，多碰撞，多讨论，为我国的极地事业出一份力！

（采写：陈钰冰　肖颖）

六回极地，四伏危机：极地科考是一场历练

杨元德

杨元德在南极冰穹 A 测量冰流速

杨元德，现任武汉大学中国南极测绘研究中心极地大地测量与导航研究室主任、教授。2008 年首次参与极地科学考察，参加了第 25 次、第 27 次、第 29 次、第 35 次和第 39 次总计 5 次南极科学考察活动，1 次北极科学考察活动，3 次以“领航员”身份带队赴南极冰盖最高点考察，在南极内陆冰盖测得全球首份长距离高精度绝对重力值数据，参与建设长城站 GPS 常年跟踪站及冰川自动化观测系统。承担多项国家级科研项目，2010 年南极基础测绘和冰雪动态过程监测研究获国家测绘科学进步一等奖。

“国之大者”，为国为民，行之以实，方显大我之风范；持续奋进，不忘初心，乃能铸就民族之辉煌。不谋全局者，不足谋一域，不以国家的全局利益为奋斗目标，何异于舍本逐末，何谈极地发展？我已经在极地科学考察的道路上走过了十几年，始终不敢忘记来时的路。这份初心像白茫茫极地里唯一能指引方向的标记，无数次带我“回家”。

承蒙习近平总书记对武汉大学极地科学考察工作的肯定与回信，我作为中国南极测绘研究中心的一员备感骄傲，同时作为一名中国科学考察事业的见证者，有幸亲述十几载中极地科学考察的点点滴滴，那些或艰难或美好的冒险，愿与前辈、后生共勉。

持戈试马，乍见征途妙趣

大抵所有的探险故事都有一个引人入胜的开头，只需一眼便深陷其中，沉醉不知归路，我的极地之旅也是如此。我与极地的故事始于 2008 年的第 25 次南极科学考察，开篇便是让人流连忘返的沿途风光，山色如娥，花光如颊，温风如酒，波纹如绫，才一举头，已不觉目酣神醉。经过巴黎，我走过一条条充满法国风情的街道，埃菲尔铁塔等著名景点全都收入眼底；抵达智利，扑面而来的惬意氛围便立马将我整个人包裹起来，圣地亚哥的旖旎风光会把每一位来访者的心拴在这片极富情调的土地上。第一次体验这样大的洲际跨度，第一次去这样远的地方，我甚感新奇，开怀无束，此兴悠哉，南极征途，应待人来。

值得在探险之书上留下一两点笔墨的还有之后乘坐科学考察船的独特体验。漫长的海上行程像是给冒险之旅按下了中场休息键，闲暇时间交由专家授课，队员之间也自发地组织各种比赛。常见的扑克游戏就能点燃大家的兴致，风微浪稳时球场相约，痛快地打上一场乒乓球或羽毛球赛，漫长行程便这样被集体的欢声填满。大多时候我会朝识旭日，暮赏夕阳，运气好时能在沿途邂逅海豚，一览海上风光。赤道是地理上特殊的分界线，跨越赤道则是行程中特殊的时间点。在这难得的特殊时刻，我们通常会组织些有趣的娱乐活动，或是像 2022 年“雪龙 2”号组织的烧烤，在甲板上摆好各种食物，大家欢聚一堂，或是趁着赤道附近没有风浪、水平如镜时，大家乘兴来场酣畅淋漓的拔河比赛，唯一不变的是庆贺过后来一次朴实无华的加餐。及至跨过赤道，船只抵达补给点开始新的补给任务时，船员们像刚出笼的鸟儿一样，四散去购买各种物品，冰激凌、奶粉、油……我们也调笑说，这阵仗说好听点是买的东西各式各样，直白点是买得乱七八糟，夸张点是补给站都快被搬空了，这是独属于南极路上的趣事。

一眨眼，我的足迹已遍布各个大洲，每一处地点都有其独特的记忆标识。每每极地科学考察启程，天南地北往来渡，我仍很珍惜可以到处去看一看的机会，世界还有很多未知面，而我是那个探险不知穷尽的鲁滨孙。

险象环生，苦尝极地风霜

世之奇伟、瑰怪，非常之观，常在于险远，而人之所罕至焉。南极是瑰丽景色与艰险环境并存的，它有足够多的办法阻退到访者。然而，想不到最早刁难我们的不是南极的狂风暴雪，而是有着“魔鬼地带”之称的西风带。狂风嘶吼，剧烈摇晃的船只成了茫茫大洋里毫不起眼的蜉蝣，许多队员因为难以适应出现了严重的晕船反应。最直观的表现是躺在床上吃不下饭，有的科学考察队员会呕吐，有的科学考察队员是难受到要天天坐在甲板上吹海风，甚至还有的科学考察队员严重到必须输液，不过也有比较特殊的队友，晃得越狠，吃得反而越多。南下寒极岸，艰哉何巍巍，回想起来，晕船是第一重难关，但其实也是最简单的一关。

至于南极给我的第一个下马威，要追溯到 2008 年初踏南极时。来自黑龙江测绘局的队友肩负航拍任务，需要到附近的纳尔逊岛寻找控制点，于是连同我在内的五六个人结伴坐小船跨海前去。抵达后队友们分工明确，很快便进入了工作状态，我负责找石头去打点测坐标，工作圆满收场，至此都一切顺利。然而就在准备返回时，问题出现了——风浪突然变得很大，小船无法前来接应返程。天色渐暗，我们迅速在附近寻找能够提供油、食物等必需品的避难所，熬过了有惊无险的一晚，只消黑暗过去，等待黎明降临。不敢想象如果没有避难所，孤立无援的我们该何去何从。这就是我在极地的第一次冒险，恍如惊梦，历历在目。

探险故事仍在不停书写，2010 年刚博士毕业的我带着冰川观测任务造访了北极黄河站。与在南极不同的是，北极熊是一大潜在的危险。每位队员在到达后都要接受打靶培训，装备枪支，做好万全的准备。出发前往黄河站的前几天，新闻报道黄河站区出现一只北极熊，这只外出觅食的猛兽盯上了站区内的厨房，在附近不停游荡，其危险程度不言而喻。好在它只是在房子外面打转，并未做出攻击动作。

科学考察队员在中途给车辆加油

2010 年再至南极，我的工作需要前往南极内陆，比去长城站费力许多。那次承担的科学考察任务与 2008 年相比劳累不少，首先是出发基地的后勤准备工作，每天都要完成的重要差事：飞机将油桶从“雪龙”号吊运到出发基地，我们再把水平躺倒的 200 升的油桶直立起来，装到雪橇上，拉运至昆仑站。和现在所用的油罐不同，那时的油桶只能依靠人工扛抬，这无疑是一场巨大的体力消耗。

这种劳累其次来源于极端恶劣的自然环境。我们虽统一经历过西藏集训，但还是低估了辐射的威力。直至亲身抵达南极，即使抹了防晒霜脸部依旧蜕皮，风头如刀面如割，种种方法都不奏效时，才对南极辐射敬而远之。由地吹雪可见冰盖风雪之汹汹，由冰裂隙可见冰面之复杂，南极还有能见度仅两三米的白化天，着实令我震撼。零下四五十度的低温也无法避而不谈，蔬菜无法保存，我们最常见的餐食是航空餐。备感劳累的另一原因是经验不足。初来乍到的我只能牢记前辈们的忠告：初上南极不要洗澡，化雪取水不要贪求数量而要讲求效率……这才在平日工作中慢慢积累下自己的经验，以此规避各种风险。最后是通信方面，在电话不方便每天使用、工作繁忙的日子里，我只能在逢年过节时抽空与家人联系。通信不便，离家甚远，更多时候我都将情感联结寄托在身边的队友们身上。有共同经历的一群人，共同瞄准一样的目标，感情自然是特别深厚。

等到2012年我参与中国第29次南极科学考察，再次翻开极地探险之书，呈现在眼前的是更大的危险，一段难以忘怀的冒险情节。故事的开始是晴好的天气，在出发基地集结物资的我们采用"蚂蚁搬家"的方法，将部分物资运送到中途暂放以便提高效率。我们分乘两辆车，往返全都依据规划好的路线，但在回程途中发生了意外。早晨时分，有表面积雪覆盖的冰裂隙隐藏得非常隐蔽，导致无人发现这一危险的"陷阱"，在物资的一次次碾压、下午太阳的一遍遍炙晒下，它才露出真容。我所搭乘的车跨过冰裂隙，欲联系后方车辆，却在打方向盘时不幸掉入其中。顷刻间，车头一斜，车辆便无力地倾斜倒陷下去。我与队友二人立马下车，队友得以离开危险区，而我则在走了两步之后一脚踏空，险些掉落到冰裂隙中。千钧一发之际，我赶忙双手扒住冰面，在这生死关头，根本来不及多想，多年的极地经验先行替我作出了反应，幸亏不远处的队友眼尖，这才及时将我营救上来。当时的我并不觉恐惧，现如今回首，只觉惊梦乍起，哪一步发生了意外，我可能就回不来了。

跌宕起伏的探险故事必然具备丰富的元素，有之前遇到的自然环境的危险，也有我最后一次科学考察奔赴昆仑站时经历的设备难题。2022—2023年的第39次南极科学考察中，出于对设备精度的测试需要及对重力监测全球变暖冰盖变化可行性的探究，我携带了一个绝对重力仪和一个相对重力仪，前往昆仑站进行测量重力工作。重力测量设备要保持真空，也需要加热。我们每天早上七八点出发，晚上五六点扎营，之后用发动机发电。我几乎是凌晨一两点睡觉，四五点收仪器，夜以继日，睡眠时间很少。

俄罗斯车辆牵拉出陷入冰裂隙的车辆

睦邻友好，共克碌碌维艰

“南极无国界”，讲的是南极和平利用，也是国际互帮互助，这句响亮的口号长久地回荡在南极上空，构成了我探险故事里温暖的底色。在第29次南极科学考察掉入冰裂隙的意外后，我们寻求了外国友人的援助，向中山站旁边的俄罗斯进步站提出支援请求，俄罗斯的科学考察队当即派遣了车辆，我们这才化险为夷。往前追溯到中国第27次南极科学考察，队内一位来自青海省人民医院的医生，到达昆仑站后身体似乎有些不太适应，出现了紧急状况，出于安全考虑必须立马转移。那时没有飞机的我们便联系了澳大利亚友人并得到了帮助，顺利将他送到了海拔较低的戴维斯站。

很多时候我们都与国际友人打成一片，相处和谐融洽。科学考察站里专门建设的体育场所不仅用于队内比赛，还经常用于各国科学考察队之间的球赛。逢年过节大家更是会互相庆贺，同喜同乐，把酒言欢，笑语阵阵。参与中国第39次南极科学考察时，我跟“雪鹰601”的加拿大机队一起庆祝圣诞节，准备了节日贴纸，和我们春节张贴的对联有异曲同工之妙。

南极之路漫漫，我深刻体味到什么是“远水难救近火，远亲不如近邻”，携手互助的各国南极人成就了南极更光明的未来。

抚今怀昔，回望科学考察生涯

重翻极地探险之书，回望十几年科学考察生涯，我越发觉得南极科学考察事业的发展与国家发展息息相关。中国始终支持极地事业并提供坚实的物质保障，近年更是大力投入，为极地事业带来了翻天覆地的变化，大大提升了科学考察队员们的工作和生活条件。

在通信方面，打电话原先要使用智能卡，美元记账，越冬队员之前没有网络，可能难以了解到外界发生的事情，这些通信难题都极度考验队员们的心态。随着国家投入的增加，通话日益便利，站点也逐渐联网，2022 年时甚至能观看世界杯直播。在硬件设施方面，科学考察用车更新迭代，增加了“雪鹰 601”极地固定翼飞机，现在流行的人工智能系统也应用到了科学考察船上。与较早使用的“雪龙”号破冰船相比，2022 年乘坐的“雪龙 2”号破冰船由我国自主建造，具有 1.5 米左右的破冰能力，各方面性能都更加优秀。

杨元德参加中国第 27 次南极科学考察时与队旗合影

国家寄予厚望，我们自当做好分内之事，服务于国家、人民，国有所需，使命必达。作为一名较早的极地工作者，我也想更多地把机会留给年轻人，让后起之秀得到锻炼，让国家栋梁得以成长。我非常期待未来能有更多的人了解极地事业，热爱极地事业，投身极地事业。现在常说要培养交叉复合型人才，武大多学科参与极地科学考察就充分体现了人才培养与运用的双向性。从科研工作到后勤保障，不同学科的融合交互促进了极地工作的开展，多元的思维碰撞出不一样的火花。

在这世界的“尽头”，会遇到各种国籍、各种专业、各种性格的人，我可以跳出自己的圈子，倾听他人的故事，也书写自己的故事。经历更多，也体悟了更多，我深知不踏出舒适圈也就无从得知远方的风景。南极科学考察是一场冒险，人生本身是一场更巨大的冒险。愿极地人都不负国家和人民的期望，秉持初心，从一而终。有热爱、有抱负、有信念之人，定不惧危机，不畏险难。

（采写：韦一帆　任仪坤）

探天入海，秦岭开站：我的极地十年

张保军

张保军在秦岭站

张保军，武汉大学中国南极测绘研究中心副研究员，硕士研究生导师，大地测量学与测量工程专业博士。曾参加中国第30、40次南极科学考察，在南极工作近600天。其间主要负责中山站、秦岭站GNSS连续运行站、验潮站的建设、运行和维护等工作；亲身参与南极秦岭站的现场建设工作。致力于极地冰盖、冰架物质平衡变化的监测与研究，发表论文30余篇，先后主持国家自然科学基金、国家重点研发计划项目子课题、湖北省自然科学基金等多项国家和省部级项目。

2024 年 2 月 7 日，中国第五座南极科学考察站——秦岭站正式开站。

快活热闹的气息四处流淌，仿佛能将冰雪融化。身处人群之中，我被激动和喜悦包围着，千言万语都化作五星红旗升起的神圣时刻，每个人唱响的国歌。五星红旗猎猎飘扬，在蓝天与冰雪的映衬下格外醒目，一如我十年前初次踏足中山站的清晨所见的那面旗帜。过去的十年，是我与极地深厚结缘的十年，也是中国极地科考事业迅猛发展的十年。这十年间，我与这片寒冷而荒芜的土地共同呼吸，我见证了它稳步发展的点滴变化，它也见证了我挥洒汗水的青春与成长。

南极之眼：GNSS 跟踪站与验潮站的“极地守望”

我的两次南极科考之旅都围绕着 GNSS 跟踪站与验潮站的建设和维护两大主要任务展开。GNSS 是全球导航卫星系统的英文简称，能在地球表面或近地空间的任何地点为用户提供全天候的三维坐标和速度以及时间信息；验潮站能够在选定的地点设置自动验潮仪来记录水位的变化，进而了解海区的潮汐变化规律。二者一个远传太空，一个沉潜海洋，都对南极站区的建设都有着重要的意义。GNSS 跟踪站为站区的规划与建设确立了一个精确、稳定的坐标基准，为站区建设、科考工作奠定了地理信息基础。验潮站则为科考作业提供及时的潮汐预报，有力保障了科考和站区作业的安全顺利开展。在此次在秦岭站的建设过程中，GNSS 跟踪站与潮汐站更是发挥着至关重要的作用：南极考察站的水源主要依靠站区附近的淡水湖泊或海水淡化，而高精度的空间三维坐标和验潮数据，为秦岭站取水口的设计方位、取水模式提供了重要的地理信息。

利用卫星对地观测数据，可以有效监测极地冰盖、冰架以及全球海洋的变化，在南极科考过程中采集的现场实测数据却是这些卫星观测数据的重要检验标尺和有力的数据补充。GNSS 跟踪站为 GNSS 卫星系统的运行状态、健康情况等的评估提供了宝贵监测数据，有助于提升全球导航卫星系统的性能和可靠性。验潮作为监测海平面变化的最直接的观测手段，不仅可以满足我国研究南大洋海平面变化的需要，还可以通过多年的数据积累和与其他国家的信息共享，分析全球海平面变化，提高中国研究全球气候变化的能力和水平。此外，现场采集的气象、无人机影像数据也为基于卫星观测数据的极地环境变化监测提供了重要的数据验证和补充。

张保军(左一)与队友安装气象设备

海洋与天空，这两个广袤无垠、深邃神秘的领域，一直激发着我的好奇心和探索欲。于我而言，它们不仅是两个地理概念，更是心灵的寄托和向往。它们是地球生命的摇篮，孕育着万物生长的奇迹，而南极这片遥远而神秘的大陆，被厚厚的冰层所覆盖，宛如一个未被完全揭开的宝藏，深深吸引着我。“想去看看”的念头在心中生根发芽，破土而出。我向往海底蕴藏的神秘，也期待通过遥远的卫星传来的信息更深入地了解我们脚下的土地。这十年间，我的好奇心始终如一，这也是我“南极梦”的开始。我想，只有始终攻坚克难、锐意探索，才能无愧于初心，才能为人类更美好的明天作出自己的贡献。

初探南极：青春年华，锐意进取

回望我的“南极梦”，一路上我遇到了许多支持我、鼓励我的老师，他们是我前行路上的强大动力。2011 年，我有幸成为武汉大学中国南极测绘研究中心的硕士研究生。

在攻读硕士学位期间，我数次向导师姜卫平教授表达了渴望参与南极科学考察的意愿，姜教授十分支持我的想法，并积极协助我进行各项准备工作、协调相关事宜。经过坚持不懈地准备，姜教授向王泽民教授推荐了我，我有机会在王教授的指导下攻读博士学位。这也意味着我离自己的南极梦更近了一步。然而，这个机会需要我通过考试来争取。我深知机会难得，于是全力备考，最终成为南极测绘研究中心的博士研究生。在中国南极测绘研究中心的各位领导以及王泽民教授的关心和支持下，我获得了第30次南极越冬科考队队员的宝贵名额，前往中山站进行第二代GNSS跟踪站的建设、观测和维护，中山站验潮仪的打捞、维修和布放以及中山站站区测绘等工作。对于彼时24岁的我来说，这是如同做梦一般的经历。时至今日，我依然非常感谢我的两位恩师——姜卫平教授和王泽民教授，没有他们，就不会有今天的我。

张保军(左二)与武汉大学中国南极测绘研究中心旗帜合影

2013年，我第一次踏上了南极这片神奇的土地。初见南极，我被眼前的景象深深震撼。绵延几十公里的海冰如同天然的巨大屏障，横亘在天际，在阳光的照耀下闪烁着晶莹的光芒。巨大的冰山耸立在冰原之上，仿佛是大地上的守护神，静静地守护着这片纯净的世界。在这片洁白无瑕的世界中，我仿佛置身于一个神秘而遥远的梦境，感受着大自然的壮丽与伟大。

然而，随着南极夏季的到来，海冰卸货所需的条件逐渐丧失，我们不得不依赖直升机吊挂装卸货物。这项工作非常辛苦。队员们需要在凛冽的寒风中开展搬运作业，有时甚至只能睡3~4个小时。初到南极的那份喜悦与激情，在日复一日的繁重工作中渐渐被磨灭。但我深知，在这片荒芜的南极大陆上，站区的正常运转离不开每一位成员的付出与奉献，我们不仅需要追求“诗与远方”，也需努力应对生活的“柴米油盐”，应对极端天气的挑战，保障生活必需品的供应。那些看似微不足道的生活琐事，物资的运输与储备，都是确保我们能够在南极长期生存与工作的基础。

卸货任务完成后，队伍便正式进入了科考状态。天气好时，极地风光宛如一幅宁静而又神秘的画卷，在我们眼前徐徐展开。阳光温柔地抚摸着皑皑白雪，远处的山脉连绵起伏，宛如大地的脊梁。我们穿着厚重的防寒服，戴着防护手套，行走在雪地中，每一步都留下了深深的足迹。在这片寂静的世界中，我们的呼吸声被无限放大，伴随心跳，成为与这片大地交流的旋律。

然而，南极的气象和海况变化非常大，并非每天都能有这样的好天气。我深知，必须尽最大的努力，做最充分的准备，才能保障现场工作的顺利开展和实施。因此，在进行验潮仪打捞任务之前，我们自己动手扎了一个筏子，作为预定的“黄河”艇无法实施打捞时的备选方案。没想到，这自制的筏子最后竟然真的派上了用场！

张保军在上班途中

突然有一天，凛冽的下降风像狂野的猛兽般砸向冰面，原本坚固的海冰，在狂风的肆虐下，竟然被撕裂吹开。风平浪静后，竟形成一小片开阔的海域。这为验潮仪的打捞提供了一个短暂的作业窗口期。此时，原本计划承担打捞任务的“黄河”艇却因冰情无法到位进行作业。验潮仪是我们此次考察的关键设备，它的打捞、检修和布放也是我们此次南极科考的重要任务之一。积极尝试总好过坐以待毙。时间紧迫，机会转瞬即逝，经过充分的研判，在考察站领导和队友的帮助下，做好充分的安全保障措施后，决定使用自制的筏子来打捞验潮仪。我们相互鼓励、相互支持，与时间赛跑。在多次的努力后，验潮仪被成功打捞上岸。所有人都激动地欢呼起来，被冰面冻僵的脸上洋溢起自豪的笑容。这一刻，我们忘记了疲惫和寒冷，只感受到了战胜困难的喜悦和团队合作的温暖。而在打捞完成的第二天，海面再次冻结，此后的很长时间，都不再具备打捞条件。这让我深刻体会到极地科研工作的紧迫性和万全准备的重要性。

在这片广袤的南极大陆上，中山站如同一座坚固的堡垒，守护着我们的科研梦想。作为一个已建成多年的科考站，中山站的生活设施十分完善，为驻扎在此的科研工作者们提供了温暖而舒适的家园。在这里，网速虽慢但已能够满足基本的聊天需求，与家人的通话也极大地缓解了我的思乡之情。工作之余，我与队友们相约活动室，打羽毛球、篮球、排球、桌球等，这些都是我们喜爱的运动。在紧张的科研工作之余，我们尽情享受着运动的快乐。羽毛球的轻盈飘逸、篮球的激烈对抗、桌球的精准对决，都成为我南极生活的美好回忆。

这段在南极的日子，为我的学生时代留下了浓墨重彩的一笔。我不仅积累了丰富的科研经验，还学会了如何在极端环境中保持冷静和乐观。这片冰雪世界成为我青春年华中最宝贵的回忆，也更加坚定了我从事极地科研工作的决心。在顺利完成科研任务回国之后，我继续从事着极地冰雪物质平衡方面的研究，为科研事业贡献自己的一份绵薄之力，也努力书写着属于我的南极传奇。

再访南极：重任在身，勇攀高峰

当第 40 次南极科学考察计划建设罗斯海新站(现名“秦岭站”，后同)的消息传来，十年前离开极地时不舍的呼喊仿佛又在耳边回荡。那时的我，年轻而富有激情，对科研充满无尽的探索欲。如今，我已为人父、为人师，自然也肩负起更多的责任。然而，作为武汉大学中国南极测绘研究中心的科研工作者，我对科研的热情与探索欲从未减退。罗斯海新站作为我国首个面向太平洋扇区的考察站，未来将重点支撑极地海洋领域的科学研究。横贯南极山脉中的巨大冰川滑入罗斯海，蔓延形成了著名的罗斯冰架，在罗斯冰架下，还有多座活火山。这样特殊的自然地理环境使其拥有极高的科学考察价值，对我们团队开展的极地冰架研究等工作无疑有着巨大的帮助。怀揣着对科研的巨大热情，也带着对妻儿的万般不舍，我再次踏上了前往南极的旅途。

此行的任务，除了完成专业领域相关的 GNSS 与验潮站并置的建设任务，也要协助完成秦岭站的主体建筑以及后勤中心的建设。由于抵达秦岭站时，新站尚未完工，我们只能暂住在临时搭建的住宿仓中。临时仓库的条件十分艰苦，基础设施仅能保证队员们基本的生活需求。每当屋外刮起大风，外面的积雪就会从门缝渗入，我们只能用布条堵住。同时，由于今年是秦岭站开站的第一年，站区迎来了一百多名队员开展建设任务，一度导致水资源也十分紧张。我们只能尽量减少洗澡的次数，洗衣时也尽量将衣物积够一桶一起放入洗衣机，尽最大努力节约水资源。

除了生活上的不便，秦岭站的气候条件也十分恶劣。2 月以后，狂风肆虐，几乎每天都刮着 8 级以上的大风，时不时更是飙升至 11-12 级。这样的天气对站区建设和科研工作来说，无疑是一场严峻的考验。同时，新站的降雪量也很大，强风带起的雪花使得能见度极低，外出工作异常困难。同伴走出不到几米，就会完全消失在视野中，上演一番真正的“人体消失术”。

科考团队在风雪途中

在狂风肆虐、低温凛冽的极端环境下，建筑工作变得异常艰巨。这种恶劣的气候条件不仅给施工带来了无数难题，更是对每一位科考队员身心承受能力的巨大考验。然而，就是在这样的环境中，考察队员们展现出了令人钦佩的团结和毅力。大家不畏艰难险阻，齐心协力，拉着一条长绳在狂风暴雪中艰难前行。建设工地寒风刺骨，温度跌至零下二十多摄氏度，我们这些科考队员们仍然到工地进行着撕膜、打钻等的工作。每一次的努力与坚持，都是对自我极限的挑战，也是对团队精神的最好诠释。我们共同克服了一个又一个看似无法逾越的困难，最终完成了站区建设，按时交付。开站仪式那天，不少队员流下了激动的泪水，这是南极科考人用汗水和智慧书写的传奇。

这一次，我不仅是第40次南极科考队的一员，一名长期致力于极地研究的科研工作者，也是一位远在他乡的丈夫与父亲。虽然信号网络时断时续，无法与家人通话，但我的心始终与家人紧紧相连。偶尔，能收到两岁孩子的微信语音，听到他稚声稚气地喊出“爸爸”时，内心所有的疲惫和艰辛都烟消云散。那一刻，我仿佛能感受到她小小的手心，温暖而柔软。每每午夜梦回，总感到自己对家庭的亏欠太多。为了科研工作，我不得不长时间离家在外，错过了许多与家人共度的宝贵时光，也没能见证孩子的成长。这份亲情的羁绊、内心的几多愧疚和遗憾，都成为我战胜艰辛的动力源泉。需努力些、再努力些，才算不辜负家人的理解与付出。

十年前的我，初次踏上南极的大陆，心中满是对未知的渴望和对科研的憧憬。那时的我，如同一张白纸，期待着在这片纯净的冰雪世界中，书写属于自己的科研篇章。通过在南极科考获得的经验，完成课题、发表论文、拿到博士学位，是那时我最简单的想法。然而，随着在科研领域的深入学习和实践，我逐渐意识到，科研事业并不仅仅是为了追求个人的学术成就，更是为了解决切实的问题，通过在自己的专业领域不断深耕，为认识极地、保护极地和利用极地作出贡献。

黄金十年：极地科考事业的巨大发展与无限潜力

近年来，中国在极地考察领域取得了令人瞩目的成就，不仅体现在站区规划与建设的提升，还体现在环境保护和站区设备的进步上。间隔十年的南极科考之旅，也让我深深感受到了中国科考能力的飞跃式提升。

在站区规划与建设方面，中山站与秦岭站便呈现出显著的差异。中山站采用分体楼、独立建筑的设计，宿舍楼、综合库、发电栋和综合楼堂等均为独立建筑。然而，在大雪天气时，这样的布局就使得人员出行十分困难，给科研人员的工作和生活都造成了极大的不便。相比之下，秦岭站采用了一体化的建筑设计，极大改善了科研人员的工作与生活条件。这种改进不仅提升了科研效率，也显著提高了队员们的生活质量，体现出站区建设对科研工作和科研人员生活需求的深思熟虑。

在环境保护方面，中国科考站也实现了跨越式的发展。特别是在极地地区，由于环

秦岭站主体建筑 祝贺摄影

境的脆弱性和特殊性，生态保护的意义更是显得举足轻重。过去，科考站的能源供应完全依赖于柴油发电，而秦岭站则创新性地设计了风力、光伏发电系统，新能源发电占整个站区用电量的65%。这一举措大大减少了对传统能源的依赖，积极响应了降低碳排放的号召，为极地环境保护作出了积极贡献。

在站区设备方面，中国也取得了引人注目的进步。从“雪龙”号到“雪龙2”号，其破冰能力有了显著提升。第40次的南极科考中，“雪龙2”号还为“天惠”轮破冰引航，保障了秦岭站建设物资的运送，为科考队员在极地极端环境下的工作提供了坚实的后盾。此外，在秦岭站，国产设备占据了绝大多数，除了一台进口吊车外，其余的大型吊车、装载机、挖机、登高车等均为中国制造。这充分展示了中国制造业的崛起，也为中国科考事业的自主发展提供了坚实的支撑。

与此同时，我们也期待着在不远的将来，中国能拥有属于自己的大型运输机，为科考队员提供更为便捷的交通方式。科考队员不必再经历漫长而艰苦的海上旅程，免受咆哮的“西风带”折磨，能够乘坐先进的大型运输机直接抵达科考站，此次第40次南极科考，先遣队员们就是乘坐意大利的飞机，从新西兰飞到了新站。这节省了大量的时间和精力，也极大地提高了科考效率。我相信，随着科技的进步和国家的发展，这一愿望终将成为现实。

得知习近平总书记给我们武汉大学参加中国南北极科学考察队师生代表回信时，我还在“雪龙 2”号上。船上驾驶台的广播喊我去接电话，校领导向我传达了这一喜讯。得知这个消息时，我内心的感动难以言喻。总书记日理万机，我们也仅是参与南北极考察的师生代表，却受到了这样的关心与鼓励，我们备感温暖。总书记的回信，不仅是对我们现有科研工作的肯定，更是对我们未来发展的期望。我深知，这份期望如同星光，将照亮我们前行的方向。我将带着这份期望，继续深入极地科研，以回馈总书记的关心与厚爱，为我国的极地科研事业贡献自己的力量。同时，我也希望武汉大学的师生们能够不断取得突破，不辜负总书记的期望与嘱托。

在浩瀚的宇宙中，每一颗行星都散发着微弱的光，但当它们汇聚在一起时，便能照亮整个夜空。我坚信，武汉大学乃至中国所有的极地科学工作者，将在未来的工作中取得更为卓越的成果。而我也将努力在其中扮演更重要的角色，为我国的极地科研事业添砖加瓦。我们将继续深入实践习近平总书记的期望：认识极地、保护极地、利用极地。不负重托，继续努力，为我国的极地科研事业贡献自己的一份力量。

（采写：王融秋　陈苏蓉）

踏雪测光迎蜕变，从心为国致南极

刘婷婷

刘婷婷在南极冰盖上工作

刘婷婷，2004 年本科毕业于武汉大学计算机学院，后在武汉大学测绘遥感信息工程国家重点实验室取得硕士、博士学位，先后服务于香港中文大学太空与地球信息科学研究所、武汉大学中国南极测绘研究中心，现任武汉大学中国南极测绘研究中心教授、博士生导师。2012 年 10 月—2013 年 4 月参加中国第 29 次南极科学考察队，参与完成中山站冰雪光谱测量与微波遥感工作。

极地有千年的坚冰，时间有永恒的尺度。

2023 年 12 月 1 日，当习近平总书记给武汉大学参加中国南北极科学考察队的师生代表的回信乘着东风传到武汉大学中国南极测绘研究中心，喜悦感动的情绪顿时涌上南极中心所有师生的心头，信中言约意丰的话语仿佛点亮了南极星空中的每一颗心灵。

从偶然到必然，极地是礼物

“凡事都有偶然的凑巧，结果又如同宿命般的必然。”书中读到的字句成为我与极地结缘的最好诠释。

2000年，我进入武汉大学计算机学院开始本科四年的学习，那时对未来并没有十分明确的研究方向，只是专注于本科计算机科学与技术的课程学习。在这个过程中，我对数据库相关课程产生了浓厚的兴趣，逐渐找到了自己的舒适区，也对一切前方的新挑战、新机遇充满了少年人的期待与坦荡。

机缘巧合之下，硕博阶段我有幸在武汉大学测绘遥感信息工程国家重点实验室深造。这于我而言既是挑战，也是机遇。挑战是可预见的，因为这意味着我要进入一个陌生领域面对诸多困难，与众多有学科基础的同伴踏上同一条赛道；而机遇则是我此前没有预料到的，就是在实验室得到张良培、李平湘两位良师的指点，以及一众同门伙伴的帮助，这让我一步步靠近自己真正所爱的研究方向。通过赴日本奈良女子大学和香港中文大学深造，我在不同的经历中逐渐厘清了自己未来的道路。

每一段求学经历都成为我如今深耕极地研究的“必然”动力：早年间多领域知识的积累是我“必然”的基石，极地科学考察中传感器的使用、对遥感算法更深层次的理解，本科计算机知识的积淀与硕博阶段为补齐短板所作的努力使得这些问题都迎刃而解；不同经历里治学品格的锻造是我“必然”的底色，在跨考的日夜苦读中逐渐悟到的终身学习之重要性，在日留学时打磨出自立自强的人格特质，都为我长期的学术道路锚定了基本的准则；而每位导师的言传身教更是我“必然”的指引，时过境迁，深深烙印在我心底的仍是张良培老师鼓励我们表达观点的良苦用心、坚持沉潜科研的一片赤诚，是日本导师带领我们深入自然拾叶做实验的踏实严谨治学，也是林珲老师数十年如一日在同一领域的钻研精神。这桩桩件件，都是我在科研道路中上下求索的强大动力。

十多年的学术研究后，我最珍视的“必然”是那份内生的热爱。2011年我回到武汉大学南极中心工作。从计算机走到遥感科学，从应用走向理论研究，开启一扇扇门后走到了极地研究的目的地。关于各类极地的书籍被我珍藏，形态各异、成因不同的海冰总带给人新发现，我每每觉得趣味盎然；学生深知我对极地的热爱，在教师节精心准备了冰山图样的贺卡；每次关于极地海冰的学术研究更是让我受益匪浅，把论文写在海冰之上、极地之央，哪怕力量微薄，也同样关乎整个世界的持续发展。

因为力量与热爱，“偶然”终会化为“必然”。极地就像是给予我的一份珍贵礼物。极地研究的道路我会继续前行，迎接新的挑战。这是我与极地相遇的故事，一个充满偶然与必然的旅程，而我愿意用全身心去追逐极地的奥秘和未知。

从感性到理性，极地是课堂

2011 年初，我在南极中心正式走上了极地研究的道路。那时，我对南极这片神秘之域的认识还远不够深入，在工作的第一年，我也仅仅是展开了对南极冰盖表面遥感观测的方法研究，对南极的认知仍停留在感性层面。2012 年，当得知自己入选了中国第 29 次南极科学考察队时，我无比振奋，深知这是提升我科研能力的宝贵机会，更是能让我将所学所研真正运用到祖国需要的地方。

刚刚加入武汉大学中国南极测绘研究中心一年，我还没有真正意识到这次南极之行的重要性。直到出征前，鄂栋臣先生寄予我们殷殷嘱托：“你们到了南极，一定要好好工作，能多帮忙就多帮忙。你们代表的不是你自己，也不只是南极中心，你们代表的是武汉大学。”南极此行崎岖多艰，每次咬牙坚持时脑海中出现的总是鄂老的这番话与他矢志不渝的神态，现在想来，其中的精神正是南极中心人的力量之源。

在我真正意识到自己对南极的认知过于表面而感性时，我已经踏上了征途，走近南极的每一步都意味着一次心理落差。我早已了解到在“雪龙”号上的生活需要克服晕船的困扰，但我从未想过晕船会给我带来如此大的身心压力。最初的煎熬可以通过听音乐入眠和常常到甲板上呼吸新鲜空气来缓解，但当“雪龙”号驶离澳大利亚的弗里曼特港，进入西风带后，头晕目眩几乎无法缓解。巨浪翻滚造成的颠簸感，密闭空间所无法避免的压抑感，使得晕眩和头痛迅速占据了我整个身体，几乎让我失去了食欲。张北辰站长见状，开始密切关注晕船队员身体状况，最严重时，他急忙关切地对我说：“如果你还是不能吃饭，我就带你去二楼打吊针。”同伴的关心给了我巨大的帮助。

如果说生理痛感上的落差还能凭借自己的意志与队友的帮助克服，那么工作开展中的一些落差则是无从克服的。2012 年，我的研究重点是地表温度的研究。在出发前，我准备了一套测量地表发射率的仪器，计划在南极使用。然而，当我投入使用时，却发现仪器完全无法工作，我反复排查着各项可能影响仪器使用的条件，不断比照美国团队此前在低温环境下成功的案例，却始终无法查清真正原因。我转而通过邮件与国外仪器制造商联系，得知仪器中的一些零件无法在零度以下的环境中运转，美国团队使用的仪器经过特殊处理才能在南极使用，目前不再接受相似的仪器改造。这个残酷的现实让我不得不放弃在南极地表发射率测量的计划。我备感失落，但也坚信这是南极给我上的重要一课。

被迫放弃测试地表发射率的工作任务后，我在南极的工作重心转向了冰雪光谱测量。在南极长昼少降雪的 12 月至 2 月，我们充分利用机会前后开展了 4 次测量。第一次的冰雪光谱测量由越冬队员谢苏锐和我合作完成，在内陆队的车辆把我们放在距离测量区域两三百米的位置后(以防车辙等人为因素影响观测)，我们徒步前往测量区。我们手持 GPS 在一个 100 米×100 米见方的测量区内进行测量，沿着对角线的 26 个点位缓慢移动，每一个点用探头测三次，再用专门的白板定标一次，同时也要格外注意不让移动足迹对测量造成干扰，在正常情形下看似轻松的工作也因为南极冰盖表面的积雪而难度骤增。阳光照射下，看似温和松软的冰雪反射出耀眼的光芒，在时间的流逝中掩藏了昼夜的界限。我们忘记了吃饭，忘记了每小时的安全报备，内陆队队长便打电话过来，担心我们是否遇到了安全问题。当我们回答“一切平安”时，他悬着的半颗心才终于有了着落。

刘婷婷在调试冰雪光谱测量仪器

有时在工作时感到饥饿，我们就拿出提前准备的巧克力解燃眉之急，然后继续工作。一旁的贼鸥饶有兴趣地盯着我们手中的巧克力，我们远远扔给它品尝，它先是高度戒备地小步靠近，浅尝后便开始心满意足地“大快朵颐”，真是趣味横生。极地生物独特的生存方式，与人类的生活习惯在此刻发生神奇的交互，给我以深刻的体会。

队员安全问题的重要性在单独行动时更为凸显。在一次外出测量时，杨元德由于内陆队的物资配送问题无法与我同行。这是我第一次独自进行极地科研工作，我更加专注于工作和个人安全。由于南极的强日照和繁重的工作量，我觉得穿着多层抓绒企鹅服太厚重，限制了我的动作，于是脱下了外套，全身心投入工作。白茫茫的冰原上，寒风卷地却让人只觉得振奋，置身壮丽奇崛的神秘世界，有一种独属南极人的浪漫。极端环境也是对皮肤的挑战，尽管领队发放了防晒霜，但我并没有重视它，还担心防晒面罩造成的水雾会影响观察，所以没有额外采取防晒措施。结果，我连续几个小时在户外工作后，发现脸上被晒得通红，佩戴眼镜的位置与其他部位形成了鲜明对比。这让我忍不住笑出声来，也淡化了南极科学考察的“苦”。

当我对南极了解得越深，探究得越深，就越能理性全面地认识到这是片大有可为的科研领域。从感性到理性的认知转变，并不意味着只能体会到南极科学考察的艰辛，更多的是真正将自己的身心完全融入极地的生活环境，享受一种被特殊环境淬炼过的快乐。那些快乐，平常如随队厨师亲手制作的豆腐、面条，简单如队友们齐聚一堂进行乒乓球和篮球的比拼、牌技的切磋，恍惚间南极也成为另一个故乡。

作为第29次南极科学考察队中山站唯一的女队员，除了完成一样的科研任务，我也收获了别致的体验。从“雪龙”号卸货时，为了高效完成任务，我们全队都在与时间赛跑，男同志们8小时不停歇地接力搬运，我便负责通过对讲机及时联络接替的队员，为“传送带”的不停转当好这粒“螺丝钉”。在站上的生活里，由于体形比男同志们小，我也自然而然地承担起了爬进冷冻舱为大厨寻找食材的任务。站长常常说起玩笑话，如“你是站上唯一的女同志，由你来决定吃什么”，听到这话，我的心情也变得愉悦起来。虽然在舱里学会区分小黄鱼和大黄鱼看似是微不足道的小事，但对我来说，这些简单的日常工作，不仅是我在帮助大家，更是我自己增长见识和调节心理的体验，让我感受到一种朴素的幸福。

南极是每一个人向往却难以到达的地方。经过老一辈极地人的艰辛开拓、几代极地人的不懈努力，造就了今日中国在国际极地圈的重要地位，创造了适宜的极地科学考察生活环境，使得后人能够达到梦想得以实现的地方。当我们怀揣梦想，远离祖国亲人，踏上这片净土的时候，这里就是我们的家，队友就是我们的兄弟姐妹。

科学考察需要浑然忘我，建设需要分毫不差，劳动需要热火朝天，娱乐需要全心投入。自我们踏上南极科学考察征途的那一刻起，科学考察就不再是我们自己一个人的使命，而是需继承老一辈的极地精神传统，为团队、为祖国奉献，让我们青春的汗水融入这片冰雪天地！

从技术到科学，极地是归宿

近半年的南极之旅很快落下帷幕，回到南极中心的学术工作却才重新启程。南极科学考察给了我从感性认识到理性认识的转变，让我得以看到更大的世界，也激励着我在日后的科研中去探索更大的世界。

从 2011 年到 2016 年，我聚焦于技术层面，从提高遥感测算精度等多个角度深入研究，致力于在算法技术上取得突破。但在我一次次走近更大的国际舞台、一次次深度参与各项国际会议后，我逐渐从国际学者的身上获得启发，他们在会议中，以一个个具有现实意义的科学问题为基点，不断深入挖掘隐含的问题关键，不仅使内容的呈现变得生动有趣，更使科学研究真正扎根于现实之基。

我也开始重新思考技术与科学之间的关系，查阅文献期刊时，发现《自然》(*Nature*)和《科学》(*Science*)等多家权威期刊都不约而同地选用讲故事的方式开始科学话题的探讨，再将目光转向联合国政府间气候变化专门委员会，它通过每年公布热点科学话题的方式推动科研与气候问题的结合，正与我目前从事的研究不谋而合。

我慢慢意识到脱离“科学问题”这一靶心的技术研究终将成为无本之木，于是，2016 年后我将视野更多地转向科学问题。我与合作的几位老师以及团队的研究生们共同在科学问题的探讨上开展了实践。在具体研究方向的规划上我们屡屡碰壁，一次次地推翻演进后，终于在科学的方向上有所突破。多年的研究中，我们从数据的整理分析出发，回归于北极多年冰变化的关键问题，培养了 7 名硕士研究生和 1 名博士研究生，发表了 22 篇 SCI(Science Citation Index，科学引文索引)论文，我从中收获到的是从未设想过的满足感与获得感。再次回望我的科研经历，我才更透彻地明确了自己热爱的方向，科学问题的研究带给我的收获是此前的算法技术研究所无法比拟的。

常常有人会问，极地研究离我们的日常生活如此遥远，为何还要矢志不渝地坚持这个研究方向?

而我的答案是无比笃定的。南北极变化研究看似离我们的生活很远，但从科学的逻辑出发，却关乎我们每个人赖以生存的气候，我们都生活在与之息息相关的穹顶之下。

为了更深入地研究北极海冰变化，我希望能在不远的将来前往北冰洋科学考察。虽然路程注定艰辛，但我经受住了南极的考验，在不断地求知中遇见了更广阔的世界，那时，一个全新的我，会把铮铮誓言再写在遥远的北极之上。

从先辈到后生，极地永是征途

12 年的时间倏而而逝，鄂栋臣老先生的话至今萦绕在耳边，在岁月与历练的打磨下被赋予了几重更深刻的意义。“你们代表的不是你自己，你们代表的是武汉大学。”我不仅是我，我更是团队的一员，是这项伟大事业中必须坚守阵地、接续奋发的一分子，是这条追星逐日的科研长河中必须竭尽全力奔涌的一滴水，我是将极地写进生命的一群人中平凡的一员。

习近平总书记的回信打动了每一位武大南极人的心，他肯定了武大人在中国极地科学考察事业中取得的成绩，鼓舞了武大师生在新的教育与科研征程上踔厉奋发。总书记在信中的“国之大者”最让我久久不能忘怀，当我追忆这段南极科学考察的激越时光，当我如今全身心投入南极中心的科研与教学工作，最为感激的是身后强大的祖国。综合国力的不断提升为我国极地事业发展提供了坚实后盾，从“为国争光”最初就被写入“南极精神”，到如今物质技术支撑与时俱进、落到实处，国家的支持引领推动一代代极地人砥砺奋进。

而那久久镌刻在我们内心的，还有祖国和人民对我们的满心期盼：

坚持，在自己的领域不懈地坚持；育人，用武大南极人的精神品格专心育人。

在武汉大学南极中心工作的十多年里，我有幸踏上了南极科学考察的征途，并见证了一批批武大南极人在这条道路上接续奋斗，更清楚地明白，变化的是技术水平与团队规模，始终如一的是武大南极人的优良传统。从鄂栋臣老先生身为拓荒者的魄力与胸怀，到师辈数十年勤勤恳恳的坚守，我唯愿能接好这场棒，把坚持的品格在珞珈山续写、在极地里绽放。

“道阻且长，行则将至”，身为一名党员教师，我也必将肩负起育人育才的责任，尽全力将自己从导师身上所学传授给学生，开拓其视野，启蒙其心智，强健其品格，将下一代培养为肯吃苦、会坚持、懂配合的新生代武大南极人。

（采写：谢伊米　李沄溪）

心向极地，志在冰穹

张胜凯

张胜凯，现为武汉大学中国南极测绘研究中心教授，主要从事极地大地测量学与冰川动力学的教学与研究，曾3次赴南极、3次赴北极进行科学考察。2002—2003年，参加中国第19次南极科学考察，赴格罗夫山和埃默里冰架；2004—2005年参加中国第21次南极科学考察，前往南极冰盖最高点冰穹A，确定了南极冰盖最高点冰穹A的位置；2008—2009年，参加中国第25次南极科学考察，参与建立我国南极内陆冰盖第一个考察站昆仑站，并在冰穹A建立全球首个GNSS观测站。

张胜凯参与中国第21次南极科学考察

我出生在一个教师家庭，父母都是教师，在我工作之前，我几乎没有离开过校园。大学毕业后，我步入社会，在济南市勘察测绘院工作，三年的工作时光中，我时常怀念校园，所以我选择读研深造，将来做一名教师。后来，我得偿所愿，成为武汉大学的研究生，那时的我对极地研究心向往之，有幸经好友引荐拜在鄂栋臣教授门下，从此和极地研究结下了不解之缘。

踏上松软的雪地

硕士期间，我第一次参加南极科学考察，成为中国第 19 次南极科学考察队中的一分子。当时的我还在老师的羽翼下，是一只跌跌撞撞、正在努力成长的雏鹰。我们乘坐直升机前往南极。踏上南极的第一步，我踩在厚厚的雪上，雪很松软，积雪没及脚面，那是和以往完全不同的踩雪体验。刚开始我小心翼翼地走了几步，担心会陷下去，走过几步后，才适应这“新鲜”的雪地。那次在南极大陆，我第一次看到了企鹅、海豹、冰山，经历了很多人生第一次。

之后，我们一行人闯入被称为“生命禁区”的格罗夫山区，我和闫利教授需要布置 GPS 大地测量控制点，以便我们测绘出格罗夫山区的地图。控制点需要布置在卫星影像容易识别的区域，这要求我们登上格罗夫山。

格罗夫山 2000 多米，海拔虽然不是很高，但却是我国南极考察区冰裂隙分布最密集的地区之一。冰裂隙深度不一，有的几十米，有的几百米，有的上公里，行进的每一米都是一场生命“豪赌”。冰裂隙里温度极低，人若不幸身陷冰裂隙，下沉几米后，不可承受的温度会使人很快失去知觉，国外有上千考察者因冰裂隙而牺牲。有些冰裂隙张口很大，远远地我们可以看到并避开，但是有些冰裂隙表层张口比较窄，只有一条缝隙，新雪覆盖上去，肉眼难以分辨，晶莹的雪花下面，或许是万丈深渊。

格罗夫山区还有一个特点——风极大。我们背着沉重的设备爬上山顶，山顶上，风大概有七八级甚至以上，人无法平稳站立，我和闫利教授布设控制点时不敢站着，担心会被风吹得“人仰设备翻”，所以我们几乎都是蹲着躲在岩石后面，或者趴在地上，手指扒着岩石，逆风而上。一步步攀登，躲过冰裂隙，争过强劲的寒风，往前，再往前，我们埋设下 8 个永久性中国测绘标志，测定了 8 个 GPS 大地测量控制点，绘制范围达 8000 平方公里。

在格罗夫山，我与南极初次交锋，我的南极梦在那生根发芽，我这只雏鹰在冰裂隙的凝视下，在一股股强风鞭打中，跌跌撞撞地成长。我想，总有一天，我会展翅翱翔，飞向那南极之巅。

征服最高的冰穹

南极有四个世界科学家公认的科学考察必争之点：南极的“极点”（南纬 90°的地方）、“冰点”（南极最冷的地方）、“磁极点”（地磁的最南端）和“高点”（南极内陆冰盖的最高点）。这四个点地理位置特殊，具有极高的科研价值。但那时，美国、苏联、法国已经在“极点”“冰点”和“磁极点”建立了科学考察站，只有“高点”冰穹 A 尚未被人类征服，它是国际公认的南极内陆冰盖最后一个最为理想的科学考察区域。冰穹 A 是南极内陆距海岸线最遥远的一个冰穹，也是南极内陆冰盖海拔最高的地区，气候条件极端恶劣，被称为“不可接近之极”。我国在 20 世纪 90 年代初向国际南极研究科学委员会正式提出冰穹 A 科学考察计划，并于 1996/1997 年，1997/1998 年，1998/1999 年，2001/2002 年 4 次向冰穹 A 冲击，300 公里、500 公里、1100 公里……最后我们离“高点”仅剩一百多公里。但由于科学考察时间紧张，加之当时的科技、后勤等条件的限制，这剩下的一百多公里成为遗憾。这次之后，我们准备了六年。

这六年里，世界卫星遥感技术精度提升了许多，我们在国内搜集了世界各国的卫星遥感影像，利用这些影像，我们确定了冰穹 A 大致的范围；此外，我们的后勤保障水平也有很大的提升，比如我们的雪地车、雪橇更为先进等。2004 年，我国终于完成了冲顶冰穹 A 的各项准备工作，在第 21 次中国南极科学考察队中设立 13 人组成的内陆冰盖队，向冰穹 A 顶点发起最后冲击。我是冰盖队 13 人之一，承担测定冰穹 A 最高点的任务。我们要冲击的冰穹 A 是南极大陆海拔最高的地区，气候条件极其恶劣。在出发前，我按照规定做了相应的身体检查和心理测试，在与冰穹 A 海拔相当的天山地区进行了高原适应性集训，每晚按时进行长跑训练，为赴南极进行体能方面的准备。为测绘冰穹 A 地区的地形图并确定其最高点，武汉大学中国南极测绘研究中心、测绘学院、卫星导航定位技术研究中心和测绘遥感信息工程国家重点实验室等多家单位联合组织专家教授进行方案论证，最终确定采用实时动态差分 GPS 技术并结合传统测量技术。之后，我就开始着手进行双频高精度 GPS 接收机、GPS 导航仪和全站仪等仪器的实验工作，进行数据处理试算，并准备了多套数据处理方案，为攻克冰穹 A 做最充分的准备。

2004 年 10 月 25 日，中国第 21 次南极科学考察队从上海启航，我国科学考察队又一次向“高点”发起挑战，我们抱着必胜的信念驶向南极大陆。

在“雪龙”船航渡期间，我努力克服晕船所带来的生理和心理上的不适；到中山站临近海域，冰层更加厚实，“雪龙”船破冰艰难，不能前行，我和张永亮老师乘坐一辆雪地摩托车连夜朝着中山站方向探路，我们小心翼翼地躲过冰裂隙，在崎岖不平的雪丘中颠簸前行。不清楚雪地摩托车翻了多少次，不记得摔了多少次跤，终于为接下来的海冰卸货探明了道路。在中山站海冰卸货期间，时间紧张，我们不分昼夜，连续奋战，曾连续工作三十多个小时，竭尽全力为进军冰穹 A 扫除障碍。

之后，征服冰穹 A 的号角再次吹响。队员们为了能提前适应低温低压的环境，在出发前均参加了天山地区的集训，没有人出现高原反应。但是，我们低估了冰穹 A，那里，海拔高，气压极低，且无植被，空气的氧含量很少，恶劣的环境按下了我们身体的“慢速键”。机械师盖军衔产生高原反应很多天了，一直在坚持，在我们距离冰穹 A 只剩下最后一百多公里的时候，他的高原反应更加严重了，跟随队伍的童鹤翔医生对其进行了身体检查，发现他的身体不适合继续停留在高原上。出于生命安全的考虑，我们决定使用卫星电话向中山站请求援助，希望中山站派飞机将机械师盖军衔接回。传言说踏过南纬 80°可能无法接收到信号，我们很忐忑，幸运的是，我们成功地联系上了中山站。但一波未平一波又起，由于我们所在位置极其偏南，冰盖上气温极低，气压变化剧烈，风速也非常快，加上软雪带密集，这样的环境对飞机的起飞、降落和飞行过程都构成了极大的威胁，我们中山站的直升机不符合前来救援的条件。经中山站的多番沟通，我们获得了国际援助，飞机从极点站冒险前来。我们眼含热泪，目送机械师老盖的离开。

雪地车在正常情况下每小时可以行进 10 公里，理论上一天可以行进一百多公里，但是实际上，我们每天只能前进大概几十公里。车队中时不时会出现事故，路途中雪地车若陷入软雪带，则需要另外的雪地车将其拖出来；若撵到冻得硬邦邦的雪丘，可能会颠散雪地车的履带，或颠翻我们的雪橇，这时也需要其他车辆的救助，所以我们三辆车必须一起行动，不能有一辆车掉队。

在这样的情况下，我们每天需要开雪地车 18 小时左右，晚上休息五六个小时。为了在气温降到零下 50 摄氏度前尽可能多地缩短与冰穹 A 的距离，我们每天只吃两顿饭，早上吃一顿，晚上扎营后吃一顿。吃的是用微波炉加热的航空餐，营养均衡，但吃时间长了也只能尝出“塑料味”。相比之下，我还是更喜欢香喷喷的现煮方便面，早上一包，晚上一包，就可以满足我们高原人的“小鸟胃”了。

晚饭后，我们只能简单用湿巾清理一番，因为我们每天通过化雪得到的水只能满足日常的饮用和吃饭，洗手都是奢望，更不用说洗头、洗澡了。起初，我们睡前都会聊聊天来解解一望无际的“白”带来的困乏，一段时间后，彼此熟悉，生活又少了一剂“调味料”，更加考验我们心理的时刻到了。我们一路向前，哪怕磕磕绊绊，最终不负众望，抵达冰穹 A 地区，一千两百多公里，我们走了 28 天左右。

因为我有内陆格罗夫山区考察的经历和三年的工作经验，我毫不犹豫地从鄂栋臣老师手中接下此次的任务，作为 13 人中唯一的测绘专业的队员，我负责全队的导航和测定冰穹 A 最高点的任务。深入了解冰穹 A 后，压力倍增，这一压力在大半年的时间中伴随我，直至找到冰穹 A 最高点，我的压力才得以释放。

成功登顶后，我们各自忙碌。为了准确地探测冰穹 A 最高点，严寒下我顶着寒风、背着沉重的探测仪测绘了冰穹 A 顶部区域 70 余平方公里精确的地形图。进入夏季的南极大陆冰层逐渐融化，在不确定冰层厚度的情况下，每迈出一步都是一场生死攸关的搏斗。队友们目光殷殷，无法忽视，压力更大了，驱动力也更强了。历经十几天，我终于确定了最高点的大概范围。最后一天，为了得到更精准的数据，我和队长以及两位央视记者一同步行前往。2005 年 18 日 3 时 16 分，这是我生命中十分值得铭记的时刻。那一刻我手中的 GPS 接收机显示这个最高点的位置是南纬 80 度 22 分 00 秒，东经 77 度 21 分 11 秒，高程 4093 米。我们找到冰穹 A 最高点后在上面设置了 13 个油桶，代表着我们 13 名队员，在油桶上面插上了我们中国的国旗。

张胜凯登上冰穹 A

筑造温暖的港湾

2008 年 10 月 20 日，第 25 次南极科学考察队从上海乘坐“雪龙”号出征，需要武汉大学派出一位有南极内陆冰盖经验的人，我责无旁贷地接过了这项任务，参与南极冰盖冰穹 A 建站工作。我们驾驶着八辆雪地车，载着我们的建筑材料，前往冰穹 A 区域进行建站。

起初，我们有 11 辆雪地车，但是在海冰卸货时，有一辆雪地车沉入了海底。机械师徐霞兴老师驾驶着这台雪地车，他当时 59 岁，即将退休，这是他最后一次前往南极科学考察。雪地车掉进冰裂隙中，直直沉向海底，海水压力强大，无法打开车门，徐霞兴老师很机警，他发现雪地车上面的车窗有一丝空隙，他将这一“生命之窗”完全拧开，拼力游到海冰上，最终才得以获救。这种和死神擦肩的境遇于我们科学考察人而言十分常见，队友遇险后我心有余悸，但影响是短暂的，我们还要继续前进。鄂栋臣教授也曾叮嘱我，去南极要具备两种精神，一不怕苦，二不怕死。我在南极也曾陷入冰裂隙的深渊，与死神擦肩而过，但这并不影响我接着为极地科学考察贡献力量，因为有些事必须要有人去做。

第 25 次南极科学考察最主要的任务是建成昆仑站，我主要负责为科学考察队提供基础测绘资料。为了适应南极内陆冰穹 A 区域独特的自然环境，譬如强风，大雪、低温等，建站材料有一些是特殊定制的。在启航前的集训中，我们吸取了上次登顶冰穹 A 出现高原反应的教训，将集训场地转移到了西藏的高原地区。我们在那里也模拟了用真实的建筑材料建站的过程，为昆仑站的建站尽可能地做好准备。有心人，天不负，建站期间，大部分时间天气

张胜凯在昆仑站前

晴朗，我们顺利地完成了建站的任务。

我曾3次参与南极科学考察，这些经历多次引起我对人类和南极关系的思考，我想用“敬畏”两个字来概括这一关系：敬畏南极，敬畏大自然。人驻足南极之上，犹如扁舟泛波于汪洋，面对狂风暴雪时，面对冰山时，面对漫天星辰时，我无数次觉得自己太渺小了，我们只是地球上的匆匆过客。很多人对南极并不是特别了解，比如南极越冬和度夏的区别，企鹅怕不怕人等。我希望通过我的科普报告，让大家了解真实的南极，让更多的人了解南极、认识南极、保护南极。

自1984年武汉大学参与创建中国南极长城站起，近40年来，武大人坚持参加南北极科学考察活动，充分发挥学科优势，完成了一系列科学考察任务，在祖国的大事业中磨炼真本领。鄂栋臣教授曾用“爱国爱校、艰苦奋斗、前赴后继、献身科学”十六个字来概括武汉大学极地科学考察精神，我在鄂老师的带领下，踏上了南极，也走进了北极。现如今“00后”的新一代学生也在践行南极精神，四十年，三代人，代代相传。冰穹之上，有鄂老师等一代先辈的梦，有我辈的梦，有新一代“00后”的梦——路漫漫且修远，吾辈齐力求索。

（采写：杜聪聪　朱珊珊）

“雪鹰”为器，激情工笔绘多彩南极

郝卫峰

郝卫峰于“雪龙”号前

郝卫峰，2012 年 7 月至今任职于武汉大学中国南极测绘研究中心。主要研究方向为极地遥感与全球变化、深空表面形态与内部结构、大地测量数据处理理论等。2015 年 5 月，参与中国北极黄河站科学考察。2016 年 11 月至 2017 年 4 月，参与中国第 33 次南极科学考察，是武汉大学首位参加中国南极航空地球物理考察的队员。

极地，这片神奇的净土，长久地吸引着人类的踏足。人类登上极地的历史并不长，但在这片纯净的大地上投射了无尽的期望。出于对极地隐藏奥秘的好奇以及响应学校和国家科学考察任务的需要，我在2015年至2017年间分别参与了北极黄河站和中国第33次南极科学考察活动。在地球的北端，我曾踏过常年不化的积雪冻土，与世世代代居住在此的原住民共处；在地球的南端，我校首次参与的中国南极航空地球物理考察硕果累累，进一步揭秘南极的冰下湖、冰下水系和冰盖内部精细结构。

严谨、协作、实践、激情与传承是我的极地科学考察事业的关键词。这五个词知易行难，是我在学习和科研之路上始终坚定的态度，也是我在武汉大学教书育人，代代相承中的不断实践。

回忆科学考察之路，“雪龙”入海，“雪鹰”冲天，那些或明或暗的色彩仍然鲜明地留在我的脑海里。

陆海偕行：几万里深海的蓝遇上几十万年冰盖的雪

武汉大学南极科学考察活动始源于20世纪80年代，几十年来默默耕耘，鲜有人闻。工作期间，在中国极地测绘事业开拓者鄂栋臣教授的引领下，我也决心奔上这样一条道路——跨越南北，无问西东之途。

2016年11月，我们从上海出发，白云衔着柔波似的海风，船只划开碧波粼粼的海面，“雪龙”一路从北向南，海岸线慢慢隐去，面朝着无尽的远方，听海涛闲语。上船的最初几天大家都兴致勃勃，“雪龙”号成为一所移动的“南极大学”，授课的内容包括《南极条约》体系下的南极政策、南极航空发展史、“两学一做”党员学习，安全事项及野外伤情自救措施和重力梯度测量等主要科学考察注意事项和科学知识。“雪龙”号长167米，宽22.6米，内置实验室、完善的医疗设施和生活娱乐设施，篮球比赛、跳绳比赛、摄影大赛，踢毽子大赛等为南极之旅增添趣味。作为北方人，我带领大家一起擀饺子皮、包饺子，在简易的桌面上和面擀皮，大家相互交流学习包饺子的经验，时光也在欢声笑语的间隙溜走。不过热情很快被风浪搅浑，进入西风带，大风让载重近2万吨，吃水深度9米的“雪龙”左右摇摆，船体上下依着海浪前冲后仰，我们走在倾斜的船舱内，每一步都离不开墙上的扶手。为安全起见，平时可以吹海风、看日落的甲板空间也不得不关闭。随着风浪越来越大，在船上行动的人就越来越少了，大家都出现了晕船反应，头晕头痛、呕吐不断，接连躺在了床上。后来风浪更加猛烈，我们也顺势躺在床上，尽可能减少额外的活动，保持清醒状态。大家就这样扛着，挺过西风带就离南极中山站不远了。从北至南，大海一眼望不尽，我们熬过多少咬牙闭眼的日子，才换得眼前的风平浪静，海水悠悠发蓝，茫茫海冰一眼望不到头。

历时近一个月，我们的南极科学考察之旅才正式开始。“雪龙”号在距中山站外海域30公里的位置停靠，第一批队员上岸，辅助卸货工作完成后，包括我们在内的后续队员也陆续登陆。中山站外海域飘着大面积浮冰，蔚蓝的大海一时间驳杂起来，近海的岸边积雪消融，露出浑黄的沙石，虽然硌脚，但大陆给出了它最坚固和稳重的支持。在厚实的冰盖和海洋之间，这是个中间地带，它一手撑着积淀几十万年的冰层，一手连着波涛汹涌的洋面。

中山站站区，第一批队员上站，摄于2016年11月27日

郝卫峰与“雪龙”号

上站后，我们很快开始部署工作。深入南极洲内部，那是一望无际的纯净。这片白皑皑的雪地，不仅掩藏着无数神奇的奥秘，也埋藏着无尽的危险。在行动前，我们被要求不能独自出行，禁止到未知的领域探险……南极洲的安全原则很多，其中确保人身安全是不可动摇的原则。在我们测量和获取数据的过程中，危险也无处不在。当时我们沿着历年探索的痕迹向机场行进，后来这条路上却出现了一个巨大的坍塌，这条路被弃用，我们几乎不敢设想沿着这条路继续前进的后果。无数冰裂隙和塌陷“埋伏”在科学考察路上，现在想来也觉得后怕。好在当时设备和技术顶用，我们及时调整了道路和计划。在这片未知的自然领地上，谨慎地对待和尊重自然显得尤为重要。遵循《南极条约》规定，我们第33次南极科学考察行动接过重任，首次从南极内陆拉回100桶粪便，调运到国内，尽最大努力清除过往遗留在南极大陆的痕迹，保护这世界上的最后一方净土！油桶里的粪便在出发之前还是硬邦邦的“土块”，离开了这片大陆后，在幽幽的海水上慢慢融化，船体里也会弥散着各种气味，与冰裂隙的恐怖遭遇不同，这却是一件让人“闻之色变”而又津津乐道的趣事。在白茫茫的冰盖上，我们的每项工作的失败都要付出昂贵的代价，因此必须保证前期准备工作尽可能周全。

航空考察：五光十色的成像图掺杂着黑白的工作表

与“雪龙”号旗鼓相当的是“雪鹰601”，它是一位穿越历史飞越南北的真英雄！它诞生于1944年，为“二战”服役。我国将它收购后，对其进行重新评估和更新后，于2015

年正式加入中国极地考察。“雪鹰 601”从加拿大一路向南沿着海岸线越过美国经由厄瓜多尔和智利，穿越南极点到达中山站，它是我们此次南极科学考察的得力助手，我也在这架飞机上度过了我最难忘的日子。

翱翔的“雪鹰 601”

2016—2017 年进行的中国第 33 次南极科学考察总共有 72 个项目，包括自然科学类现场考察、罗斯海新站选址前期工作、极地战略管理和政策现场调研、内陆考察等。从 1984 年中国首次南极科学考察算起，这是中国迈入南极的第 33 年。但空中力量——“雪鹰 601”的加入并开始执行南极航空地球物理考察任务，是我国南极科学考察历史上的新突破。由“巴斯勒”改装而成的“雪鹰 601”从加拿大飞到中山站进步机场，由专业技术人员进行设备安装，装机完毕，我们则再次检查设备，尽可能做好前期准备工作，减少失误。但 20 世纪 40 年代的飞机给我们出了个难题：机体内部不加压，上空气压低，氧气稀薄，气温非常低，而且机舱无内置厕所，如厕须带尿壶。我们仅靠吃“士力架”扛过飞机上的低温和长时间飞行带来的饥饿。

那段经历简单而艰苦，但通过航空地球物理考察我们取得了重要的数据成果。为精准取得数据值，飞机内外都搭载了不少仪器以便进行地球物理勘测。南极航空地球物理考察是一项中美国际合作项目，搭载在飞机上的冰雷达会对南极洲的冰盖进行扫描，仪器对反射回的不同波段的数据处理成图。拿到数据后，我们要进行预处理，首先下载数据并检查是否有数据遗失，再进行数据分解，检查分段数据与航线设计是否相同，然后是质量控制，简单来说就是确定有效数据，最后将原始数据和分解数据分别备份，存储在磁带中，以便回国后开展研究。

受油箱容量等限制，“雪鹰601”每趟飞行大约8小时，因为并不确定接下来的天气状况，一旦遇到晴朗的日子，飞机必须把握住现有条件马上起飞，执行航空考察。起飞前后我们会对仪器的工作状态进行记录，日复一日地记录倒也养成了“记日记”的习惯。清晰明了的空白表格上是简单的歪歪扭扭的铅笔痕迹，每一个小“勾”是可以起飞的证明，也是我们顺利探索的开端。质量控制表上是色彩鲜明一目了然的记号笔，每一块被涂抹的位置，都是对数据和仪器状态的确证。工作中最枯燥的时刻无疑是对数据进行可视化处理，我们常常在电脑面前一坐便是好几个小时，重复着打点画线的工作，将大量的对应点位确定并连接起来。一张简简单单的冰岩界面图，就是一个人一天的工作。当时正值南极暖季，无分昼夜，往往一干就是十几个小时，时间长了让人头晕目眩，双肩发沉。最后数据打印下来，交叉叠放在一起，足足有几米高。无论是条条交汇的曲线图还是层层重叠的彩色图，在历史的长河中都曾因为异常和模糊的问题而失真，经过几代武大人的默默耕耘，沉寂的冰雪大地才慢慢在这些线条和色块里焕发出五光十色的魅力。

郝卫峰正在处理数据

航空地球物理考察也不总是如此顺利，南极大陆上的天气和意外总让人措手不及。低温是最常见的考题，犹记得当时一台昂贵的仪器的线路因为低温而变得易碎，尽管出发前已经再三检查，但总有不测风云，我们后来申请援助才得以解决。加上大风，考验就更上一层。我们当时住在狭小的集装箱里，一个集装箱里住6个人。因为南极大陆地势并不平坦，因此大家睡觉时也各有各的难处，我的床位靠在最里边，床是倾斜着的，位置也不宽。为了避免滑落下床，我右侧肩膀紧紧抵着冰面一样的墙壁，伴着窗外的大风，浅浅入眠，就这样躺了近百来天，导致右肩周落下了病根，回来常常犯疼。

在南极，纯净是它迷人的肤色，而团结合作，不畏艰难是我们武大科学考察人不变的底色。

卌年征程：白茫茫的大地上刻上了鲜艳的中国红

自1984年首次中国南极考察开始，武汉大学坚持40年参与了历次南极科学考察活动，并且在科学考察中创造了多项第一。一代又一代的武大人走上南极科学考察的道路，走过那些风平浪静的日子，熬过那些狂风大作的时光，赓续书写中国南极科学考察的传奇。

我从武大测绘遥感信息工程国家重点实验室博士毕业后选择到南极中心工作，不知不觉中受到了武大南极科学考察精神的鼓舞，走上了武大前辈开拓的道路。习近平总书记的回信肯定了我们一直以来秉承的信念：“要用国家的大事业来磨砺青年人的真本领”，这也正是武大精神的核心——自强弘毅，求是拓新！在南极的生活让我真真切切地感受到这几个字的重量。

我们南极航空地球物理地面工作组只有四个人，三名中方人员，一名美方人员，平时还有一些后勤保障人员以及其他职业背景的师傅一起工作、生活。积极学习和独立动手解决问题是我在中山站工作和生活中最大的体悟。有一次，需要更换北斗卫星信号接收机备份电源，面对高压，我心中十分忐忑，不放心学生动手，于是准备亲自接换。我戴上厚实的橡胶手套，小心谨慎地操作仪器，精神高度集中以防失误，最终顺利地完成了更换工作。在日常执行任务回来后，队友们都会一起交流讨论工作中的问题，集思广益，寻求解决之道。

考察队伍中，每个人都有值得学习的地方。在美方人员身上，我看到了严谨和分工明确的工作态度；在电工师傅身上，我看到了扎实的工作能力和老到的工作经验；在越冬的青年人身上，我看到了清澈且始终如一的热爱和责任。每个人都平等地拥有实现梦想的能力，在千变万化的情况里，向外积极地探寻和学习，向周围的人请教，寻求合作，动手实践，是获得成长的重要经验。

如果要用一个词语来概括我的南北极考察之旅，我想这个词是“激情”。年轻人做

中山站科学考察人员给全国人民拜年

难事，需要激情。去南极不能只靠一时激情和三分钟热度。年轻人不能急功近利，如果急于功利，对其他事情的激情就少了。正是一腔激情和热爱，支撑着我们熬过一月之久的颠簸航程，支撑着我们持续十几小时的高强度工作，支撑着我们度过一天仅有一顿热菜的生活。

武大南极科学考察 40 年来筚路蓝缕，坚持极地科学考察从未缺席，见证了中国极地科学事业从无到有，从弱到强的发展历程。这不仅填补了中国在世界南极科学考察历史上的空白，也彰显了中国在极地科学考察事业中的综合实力，具有举足轻重的重要意义。从习近平总书记的回信中，我们可以看到国家对武大极地科学考察 40 年来默默耕耘的认可和肯定，更有对青年人投身国家伟大事业的鼓励和支持。如今也有更多的人开始了解极地的故事，了解中国科学考察的故事。借此机会我想送给青年学子一些寄语：开拓者的殷殷嘱托萦绕在耳，新一代站在巨人的肩膀上向远方眺望。一代代的积淀和坚持让武大的科学考察事业、中国的极地科学考察事业开拓了新乾坤，在这千变万化的世界里，我希望你们能够夯实自己的专业基础，满怀激情投入你所热爱的事业，砥砺深耕，相信坚持和传承的力量，在问题中发现自己的不足，用行动去书写时代的答卷。

（采写：张嵘　陈怡萌）

挣扎与蜕变：我的极地科学考察之旅

柯　灏

柯灏，现任武汉大学中国南极测绘研究中心副教授。本科就读于中国地质大学(武汉)，硕博就读于武汉大学测绘学院。曾三次参加中国南北极科学考察，分别是中国第 29 次、第 32 次南极科学考察及中国北极黄河站考察。在第 32 次南极科学考察活动中，实现了对南极内陆冰盖的连续实时观测，并参与“雪鹰 601”内陆机场选址工作。

柯灏在南极长城站

两度奔赴地球之南，也曾探寻北极奥秘。回首这一路走来的种种，我心怀感恩：曾经的那个“愣头青”，在武大的滋养培育下，站到了从前从未敢设想过的南极内陆最高点。在茫茫一片中，收获了内心无与伦比的体验。这种体验不仅是南北极奇特的自然景观带来的，更是作为南北极科学考察队的一员，在科学考察活动中真切感受到的。这段难忘的经历深刻影响着我、塑造着我，已经内化为我不可分割的一部分。

而今，再回忆起来，在极地的一幕幕，恍若昨日，依旧如歌漫卷。

初征南极：变故与遗憾

2012年冬，我有幸参加了中国第29次南极科学考察活动。领导考虑到我第一次前往南极，分配给我的任务是维护潮汐观测站与水准测量。尽管这项工作相对来讲较为轻松，我也暗下决心，要不虚此行，有所收获。

可天有不测风云，没想到就在临出发前几日，突然得到消息，潮汐观测站的仪器出了大问题，连续传输的数据因为这个故障已经中断了！关键时刻，摆在眼前只有两个解决办法：前往南极潮汐观测站更换设备，或者维修设备。然而，这台仪器是从挪威进口的，从申请款项到定制制作再到运输发货，时间上根本来不及，于是便只剩下前往南极现场维修仪器这一条路了。得知我的任务难度升级，初次前往南极兴奋的心情瞬间增添许多忐忑，面对未知的破损仪器，无所依傍的恐惧陡然升起，原先的轻松兴奋已荡然无存。

柯灏(右二)在中国第29次南极科学考察中乘坐智利空军“大力神”运输机从智利最南端城市蓬塔飞往南极长城站

历经多次航班转机后，终于抵达南极长城站，我马不停蹄地前往潮汐观测站查看仪器的损毁程度。在近两万公里的飞行航程中，我做了许多可能的设想，希望漂浮的海冰手下留情，希望损坏的仪器还有能够修好的机会。然而这一切的美好想象都如同斑斓的泡沫，在见到现场的那一刻迎来南极刺眼日光的照射，尽数破灭了。现场堪称千疮百孔，漂浮的海冰将电缆撞得面目全非、七零八落。莫说我研究生刚毕业经验不足，就是前辈大拿来了大概也只能“望洋兴叹”，无可奈何。原本抱着“不虚此行”心态的我，此刻像被霜打了的茄子，垂头丧气。想到此行而来的种种：临出发前的出征仪式、呼号、送别，三十多小时的飞行、颠簸、起起伏伏，那些行前设想的各种维修方案，而今都无可奈何花落去了。看着身边其他单位的科学考察队员都在紧锣密鼓地开展工作，自己却……一股深深的无力感席卷而来。

国内，鄂栋臣老先生听说后，沉默良久。想象中暴风骤雨般的责问并没有来临，顺着电话传来的是鄂老如汩汩清泉般的鼓励话语。我，在冰天雪地的南极，眼含热泪。

再闯内陆：赓续武大实干精神

时隔三年，收到第32次南极科学考察的召集消息时，我毅然决然地报了名。第一次的折戟并没有使我退缩，而是让我在工作学习中增添了沉稳与刻苦。“天行健，君子以自强不息”，当我在高寒辽阔的青藏高原每日进行严格身体素质训练时，武大校训的这句出处一直在我脑海萦绕。生活在武大这片热土，在与优秀的武大师生相处的朝朝暮暮中，“自强”的勉励精神早已深植我心。

结束了为期半个月的西藏集训，我首次登上“雪龙”号。那种兴奋、激动、紧张、自豪，还有一些彷徨的复杂情绪翻涌如潮。此次我们要完成的科学考察任务是对南极内陆进行考察，需要进行数据采集、导航与测绘，并运用GNSS技术对南极冰盖的运动进行监测。为实现对南极冰盖的连续实时观测，还需在中山站出发基地、泰山站和昆仑站三地分别建立冰盖GNSS跟踪站。除此以外，为保证我国首架极地固定翼飞机“雪鹰601”的顺利着陆，也同时要参与内陆机场的选址工作。可以说，这一次的任务并不轻松，但我已经做好了充足的准备。这次仍然是鄂老批准了我的出征申请，看着临行前鄂老真诚、饱含关怀的目光，我

第32次南极科学考察出发前与“雪龙”号合影

相信此次定不负使命。

完成在中山站的相关工作后，由各单位组成、涉及天文、测绘、冰川、机械后勤保障等多方面的 28 人小队驾驶 10 辆雪地车，向着南极内陆冰盖行进，深入南极腹地。也许又是冥冥之中的缘分，此次任务的领队竟与 20 年前带领我导师赵建虎教授深入南极内陆的领队是同一人！在昆仑站的留影纪念墙上，他指着拍摄于 1996 年的第 13 次南极科学考察队队员照片，在那张照片上，我认出了一个既熟悉又陌生的面孔——那是正值青春的导师。领队看着这些 20 年前的照片，感慨："当年我带领你导师教授的时候，还没有昆仑站。我们就从南极冰盖边缘向内陆进发，是第一次向内陆探索。那时候哪有像现在这么多的资料可以查呀，我们就是靠着你导师的导航技术，一点一点摸着石头过河，返程时还遭遇过导航失灵的惊险时刻。你导师虽然年轻，但是临危不惧，把我们一队人全须全尾地带了回来。"谈起那段经历，领队眉飞色舞，仿佛回到了他的青葱岁月。他见证着昆仑站从选址到落成再到今天的投入使用，武大也用两代人的青春赓续着南极内陆的探索，未来还会有代代武大人前赴后继。思及此处，再回想，从中山站到昆仑站的那深厚冰层所覆盖着的 1200 公里，纵使那些重型雪地车也只能在此留下浅浅车辙，但却承载着南极科学考察里程上无数武大人深深刻下的青春之歌。

第 32 次南极科学考察抵达昆仑站

昆仑站位于南极最高点，气候极其恶劣：缺氧、极寒、大风、强辐射，每一项都在挑战人类生理极限。因此在昆仑站的科学考察时间极为有限，最多也仅有21天，超出这个时限，剧烈变化的南极恶劣气候便会对机体和生命造成不可逆的伤害。昆仑站的科学考察时间虽然不如长城站和中山站那样长，却是所有科学考察站中最具有科研价值的，所以各单位都无比珍惜这次机会，每位队员身上都肩负着沉重的科研任务。在领队的统筹安排下，我的工作主要在后两周雪地车空闲下来时完成。第一周虽然无法开展科研工作，但我可一点儿也没闲着，穿梭在各个队员的工作中，提供力所能及的帮助：早中晚餐开饭前，我在厨房做“二厨”；上午帮着天文观测的队友搭设备、下午帮助南京大学、太原理工大学的队友拧螺丝架设备；到了晚上，又帮钻冰芯的队友挖冰洞。我们奋斗于不同的研究方向，但在如此寒冷的南极冰川中，为何我们的心又是如此温暖紧密？

与队友使用全站仪为机场选址测量地形(左三)

这一周四处帮忙的经历，不但令我收获到了真挚的友谊，还让我确确实实感受到了武大南极科学考察的传承精神。南极恶劣的气候导致许多在国内好用的零件出现“水土不服”的情况。有的队员从国内带来的成捆电线，到了南极，因冻裂无法使用。还有的队员使用的仪器润滑油在极寒下冻冰，非但没起到给仪器润滑加速的作用，反倒使仪器完全不运转。与这些种种意想不到的状况相比，我显得格外经验老到。因为出征前，武大曾经的科学考察队员向我传授了许多经验，例如硅胶材质的电线虽然价格较贵，但在南极的酷寒下仍能保持柔软、发挥功能。当队员们看到我带来的电线依旧那样好用时，纷纷投来羡慕的目光，并表示：“学到一招，下次就有经验了。”其实，武大南极科学考察队薪火相传的不单单是表面上物资准备

架设 GNSS 跟踪站，对冰盖运动进行自动化观测

方面的小妙招，更是这背后一代又一代南极武大人对科学考察机会的珍视，是在每一次接力中传承不忘初心的“求是精神”。在这种精神的指引下，我为这次宝贵的科学考察机会做了充足完备的规划，在 14 天的时间里按照计划架好了 49 根测量杆，安装好了 GNSS 跟踪站仪器，顺利圆满地在计划时间内完成了规定任务。

虽然身穿厚厚的连体衣，但为了操作便利，往往需要脱掉防护手套，在零下二十几度的室外精细操作。手冻僵了就赶快到雪地车里的空调暖一暖，恢复过来后，再次进行手里的工作。冻僵了就再暖，暖完接着干，如此循环往复。冻伤的双手在夜里痒得难以入眠，强烈的紫外线辐射晒得暴露在外的人脸皮肤黝黑、脱皮、刺痒。但这些身体的损伤与圆满完成任务的精神喜悦相比，真的不值一提。当我与鄂老通话，汇报顺利完成的进度时，他爽朗豪迈的笑声跨越辽阔的太平洋，直抵我的心坎。鄂老总是这样，在下一代身上倾注心血地培养、扶持，给予每个年轻人鼓励与认可。他总是那样的真诚，真诚地盼望你长好，真诚地希望武大南极科学考察好。“鹤发银丝映日月，丹心热血沃新花”，正是有了鄂老这样的前辈，才有武大南北极科学考察事业的灿烂繁花。

不仅是武大人对待科研有着“求是”精神，奋战在科研第一线的同志们都是如此。当电表因低温失灵时，一个小伙子毫不犹豫地将冰冷的电表揣进怀中。同行的两位负责

操作 GNSS 接收机进行静态观测

维修天文望远镜的队员，他们要在成千上万条电线中找到故障电线并进行维修，使天文望远镜恢复工作。两个人，短短的三个星期，简直是挑战不可能。可他们从未有过一丝懈怠，通宵达旦地进行排查。每天很早就出发，直到晚饭领队定下的“宵禁时间”才归，整天埋首在望远镜中，不见人影。大家忙起来时，经常是见不到的。每个人都有很重的任务，每个人心中也都有一本倒计时日历，每个人的想法也都很朴素：再多干一点，再多干一点。搞科研的人大抵就是这样：不善言辞，务实肯干。

一天辛苦之后，大家也会在难得的小憩时光分享科学考察过程中的趣闻。曾有位驾驶雪地车的司机师傅在南极陆地上发现一块“石头”。他用他丰富的南极知识一想，“这准是块陨石！”于是，他兴冲冲地捡起放到雪地车内。车内装有空调，气温高出室外近四十度。渐渐地，这块“陨石”变得松软，还伴有阵阵“异味”……不必多言，自然明白，这位司机师傅捡了块什么回来。

北极之行：骆驼坦步，行稳致远

2016 年 4 月，我结束了南极的科学考察，很快又踏上了前往北极的科学考察行程。定下前往北极时，我还在南极。我总是想，这真是命运的眷顾了，让我拥有这样非比寻常的人生经验。在北极的黄河站，我有幸与其他国家的科学考察队员进行交流。大家分享着彼此的文化，友好地交谈着。那一刻没有对立，没有竞争，只有人性本源的纯真良善。我不禁想到我的研究方向：海平面升降与全球气候变化，就在这一刻，“人类命运共同体”变得具象化，我们真的同住地球村。

来到北极黄河站(前排左一)

在科学考察的空闲之余，我常常抬起头望向北极上空湛蓝的天色，环顾着挪威斯匹次卑尔根群岛上一处一处的科学考察站，静立风中，感受着自然的心跳与人类生存的脉搏交错舞动。如果说在南极内陆冰盖的寂静无声中，感受到的是自然之博大，人类之渺小，那么身处北极，更多探寻到的是人与自然和谐共生的可能样态。这些永恒的话题，是我们科研孜孜以求的目标。为观照现实不懈努力，是我们对“求是精神”的另一种诠释与演绎。

长久以来，外界对我们科研人的评价集中在“天才”“非同常人”上，恍若“与生俱来”。与其说我是“天赋型选手”，我更愿意称自己为“勤奋型选手”。虽然现在有这样一种说法：没有天赋，怎么努力都是在白努力。可我并不认可，在我看来，今天取得的小小成绩离不开持续的学习与努力，并非所谓的“天赋”。习近平总书记在回信中对武汉大学过去40年在极地科学考察事业上所作出的努力奋斗和突出贡献表示充分肯定，同时也对青年人提出了更高要求，希望我们胸怀“国之大者”，用国家的大事业磨砺真本领。作为一名极地科研工作者，我倍感使命光荣、重任在肩，一定不负时代、牢记嘱托，满怀热血、奋发图强、攻坚克难、勇往直前，为祖国极地事业的发展奉献终生。一路走来的种种，那时看来是“命运女神眷顾的原因”，现在再看，都是水到渠成、自然而然的因果。哪有那么多的幸运，分明是功夫下到的收获。

在北极学习打猎防身技术

我有一个“简单一点”的处事原则，凡事简单一点，做好现下该做的事情。“士不可以不弘毅，任重而道远”，把每一步走好，自然会走远。面对这世间纷纷扰扰，那些被人追捧的名与利，终究会消逝，葆有一颗纯粹平静的治学之心，才是最要紧的。

（采写：孙小媛　张乐）

探磁场之趣，著长风之篇

孔　建

孔建乘坐小船从“雪龙”号前往长城站途中

孔建，武汉大学测绘学院2009级硕士、2011级博士，现任武汉大学中国南极测绘研究中心副研究员，主要从事北斗/GNSS电离层建模及应用研究，发表SCI论文30余篇，获省部级科技进步奖8项，在测绘工程领域方面研究成果丰硕。2016年11月至2017年4月，参与中国第33次南极科学考察，执行地球物理相关观测任务，参与了“雪龙”号逆时针环南极大洋作业，主要包括物理海洋温盐探测量仪站位、罗斯海地质采样和地球物理作业。

作为地球上最后一片未被大规模开发的净土，南极不仅是科学研究的宝库，更是我国在全球科学考察领域中展现自身实力的重要舞台。两极是地球向外太空开放的天然窗口，是认知日地能量耦合过程及全球环境变化的关键区域，作为一名主要研究北斗电离层精细建模及应用方向的测绘学学者，我很荣幸能够参与我国第33次南极科学考察，亲历这一段令人难忘的旅程。

记得王勃的《滕王阁序》里的名句：“有怀投笔，慕宗悫之长风。”我对极地科学考察便一直抱有类似的向往。2015年，我从武汉大学博士毕业后，一直怀揣着对极地探索的热情。当得知中国第33次南极科学考察队正在招募队员时，我毫不犹豫地提交了申请。经过严格的选拔和考核，我有幸成为科学考察队的一员。从珞珈山到黄浦江入海口、从舒适的温带季风区到环流强劲的西风带、从昼夜分明到漫漫极昼，这 162 天已然成为我人生中一笔夺目的亮色。

“雪龙”破浪，独特挑战

“雪龙”号是我国自主研发的第三代极地破冰船兼科学考察船，数年来它一直凭借着卓越的性能和先进的设施，破冰而上，屡创我国航海史上新纪录，承载着数代科学考察人的记忆。2016 年 11 月，我参与了中国第 33 次南极科学考察，这次经历不仅让我登上了魂牵梦萦的南极大陆，也结下了我与“雪龙”号的不解之缘。作为大洋队的一名队员，科学考察的 162 天里，我的大部分时光都与“雪龙”号相伴。

启程前，“去南极”对我而言还只是一个模糊的概念。踏上“雪龙”号后，我很快就因为经验不足闹出许多啼笑皆非的小插曲。出发前我并不清楚去南极要做哪些准备工作，下意识觉得南极天寒地冻，就只准备了御寒的衣物，但却忘记了乘船从上海去往南极的途中要穿越赤道，烈日炎炎下我的厚衣服毫无用武之地，还是依靠补给发放的夏季衣物才顺利度过。但好在“雪龙”号在生活和工作的各个方面都给我们科研人员提供了全面充足的保障，除了必备的衣物、基础设施外，还配备有心理医生、健身房、会议室等，我的这些小麻烦自然迎刃而解。当然，我的准备也不会完全白费，我的夫人曾在中国科学院南海海洋研究所任职，她的出海经验比我更丰富，给了我很多实用的建议。考虑到平时我坐公交车都会晕车，我的夫人特意给我买了一款效果比较好的晕船药。多亏了这款晕船药，乘船从上海到中山站期间，我竟没有任何晕船的迹象，哪怕是“雪龙”号从澳大利亚珀斯港出来后途经西风带、船被密集的气旋颠簸得剧烈摇晃时，我的身体也没有不适的感觉。

孔建在“雪龙”号上留影

虽然前往南极的途中比较波折，但总体而言在“雪

挥舞中国第 33 次南极科学考察队队旗

龙”号上的生活幸福而充实。除了内部设施和机构的完备，从上海到南极的半个月的航行过程中，我们也常常举行丰富的活动。穿越赤道时，为了纪念从北半球跨入南半球这一具有象征性意义的时刻，我们在船上举行了拔河比赛。当途经南极科学考察站，补充完物资后，我们在领队的许可下去站点学习考察。因为考察时间有限，我们乘坐直升机往返于“雪龙”号和中山站。在“雪龙”号上，我们队员隔段时间会一起观看提前下载好的电影，我也偶尔去健身房跑跑步，锻炼身体。尤其是在大部分科研任务已经告终的返航途中，如释重负后的队员们在中甲板的小空地上晒着太阳、喝着茶，更是透露出千帆过尽的悠游。在“雪龙”号的时光漫长但并不枯燥。

我仍记得出海时岸上挥舞着双手大声祝福的人群，“雪龙”号渐行渐远，送行的人们久久不愿离去。然而当我的脚真切地踏上南极大陆时，我突然想：如果这时“雪龙”号突然开走，我该如何面对这片荒凉贫瘠的“白色荒漠”？

极昼探秘，趣映生机

初到南极，适应新环境是一个重要的过程。

11 月恰好是南极极昼的时间，太阳高悬不坠，白昼刺眼，我们大洋队乘着“雪龙”号环南极大陆而行。在这种远洋航行中，受地球的自转和船舶航行跨越经度的影响，船上的时钟需要随之调整为当地的时间，因此呈现出时间倒流的奇特景象。“雪龙”号在南极地区不停地环行，调钟往往比较频繁，为了方便队员的日常生活和工作，船上的广播会及时播报通知。但由于南极地区本就与世隔绝，这种混乱的时间变化也并不太影响我们日常工作的开展，但每次想要休息睡觉的时候，外面却日光灼灼，只能关上窗才能入眠。极昼给科研工作的展开提供了便利，却给我们的日常生活带来了困扰。

与家人联系又是另一重不便。2016 年的时候“雪龙”号上互联网设施尚不发达，手机自然是没法正常使用。当时我们采用一种类似于微信的卫星传媒给家人发信息，但它既不能打电话，信号也很糟糕，可能要隔几天才能有一次，联系很不方便。但在我们那次科学考察结束后，“雪龙”号上就连通了网络，我一方面为自己没能体验到先进的变化而感到可惜，另一方面也由衷地为祖国的繁荣发展感到高兴。

南极虽然因其恶劣的自然环境有“白色荒漠”之称，但生物多样性却相当丰富。除了科学考察任务要求，其他情况下我们都在“雪龙”号内部和附近活动，尽管如此，我也感受到了南极冰冷厚重的冰盖之上旺盛蓬勃的生命力。我们在船上曾看见过企鹅、海豚、鲸鱼、鲨鱼等动物，每当这些神奇的生命出现的时候，我们就在欣喜和好奇中一拥而上。我小时候看过一部叫做《海尔兄弟》的动画片，里面有一集描绘了鲸鱼喷出的水柱是有多么巨大磅礴，然而我在科学考察途中所亲眼见到的鲸鱼喷水却只是吐出一股股水流，这倒让我大失所望。但有这些充满灵性的生物的陪伴，艰苦的科学考察也增添了许多乐趣。苦中作乐的态度将我本来单调的科学考察之旅点燃成一段难得的瑰丽的生命体验。

返程回国时，我看见“雪龙”号渐渐靠近上海港口，心情激动得难以言喻。当我从晃动的船舶踏上上海坚实的土地上，那一瞬间的踏实确实让我终生难忘，时时回想。

严谨科研，精诚团结

流连南极美景是我们闲暇时的点缀，科研才是我们此行的核心使命。

我的专业极区电离层研究是个特殊的领域。地球南北极之间存在着磁场，这些磁场宛如屏障一般将太阳风的高能离子阻挡在外，给人类营造了适于生存的空间。如果把地球比作一个磁铁，南北极就是磁铁的两端，磁力线高度密集汇集在此，对太阳风的遮挡能力相较于中低纬度更薄弱，如果在极区发生磁暴，高能离子就会沿着南北两极输入到地球空间里来。这些高能离子能量极强，它们逐渐从高空沉降，与电离层内部离子等进行碰撞，诱发电离层异常。这种异常状态散布全球，会对全世界卫星通信、导航定位等正常运行产生严重干扰。当这些高能离子继续沉降至富含中性大气、密度较厚、空气含量较高的对流层时，就会产生发光现象，形成我们所熟知的美丽的“极光”。因此，对极区电离层领区进行监测研究，对理解全球空间环境变化、保障社会发展有着至关重要的意义。而我们测绘的研究领域多涉及高精度的数据处理，包括空间环境监测和定位改正等工作，是一项具有基础意义的学科。

平常我们的科学考察工作繁重紧张，船舶在一个科学考察点停靠的时间一般只有几天，我们必须争分夺秒地开展工作。我们地球物理小组在罗斯海作业的时候两班倒，一个班连续工作 12 小时。我当时穿着厚重的企鹅服，站在后甲板上，手还是被冻得生疼。那是我第一次体会到南极刺骨的寒冷。作业的时候，需要在冰面上打承力柱采样，承力柱会在冰层下延伸一两公里，我们就在后甲板实验室等待，直到柱子上来后我们一起把柱子中的样本取出来。

队员在后甲板进行地球物理作业

孔建(后排左二)与后甲板作业队友合影

跨专业合作是南极科学考察这种重大科研工作的必要条件，我们“雪龙”号上云集了各个领域的优秀人员，包括海洋物理、地球物理、海洋化学等学科。我的研究领域——测绘，在国内是一个超基础支撑作用的学科，广泛应用于各种场所，我们在南极科学考察的工作往往是数据采集。我在船上的时候还认识一个自然资源部第一海洋研究所的研究人员，他研究海洋生物，每次来科学考察的时候都会收集海洋动物的叫声，解析声频并尝试从“语言”的角度进行解读。我们科学考察作业时一般会分成十人左右的小组，但通常情况下，我们的工作是不分专业的，大家通力合作，不分彼此，这不仅是因为我们只有百余人，更是因为一项综合性的科学考察任务需要集众智、合众力，方能成就。而我们“雪龙”号上的研究人员，与其说是合作伙伴的关系，不如说是结下了一种战友般的情谊。

我和我的队友们扮演着科学探险者的角色，奋斗在南极的浩瀚之中。我随船一路航行，感受每一片海域的神秘脉动；我涉足罗斯海，开展地质采样，探寻大地的记忆，如同在时间的长河中留下一抹浪漫的印记；同时，我也积极参与地球物理作业，用科学的手段揭开大洋深处的神秘面纱，为人类认识这片未知领域贡献了自己的智慧和力量；我与“雪龙”号共度日夜，感受大洋的澎湃激荡。冰雪覆盖的南极，成为我们探险的舞台，而“雪龙”号则是那浪漫之舟，承载着我们对未知的向往和对科学的热爱。每一个温盐深测量仪站位、每一次地质采样，仿佛都是我与南极大洋深情对话的见证，每一片浩瀚冰海都如同铺展在眼前的浪漫画卷。这段浪漫的科学考察经历，让我的心灵在南极的辽阔中得到净化。这 162 天的南极科学考察带给我的人生体验是无与伦比的。作为大洋队的一员，我深入参与南极大洋的探寻之旅，在那个白雪皑皑的极地世界，我沐浴在激情和科学的海洋之中，如同一位浪漫的探险者。那宛如浮冰仙境的“雪龙”号现在已然成为我精神上的探险船，载着我在未来的科研道路上不断破冰前行。

2023 年 12 月 1 日，习近平总书记给我校参加中国南北极科学考察队师生代表回信。振奋人心的消息传来后，我激动地阅读了一遍又一遍。习近平总书记在回信中指出：“希望学校广大师生始终胸怀‘国之大者’，接续砥砺奋斗，练就过硬本领，勇攀科学高峰。”青年兴则国家兴，青年是国家的未来和希望。此前，我国的南极科学考察事业不仅为人类认识南极、保护南极作出了巨大贡献，也为我国在国际南极事务中赢得了话语权和影响力。因此，我也希望，我们应该鼓励更多青年投身到国家极地科学考察事业中来，为国家的发展和繁荣贡献自己的力量。相信在广大青年的共同努力下，我国的极地科学考察事业必将取得更加辉煌的成就！

（采写：姚媛媛　李秋琪　林诗敏）

测天绘地，步履不停：跨越南北探双极

安家春

安家春在北极地区考察

安家春，武汉大学副教授、博士研究生导师，“武汉大学351人才计划”珞珈青年学者。担任中国海洋工程咨询协会海洋测绘与地理信息分会副会长、中国极地青年科学家协会理事、湖北省南北极科学考察学会理事、湖北大手拉小手科普报告团专家、湖北省科学家精神宣讲团成员，曾赴西班牙加泰罗尼亚理工大学访学。曾2次参加中国南极科学考察(2009—2010年、2011—2012年)，6次参加中国北极科学考察(2014年、2016年、2017年、2018年、2019年、2023年)，承担了极地现场的北斗跟踪站建设、验潮站建设、冰川变化监测、无人机航飞等工作，在极区北斗/北斗/GNSS定位技术及应用、空间基准和高程基准构建、冰川/冰盖变化研究等领域作出重要贡献。

世界极地探险家、诺贝尔奖获得者南森曾说：“灵魂的拯救，不会来自忙碌喧嚣的文明中心，它来自孤独寂寞之处。”冰雪覆盖的神秘极地令无数探险家心驰神往，它重要的能源价值及战略意义也使得各国对其情有独钟。数百年来，人类对这片冰雪世界的探索从未停歇。而越来越多的中国足迹，也逐渐烙上了这片白色荒原。

在珞珈山从事极地科学考察工作已近十八载，在这个过程中，我经历了由学生向教师的转变。如今回首，无论是视野还是心境，都多多少少有了不同，但对科学考察工作的热忱、对极地事业的探寻，历经岁月洗礼，却始终如一。万山已过，道阻且长，行至此处，我愿以笔为引，描摹一路走来的足迹，解构未来的密码，亦追寻最初的本心。

心之所向，素履以往

在武大求学的岁月里，我已多次聆听前辈精彩的科学考察故事，对极地更加期待。但即便如此，当我真正踏上这片冰雪世界时，内心的震撼和激动仍是难以言表：无垠的白色映入眼帘，远处的冰川在阳光的照耀下熠熠生辉。见此美景，和我一样初来乍到的科学考察队员们在经历了漫长的漂泊之后重新兴奋起来，三五成群地拍照录像，记录当下，定格瞬间。而那些资历较深的老队员们则显得沉稳许多，并主动承担起了导游的角色，向我们科普脚下这片世外桃源。

中国南极长城站

野外工作，测绘先行。踏上南极这片神秘而又纯净的土地后，我们的一切工作都开始有条不紊地进行。近年来，随着全球气候变暖，海平面变化的研究成为世界关注的焦点之一。海洋潮汐数据是研究海平面变化最直接的资料，在南极长城站建立验潮站不仅对海平面变化研究具有重要意义，而且可以为站区的基础建设以及其他相关学科提供潮汐特征和高程基准等重要信息。在科学考察队员们的砥砺奋斗下，武汉大学科学考察队终于在2011—2012年的中国第28次南极考察中，完成了长城站验潮设备的布放，建成了我国在西南极的第一套连续实时观测的验潮系统。

安家春在长城站建立了中国在西南极的第一套实时潮位观测系统

通往理想的途径往往不尽如人意，在验潮系统的布放过程中，我们也遇到了诸多困难和挑战。由于海床基的体积较大，起初我们计划只用小艇进行布放，但当时气旋频繁过境，难度和风险都远远超出了我们的预期，可供作业的时间大大缩短。科学考察工作需要勇气，更需要智慧，应该在提高质量的同时降低风险。我和队友综合研判天气情况，确定最佳作业时间(当地时间凌晨5—7时)，并充分利用国际合作，联合俄罗斯和智利的橡皮艇以及我国的驳船共同作业，建立“双保险”。当天的气温很低，呼出的水汽在镜片上凝结，很快便模糊了我们的视线，但大家通力合作，与时间赛跑。在下一个气旋到来之前，第一个潮位数据终于出现在站区的屏幕上，万难终解，一切如愿。我和队友们相视一笑，任由巨大的喜悦涌入心间。

除了验潮系统建设，我在极地现场的主要工作还有北斗GNSS应用和冰川变化监测。其中在北极地区主要是依托中国北极黄河站开展相关工作，黄河站位于斯瓦尔巴群岛的新奥尔松科学城，而斯瓦尔巴地区境内冰川大部分为亚极地型或多热型小冰川，对北大西洋暖流的波动和相应的气候变化十分敏感，是国际上冰川监测研究的重点区域之一。

由于每年两次的冰川监测只能测算出冰川在冬季和夏季的平均流速，为提高监测的精度和分辨率，我们便在此基础上开始了北斗/GNSS冰川连续站的建设。然而北极地区

从飞机上拍摄的新奥尔松科学城全景图

的冰川消融剧烈，常规的冰面监测站频繁倒塌，数据存储和传输不稳定，无法获得连续观测资料。为此我和研究团队创造性地将冰川连续站设计为正四面体状，大大增强了其稳定性，并且解决了野外供电困难、低温下仪器稳定性差等一系列问题。在连续站的“助攻”之下，我们成功捕获了冰川流速的显著突变特征，并通过实测和模拟，进一步发现了冰川上冰流最快的地区，突破了以往对冰川认识的局限，进一步接近了真理。在取得成果的那一刻，所有的努力仿佛都有了形状，看着实时回传的数据和处理结果，心里是说不出的激动和难以抑制的欢喜。

安家春在北极 Austre Lovénbreen 冰川建设的冰川运动连续监测系统

奋于笃行，臻于至善

极地科学考察是一项严肃且专业的工作。从方案的规划、任务的安排、队员的出行到具体的实践操作，都有着严格的组织和明确的分工。首先，为保证科学考察队员的安全，外出作业需要三人以上结伴而行，并带足食物和通信设备。此外，考虑到极区的不确定因素较多，若非必要情况或紧急事态，科学考察队员不能在野外过夜。在北极地区，由于可能受到北极熊等野生动物的攻击，科学考察站专门组织队员进行野外知识培训和射击训练。科学考察队员只有在通过考核后，才能外出作业，并且必须携带来福枪和信号枪。大家严格按照野外作业规程开展科学考察活动，虽然北极熊频繁在站区周围活动，但队员们的人身安全能够得到保障。

安家春的法国友人 Florian Tolle 在黄河站附近拍摄的北极熊

由于科学考察活动大多是在野外进行，物资运输和通信也是关键环节。从前辈们的故事里，我看到的总是负重前行的身影，但随着科技的发展和综合国力的增强，迎接我的却是雪地车、雪地摩托等更加现代化的坐骑。不过，鉴于这些“庞然大物”的飞驰会对极地的苔原植被造成较大影响，我们在积雪较少季节的野外考察过程中，会采用徒步的方式来减少对生态环境的干预和破坏。在极地的雪原上行进并非易事，但我却不觉艰辛，因为我知道，在我的脚印之下，也有着前辈们的足迹。

一般来说，极地科学考察工作短则两三个月，长则一年以上，在这段与祖国远隔重洋的日子里，每名队员都充满浓烈的思乡之情。起初，由于现场条件的限制，队员和国内的通信只能依靠卫星电话进行，成本十分高昂。很多前期参加科学考察的老队员都回

安家春扛着枪、背着物资赴冰川科学考察

忆称：只有在除夕时，才能每人拥有一分钟的卫星电话时间，用以和远在国内的家人们联系。随着我国极地科学考察事业的不断发展，从 2008 年开始升级极区的卫星通信地面站，大大降低了通信成本，也让队员们能够在世界尽头和家人们打电话、发微信，互诉思念。

科学考察装备的升级与科学考察活动的发展相辅相成。在北极黄河站，船只从橡皮艇升级到了铁壳船，雪地摩托也从两冲程升级到了四冲程。我国的破冰船更是在“雪龙”号的基础上，又新建了“雪龙 2”号，将我国的破冰船建设提高到了国际先进水平。当越来越多的“大国重器”与我们并肩同行，科学考察活动稳步推进，中国也逐渐实现了从极地大国向极地强国的转型。

在国家的大力支持和积极推动下，武汉大学的极地环境监测与公共治理教育部重点实验室于 2023 年 3 月获批建设，并在同年 9 月正式举行了揭牌仪式。实验室建成以后，我有幸成为代表实验室出征的第一名队员，怀着满心的激动和热忱，一路向北，剑指极地。在黄河站进行科学考察的一个多月里，我们重点研究了冰川物质平衡、冰川

安家春在黄河站门前展示教育部重点实验室旗帜

运动、冰川气象、冰川化学与雪—气界面等一系列问题，圆满完成了相关的科学考察工作。一个月的上下求索，一个月的砥砺奋进，当忙碌的身影与最终的成果渐渐重叠，一切努力都化为了满心的自豪和欣喜。于黄河站前，我坚定地举起了带有实验室标志的红旗——此行，征途万里，未改初心。

念念不忘，必有回响

极地科学考察工作不应该只用忙碌、危险等词语定义，相反，它更是生动而又鲜亮的。在远离祖国的南北极，我和队友们为了一个共同的目标努力奋斗，这份友情经历了同甘共苦的洗礼，纯真醇厚、弥足珍贵。在北极黄河站考察期间，周末空闲的日子里，我和朋友们会前往新奥尔松科学城的酒吧小聚。这是一个国际化的酒吧，风格简约，别有一番情调。当惬意的氛围氤氲进相碰的酒杯，无论是科学考察队员还是后勤工作者，都能够短暂地从日常工作中抽离出来，转而细品生活的沉香。此外，还有为队员们准备的各种球赛、角逐激烈的马拉松、站际交流和文体活动，以及往往会邀请外国友人的、充满仪式感的中国节。那些快乐的瞬间是如此真切，当温暖在心底蔓延，每一刻，都像是永远。

安家春在黄河站时和队友一起聚餐

曾有不少朋友问过我在极地的感受，每当这时，我想起的不是冰川、雪原、寒风，而是队友们微笑的脸庞和身上那抹鲜艳的“中国红”。去了极地之后会更加爱国，在进行极地考察的日子里，我越来越感受到极地科学考察是国家的重大战略需求。极地既是全球环境变化的重要指示器与放大器，也有着丰富的矿产资源、生态资源，在科学研究中占据重要地位。在极地这一竞争与合作并存的舞台上，我越来越切实地感受到这正是“国家的大事业”，要科学认识极地、和平利用极地，为国际极地治理提供中国方案。

星海横流，岁月成碑。转眼间，我在武大参与极地科学考察事业已有 18 年，也前前后后去了两次南极，六次北极。在此过程中，我逐渐从科学考察活动的见证者、参与者变成了手握接力棒的探索者、创造者，也在一次又一次的总结和展望里，逐渐褪去青涩稚嫩，变得成熟稳重。在为“国家的大事业”奋斗的过程中，我逐渐具备了全球视野；在不同文化的交流和碰撞里，我逐渐坚定了文化自信。

（采写：黄凰麟　罗晨韫）

第三篇　薪火相传

幸作青春南极客，永是珞珈追梦人

张　辛　袁乐先

南极冰域延展无垠，银装素裹之下，蕴藏着自然最为深邃的秘密。在这片古老而纯净的天地间，一群怀揣梦想与热情的年轻人，正以坚定的步伐，续写着人类探索的辉煌篇章。年轻的心脏跳动着对自然的好奇与尊重，他们带着对科学的无限热爱与探索未知的渴望，接过前辈们未竟的事业的接力棒。这是一首青春与勇气的赞歌，是知识与激情的碰撞。南极科学考察队员们以实际行动诠释着“薪火相传”的真谛，极地也为青年学子打下了不可磨灭的生命烙印。来自武汉大学的两位青年，虽不再赓续南极科学考察事业，但这段经历熔铸出的精神品格与生命体验，已伴随他们奔赴在自己的山海。

张辛，现工作于长江设计集团(原长江勘测规划设计研究院)。2007 年 11 月至 2009 年 3 月参加了中国第 24、25 次南极科学考察工作，在南极中山站负责了国家 863 计划“基于多源遥感数据的东南极 PANDA 断面冰貌环境信息提取及监测研究”的南极现场工作，并负责了“中国北斗卫星导航系统”的首个海外跟踪站建立工作，为我国北斗卫星导航系统南极建站作出了突出贡献，获得了中国人民解放军总装备部颁发的荣誉证书。

张辛个人照

袁乐先，先后在武汉大学中国南极测绘研究中心、长江空间信息技术工程有限公司(武汉)和海军工程大学工作。参与中国第29次南极中山站越冬科学考察和第34次南极中山站度夏科学考察，完成中山站卫星观测站运行维护、验潮站布置和基础测绘任务。

袁乐先在南极户外工作

南极探梦：足迹凝成冰原诗

张辛

我们在五月天丢失了太阳，又在六月夜习惯了黑暗。
我们刚迎来了午前的黎明，晚霞便在午后弥散。
我们守望冬季夜晚的天空，那里有中山最美丽的画卷。
银白的月亮，五彩的星光，还有飘舞变幻的织女的绸缎。
我们把黄沙踩成白雪，把大海磨成最广阔的镜面。
远处的冰山是古老的所在吧，
那我们曾跨过千年、翻越万载，只为抵达心之所向的彼岸。

——题记

心之所向：遥远日子里的坚定目标

南极，是遥远日子里定下的坚定目标。

2002年6月，我还在为高考志愿发愁，众多学校与专业让我无所适从、眼花缭乱。

突然有段记忆闪现我的脑海：鄂栋臣，武汉大学教授，中国南极测绘之父；刘少创，武汉大学遥感专业毕业，单人行走至北极点。这是我平常阅读到的新闻报道，但平常读过的文字何止万千，这两条文字在我人生抉择的时候突然清晰起来。它是我所重视的文字，是能触动我心灵的行为！南极、北极，这样的词语有激动人心的力量。于是，我也为自己的人生作出了决定：报考武汉大学，就是梦想着有一天能够前往南北极。

鄂栋臣老师与张辛（右一）合影

幸运的是，在不懈努力下，我终于离我的梦想迈进了一大步——硕士研究生期间进入中国南极测绘研究中心深造。在研究中心的时光里，鄂栋臣老师一路为我答疑解惑、掌灯明路，不仅为我拟定了极地遥感的科研方向，也在中国第 24 次南极科学考察之际，推荐我参与选拔与集训。最终我获得远赴南极科学考察的机会，而那个年少时期的梦想也终于将要实现。

初赴南极：梦想照进现实的五百天

2007 年 11 月，当我第一次登上南极科学考察船“雪龙”号时，便被它的体积之大与功能之全所震撼。“雪龙”号上的生活也完全颠覆了我对枯燥的长途航行的想象。它宛如一座宝岛，有着充盈的物资和多彩的活动。这里既有多学科交汇融合的“南极大学”，也有赤道上举办的“南北半球争夺”拔河赛，还有极光照耀的“奥罗拉”酒吧……不同背景、不同经历的人们，共同演绎了多姿多彩的航行生活。特别是那无数夜晚编织而成的雪龙记忆：

“雪龙”船上的夜晚，曾是灯火辉煌的起点。梦想中有一个远方，是心潮起伏的泉源。

"雪龙"船上的夜晚，曾有人无所拘束地把酒言欢。本是天各一方的冷陌，却用酒话酒语慢慢烘暖。

"雪龙"船上的夜晚，曾在赤道两端划出思念的咏叹。满载南半球的月光和星闪，轻轻吟唱北半球的孤单。

"雪龙"船上的夜晚，曾是涌浪轻拂的摇篮。远方大陆的孩子，无缘承受南大洋的恩宠，静躺的床沿竟成战斗的前线。

"雪龙"船上的夜晚，曾为冰山翘首以待，曾为海冰举步维艰。那蓝白色的精灵，是南极的标识，更是守卫，给每一个朝圣者严酷的考验。

"雪龙"船上的夜晚，已经渐离暮色的垂帘。太阳不再落下的日子，就是大海远航的终点。

"雪龙"船上的夜晚，初次有满脑的思绪难以入眠。再看不见远航的灯火，和熟悉的月光、星闪。再听不到海浪的轻唱，和大海摇篮的回响。

虽然这里的夜晚已不再昏暗，还是要道一声：雪龙，晚安！

张辛在"雪龙"号前

在长达一个月的"雪龙"号生活以后，我们顺利抵达南极中山站。初入南极，我兴奋地端详着这片土地：漫漫黄土，转眼银装素裹；湛蓝海水，一夜万里冰封；巍峨冰山，刹那分崩离析……独特的地貌和环境时时刻刻都在提醒我：这是一片独一无二的大陆。大风和降雪都无法阻挡我的好奇与欢喜，不管是中山站站石、直-9轻型多用途直升机、卡特运输车，还是标识南极到各个省会城市距离的站标，我都与之一一合照。而在触碰到站标的那一刻，我感受到仿佛整个南极都在拥抱着我。

中山站没有给我们过多兴奋的时间，第二天我们就投入到紧张的卸货工作中。正常的卸货一般是一周内完成，第 24 次南极科学考察就是如此。但第 25 次南极科学考察遇到了特别复杂的冰情，“雪龙”号破冰受阻，无法靠近中山站区，卸货工作拖了半个月都无进展。我被派遣驾驶雪地摩托，使用手持 GNSS 导航探路，重复确定雪地车的冰上卸货路线。即使经过了这样缓慢周密的考察，冰上卸货仍然出现了问题：一辆雪地车在“雪龙”号旁试图进行冰上卸货时，发生冰面塌陷，雪地车沉入深海。当时的驾驶员是我们中山站越冬站长徐霞兴，他冷静沉着地从车中逃脱，“雪龙”号上的人员迅速赶往救援，徐站长成为南极沉车逃生的第一人。就在此前不久，俄罗斯的一辆坦克车在南极和平站沉海，驾驶员丧生。徐站长在“雪龙”号经抢救脱险，清醒后说的第一句话是：“可惜车没了……”这位“老南极”即使遇到生命危险，仍第一时间想着保护国家在南极的财产。但我们的南极科学考察是以人为本的，物资的缺失可以调整补给，人才是重中之重。

卸货结束以后，我们正式开始南极科学考察工作。南极科学考察分为度夏与越冬两个阶段。度夏阶段是指在南极的夏天进行科学考察活动，一般是从第一年 12 月初至第二年的 3 月上旬结束，约三个月时间；而越冬工作则从本年度的度夏结束起，至第二年的度夏开始，约 9 个月时间。我有幸在中山站经历了两次度夏与一次越冬，连续参加了中国第 24 次和 25 次南极科学考察工作，历时约 500 天，是在站工作时间最长的三名队员之一。

张辛在南极进行冰川观测

在南极现场，我负责国家高技术研发计划的现场工作，联合利用地面实测数据和卫星影像开展科学探索，创新研发了基于相似性测度的影像匹配、基于阈值与分水岭变换的图像分割方法等，实现了对南极冰貌环境科学有效的长期监测。我还参与建立了“中国北斗卫星导航系统”的首个海外跟踪站，与团队一起完成了选址建站、设备组装调试、数据高精度观测，及极昼极夜的整周期维护工作。我参与开展了北斗系统原子钟精密校准、卫星星座远程监控模式建立、高精度载波信号自动化处理及快速存储等系列技术研究，并单人在南极负责了北斗二号首个整周期数据的采集与分析。我们的现场团队被国家总装备部称赞“不畏南极风险，顽强拼搏，无私奉献”，“为我国北斗卫星导航系统南极建站作出突出贡献”，并颁发荣誉证书。艰难困苦，玉汝于成，南极的特殊环境充分锤炼了我们。

张辛（左一）与队友在南极卫星观测站前合影

如果说南极度夏的主题是工作，那越冬的主题便是生存。南极在寒冬露出了狰狞的面目，极夜漆黑、寒风刺骨、冰山与冰裂隙险象环生……绵延数十天的极夜不仅会带来生理上的不适，也带来心灵上的恍惚与怅然，是中山站的集体在为我们提供温暖与力量。知识本为“良言”，一点就可以让我们“三冬暖”。如同破冰船上的“南极大学”，中山站区也开设了“中山大讲堂”。站长徐霞兴讲解南极陨石鉴赏、格罗夫山陨石搜集的知识，副站长尹涛开设英语沙龙课程，我也主讲介绍了极地遥感与 GNSS 应用知识。除了知识的交流以外，我们还通过滑雪、钓鱼、爬冰山、台球等文体活动调节身心。而南极动物中，只有帝企鹅与我们友爱相邻，共历南极的凛冽寒冬。成千上万的帝企鹅聚集在离中山站区约 40 公里的“企鹅岛”，我们登岛拜访，为帝企鹅“清点家谱”，还拯救了数只掉落冰裂隙的小企鹅……

让我印象深刻的还有东南极兄弟科学考察站之间缔结的友谊。在东南极的拉斯曼丘陵，与中山站最近的是俄罗斯进步站，从中山站步行十分钟就能到达他们站区；其次是澳大利亚的戴维斯站，距离中山站有一百多公里。三个国家的南极科学考察队员关系友好，经常互访。2008年极夜期间，澳大利亚戴维斯站长带领着7名队员，开着2辆雪地车，到达东南极拉斯曼丘陵。由于极夜期间气候恶劣、冰雪路况复杂，澳大利亚的雪地车在长时间行驶后坏在了中山站区附近。于是，我们中山站和俄罗斯进步站立即商议，联合派出了多辆雪地车和雪地坦克，把澳大利亚的所有队员平安护送回了戴维斯站，用约一周的时间完成了这次“国际援助”。

越冬期间张辛和帝企鹅的合影

张辛与俄罗斯进步站队员合影

6月21日，仲冬节，这是所有南极科学考察站共同的节日。这一天，是南极最寒暗的时候，也是阳光最黯淡的时刻。可是，不历经长夜，又怎能知道阳光的美好。只有经历过南极的冬天，才能成为真正理解黑暗、懂得阳光的人。

南极的夜晚，来临得异常缓慢。我们像一群守望的信徒，驻足等待，年复一年。

南极的夜晚，抵达得十分突然。我们在五月天丢失了太阳，又在六月夜习惯了黑暗。

南极的夜晚，肆虐得格外浓厚。我们刚迎来了午前的黎明，晚霞便在午后弥散。

南极的夜晚，点缀得无比绚烂。我们看到银色的月亮，五彩的星光，还有那飘舞变幻的织女的绸缎。

我们把黄沙踩成白雪，把大海磨成最广阔的镜面。

远处的冰山是古老的所在吧，那我们曾跨过千年、翻越万载，只为抵达心之所向的彼岸。

最难忘的还是与南极生物们的一次次会面。与它们不期而遇，与它们亲密无间，与它们友好互访，与它们相约来年。

南极的夜晚，生活其实快乐简单。我们只有一双观景的眼，一只写诗的手，还有那一次又一次的梦见。

再赴南极：异国他乡交流的极地梦

2009 年 12 月的一个清晨，怀揣着对“白色大陆”的赤诚和热爱，我站在了新西兰国际南极中心的专用机场，再次踏上了南极科学考察旅程。这次的行程是新西兰坎特伯雷大学举办的多学科综合南极研究生学习项目。在此之前，我已受武汉大学委派，在坎特

张辛(左二)与异国友人在南极阿蒙森-斯科特站前合影

伯雷大学参加了一个月的交流学习，包括南极地质、冰川、生物等知识交流，户外露营、急救等知识学习，以及专项的徒步拉练训练。

仅仅 5 个半小时的飞机及汽车行程后，我们顺利到达了新西兰斯科特站区。在这里生活了 8 天，挑战性却堪比我 500 天的南极中山站生活。要问原因，首先是 18 名营友，对我而言，都是新鲜而陌生的异国人士：英国、美国、德国，当然最多的是新西兰队友，语言交流就是一次跨多国的刺激挑战。其次，这 8 天是完全连续的露营生活，不能返回 20 公里外的斯科特站，没有补给，没有更换的衣物，也没有洗浴条件。更痛苦的是，当时处于南极的极昼期，我们全天几乎都在太阳下暴晒，防晒霜涂得不够勤快的我全脸都被晒伤蜕皮。但，痛苦是暂时的，南极露营的真实乐趣却是独一无二的。

首先是我们的露营帐篷，它是露营生活的根据地，是寒冷南极里温暖的一隅。我们 19 名队员共住 10 顶帐篷，另外有一顶会议使用的蓝色主帐。住宿用的都是双人帐篷，我与德国小伙马特同住。帐篷整体呈锥形，搭设起来较为简易。帐篷内空间也足够宽敞，我们两人的全部物品几乎都塞在了帐篷内。

其次是餐厅，我称之为：“雪坑冰墙阻寒风，燃冰化雪品香茗。”不是我故作浪漫，而是我们的确这样生活。餐厅的总体建设原则是因地制宜，选择合适的位置挖雪坑，在四周筑防风雪墙。雪坑被挖到一定深度时，就得小心操作了。这时需要使用雪锯，锯出一块块方正的雪块，垒成我们的餐桌。我们的餐厅与厨房是一体化建筑，大厨亨利首先需要我们取来干净的冰雪，然后放置在炉灶上加热，把冰雪化成水，再给我们烧来热茶和咖啡。亨利曾到亚洲旅游，难怪他煮的晚餐有点儿中国风味。

张辛(左三)与队友在南极餐厅前合影

本次露营最独特的地方在于，要安排每组人员修建各自的“避难所”——地下冰洞，并鼓励每名队员都在“避难所”中睡一晚。我们小组约花了两个半天时间修成了一个地下冰洞。洞内左右各砌成了一张 1 米宽、2 米长的冰床，可容纳两个大块头同住此洞。在冰洞的外面，我们也围起了防风墙，并修建了一个由雪块堆积成的拱门，算是别具一格。我也单独在冰洞内硬“扛”了一晚。由于我们使用的睡袋有四层结构，足够暖和，因此在冰洞内保暖不成问题。只是起身时会碰触到头顶的冰洞“天花板”，惹来满头雪粒，有些还钻入脖子里，很是麻烦。这似是金庸笔下的“寒玉床”，只是苦了我这没有内功修为的凡人。

在南极现场，我们还开展了海豹观测、雪冰调查、地质考察、气象观测等科研活动。其中，海豹观测是到海冰边缘区域，抽样观测海豹集群。我们对沿途遇到的每只海豹，详细记录其周围环境及集群方式，标注是成年海豹还是幼仔，并判断其性别。由于附近的新西兰斯科特站和美国麦克默多站的研究人员已经在每只海豹的尾部进行了标签标识，我们可以通过记录标签编号，来核实记录的数据。雪冰调查则是分小组活动，由每个小组首先在冰架上挖出深 3 米的雪坑，然后在雪坑的侧壁进行雪层划分，并对每个雪层进行厚度测量、温度记录、密度测算，以及雪粒的大小及种类分析。雪层分析结束后，再在雪坑的底部钻冰芯，用于分析南极冰雪的变化情况，甚至能发现几十年乃至上百年前的冰层结构。越是观察入微，我越发现南极的变化神奇与难以捉摸，也越发增添了我的研究兴趣，促进了我对南极冰雪环境变化的深入探究。

特别是在与国际南极科研人员的交流中，我也更明确了南极冰雪变化监测这一课题的重要意义，明晰与坚定了我后续的研究思路，并结合自己多年的卫星遥感学习和研究工作，在南极环境快速响应的冰架区、海冰区以及蓝冰区域都做出了自己的研究成果，最终在 2011 年 12 月形成了我的博士研究论文，也结束了我九年半的珞珈岁月。

万里回想：四十载初心如磐忆珞珈

眨眼十几年时光飞逝，当我提笔之时，往事一件件地涌上心头：从年少痴狂，一心向往南极的本科生；到报考中国南极测绘研究中心，身赴南极的硕士时期；再到潜心研究，厚积薄发的博士阶段……一路走来，未曾改变的是那份南极情怀。回望南极科学考察经历，会发现它与我们的工作、生活都那么相似。它们都像一场准备充分但充满未知的旅行。在这场旅行中，我们可能遇到惊涛骇浪；可能遇到艰难险阻；可能遇到难以逾越的高峰；更会有濒临放弃的黑暗……但重要的是，坚持住一段时光，黑暗过后，终会朝阳破晓，海阔天空。

饮其流者怀其源，学其成时念吾师。这一路走来，我最想感谢的是恩师鄂栋臣教授。正是在先生的指引下，我才能在极地科研的领域窥径入门。师恩浩荡，没齿难忘。

2023 年 12 月，在读到习近平总书记给武汉大学参加中国南北极科学考察队师生代表的回信后，特别是看到总书记对武大师生 40 年持之以恒的极地科学考察给予了充分肯定时，40 岁的我心潮澎湃。

当今时代，中国屹立世界舞台，科技创新、自主科研是必不可少的重要元素。而南极作为无主权的大陆，在其上开展科学考察工作，更能彰显我们国家的科技实力。武汉大学是国内参加极地考察最早、次数最多、派出科学考察队员最多的高校，这是一种坚持的力量。一代代武大人勇攀科学高峰，在国际社会发出中国声音，用自己的科研成果向世界彰显科技实力，这是武大人的情怀与担当。

张辛在南极中山站

南极已成为我生命历程里不可磨灭的记忆，它凝聚了“雪龙”号万里航行迎风斩浪的豪情，凝聚了极昼下争分夺秒的艰辛，凝聚了漫漫极夜里守望一方的坚忍，凝聚了国际队友互帮互助的珍贵，凝聚了人与自然和谐共处的睿智，凝聚了中华儿女攻坚克难的精神。

我曾踏遍万水千山镌刻年少梦想，但我相信，无限美好仍需跋山涉水来绘就。向前望去，未来仍如星辰大海，我们也将带着对生活的体悟与追求，继续踏足每一片土地、每一座高山。每当回望，仍能清晰地忆起那年的珞珈，有漫空飘飞的洁白……

看漫空飘飞的洁白，是北面花开的校园。在乍暖还寒的三月，是记忆深埋的温暖。

看漫空飘飞的洁白，是地球南端的海岸。在霜凝冰封的三月，是宁静守望的中山。

看漫空飘飞的洁白，飞扬的冰雪，飞舞的花瓣。在梦想缤纷的三月，启航，万里扬帆！

两次南极行，一生中山客

袁乐先

得知习近平总书记给武汉大学参加南北极科学考察队的师生代表回信时，我正在参加培训。那封文字简短而情真意切的回信，唤醒了无数镌刻在记忆中的南极往事。在转发回信，和曾经的队友们谈论起此事时，恍惚间竟又回到了那个蓝白色的纯净世界。

南极中山站建于1988年底，我恰好在同年同一月份降生。或许是天意和缘分，指引着我走上了南极科研的道路。得益于先辈的筚路蓝缕，我有幸作为队员参加了中国南极第29次和第34次科学考察。从微信账号昵称的“中山客”到那两段无须刻意提及便铭记在心底的极地之旅，南极科学考察已然影响了我的一生。

在南极世界遇见全新的生活

2012年，我在中国南极测绘研究中心读研究生时，幸运地通过了南极科学考察的选拔。我们在亚布力滑雪场经历了一周的冬训。我身为一个南方人，初到东北，刚下飞机只觉刺骨的寒气扑面而来。天寒地冻之中，曾到过南极的老师教给我们一些基本的南极生存技能，例如遭遇暴风雪时如何应对，如何扎帐篷、结绳，等等。我抓紧学习野外求生技能，同时也对将来的南极之旅有着无限畅想，对于未来的南极旅途会遭遇什么，依旧懵懂而缺乏概念。

我们前往南极的路途由上海起始，先到达广州，再经过赤道驶向澳大利亚的弗里曼特尔港。“雪龙”号在海上劈波斩浪，没经历过海上生活的队员们却一路眩晕。还没到传说中风大浪急的“魔鬼西风带”，在距离陆地不远的台湾海峡，我就因晕船呕吐了。除去经过赤道时还算平静，其余的大部分时间，我只能在宿舍里躺着。不过我的身体也在逐步适应海上的风浪，途经西风带时，虽然仍十分难受，但已不再呕吐，只是因为胃中翻江倒海，吃不下饭。与我情况相似的队员不少，食堂的人也少了大半。过了西风带，极地的寒意逐渐变得具体可感。怀着激动和期待，我知道我们即将抵达此行的目的地了。

“雪龙”号停靠在海边，直升机和雪地车将我们运送到中山站。与我想象中的专心科研的生活不同，科学考察队员们同时也要为考察站的资源运输和基本生活负责。我们到达后的第一项任务是卸货——将“雪龙”号船上的科学考察设备和生活物资运送到站上。任务繁重且时间紧迫，我们身处极昼的南极，没有了白天黑夜的区分，每天 24 小时轮班，一刻都没有停歇。

最令我印象深刻的是运输燃油时，需要铺设油管将燃油从船上抽到岸上。管道直接接触着海冰，加速了海冰的融化，我们必须争分夺秒地工作。我们安装起油泵，沿途对输油管道进行巡视检查，甚至放弃了轮班休息的时间，累得筋疲力尽。在大家的协同努力下，任务最终圆满完成。

尽管身体很疲惫，刚踏足新大陆的我还是难掩内心的兴奋。这完全是一片未被污染的世外冰原，淡蓝色的天空清澈而深邃，纯白的冰雪没有一丝杂色，海水的颜色也比任何地方都蓝得纯净，任何初到南极的人都会被它的美丽与澄澈深深震撼。而这梦幻般的世界里并不是死气沉沉，也跃动着可爱的生灵。刚开始卸货的时候，我碰见了一群小小的阿德雷企鹅，它们的皮毛是黑白两色的，眼睛圆圆的，看起来略显呆滞，身高还不到人的一半。我给它们拍照，一只企鹅竟然冲过来啄我，摇晃着翅膀的模样憨态可掬。考察结束后，我将这只企鹅设置为微信头像，纪念着初来乍到的我在这个冰雪世界收获的一份惊喜。

在恶劣环境里发现真挚的热爱

第 29 次科学考察中，我的主要任务是维护北斗站的正常运行。南极的自然条件带来了许多意料之外的困难。气候恶劣而多变，安装在野外的设备可能被风吹走；外出测量，因为气温太低，电池寿命也会极大减短。当遇到难以解决的问题时，我们通常都会向老队员们求教，请他们凭借丰富的经验帮我们出谋划策。在各位前辈的引领下，我们逐步适应了南极意外频出的工作环境。

和队友协同安装天线

桥架打洞

南极是研究全球气候变化和环境治理的关键地区，受到各国科研团队的重视。然而在南极的极端环境下，任何一点科研成果的取得都要付出艰辛的努力。在越冬期间，我有一次去卫星观测站进行日常维护 UI、检查设备、收集数据等工作。在准备返回时，我用力推门，意识到天气有些不对劲，门外似乎有一股强大的力量在与我相抗。难道是突遇大风了？我警惕地关上门，看了一眼测风速的设备，显示 26m/s，风速接近十级。贸然出门可能生死难料，我只能躲在观测站内，等待风速降至 24m/s 以下，才敢顶风返回住所。周围一片漆黑，耳畔狂风呼啸，每一小步都变得无比沉重，平时也就十来分钟的路程，居然艰难地行走了半个小时以上。

虽然条件艰苦，但在这片充满神秘未知的天地里，可以收集到许多难得的实测数据。第二次前往南极时，由于对地形和环境更加熟悉，工作时更加得心应手，在基本的测绘工作外，我还尽己所能收集了一些有益信息。

测量海冰厚度并非最初的任务，但上船后在张北辰老师的提示下，我意外发现有机会获取海冰厚度。因为没有准备设备，只得用手机拍摄了一些海冰的照片。起初我对于这些用普通的手机摄像头拍下的照片是否有用并不抱太大希望，但在经过处理后，这些照片居然真的在测算海冰的厚度时派上了用场。这样的意外之喜让我对于探索南极有了更浓厚的兴趣和更高的期待。

为使研究中建立的模型更精确，还需要得知南极冰雪的密度。当时没有测密度的设备，我就自己制作了一个采雪的容器，算出体积，然后购买精确的秤测质量，计算雪的密度。听起来是非常简陋的方法，其实在实际操作中只要保持百分百的专注和细心，排除各种因素的干扰，最终得出的结果同样有重要价值。虽然耗费了许多时间精力，但这些出于热爱的自发工作，为我的南极科学考察生活增添了别样的意义。

在惊险瞬间拿出勇气和担当

远处的浪掀起，逼近，激起巨大的落差。筏子顺着巨浪，猛地抬升，又下落。

那一刻我脚下的海浪，穿过冰雪凛凛的南极世界，穿过狂风肆虐的西风带，穿过每个行走于雪地的瞬间，又穿过无数个极昼极夜，抵达今天我站立的地方。八年前的极地海浪，在我的记忆里激起层层余波，时至今日，仍未平息。

那时，我已完成第29次南极科学考察的越冬任务，由于一项维修验潮站的任务比较困难，便留下来协助完成工作。

验潮仪放在海水中，而南极气温低，常有海冰把线冻住，因此要更换验潮仪并非易事。不过虽然放置验潮仪的区域有海冰，但如果刮风，就可能会吹散海冰，趁这个空隙，我们就能去海面上把验潮仪拉起来。为了这个工作，我们召集了站上的许多队友，一起用油桶和木板扎了一个筏子。

做完筏子后的某个夜晚，果真有大风把海冰吹走了。我们趁着海冰被吹走的时间，把筏子放入水中。自制的筏子毕竟不牢固，为保障安全，我和队友张保军的腰间都系上了绳子，岸上的队友拿着绳子的另一头，时刻留意我们二人在海面上的情况。我们划到

科学考察队员在制作筏子

乘筏子前去更换验潮仪

验潮仪所在的地方后，迅速顺着线去捋水下的验潮仪，把先前的验潮仪拉起后更换，再放入水中。

突然，远处掀起高高一阵海浪，像山，像猛兽，像大手，忽地扑来——是冰山塌了吗？来不及细想，脚下油桶做的筏子已顺着海浪抬升，被拉出巨大落差。我们摇晃了一下，赶快抓紧彼此，迅速趴下，降低重心。筏子顺着浪的走势微微倾斜，我们只好一手摁住设备，一手抓牢筏子，稳定身体。海浪撞击油罐，激起的海水溅在脸上。耳边呼呼的风声，是南极去不掉的背景音，钻进脖子，又钻进大脑，扰乱思路。这时，腰间的绳子隐隐地加大了力道，时刻提醒着我——冷静应对！后方有队员保护着你们！

一浪过去，我们的筏子迅速下落，一浪过来，我们的筏子又立马抬升，如此来来去去，一浪接一浪。在筏子上，我们不敢轻易变换姿势，只能抓住一浪刚过的短暂间隙，小幅度地转头，观察周围的情况，确认我们离岸边的距离。观察过后发现，幸好我们离岸并不远，加上岸上多名队友在后方提供保障，悬着的心微微放下了些。海浪逐渐平息后，我们带着验潮仪平安返回。

当抓到岸上队员的手，再次踏在实心的土地上时，我长舒一口气，逐渐脱离紧绷的状态，才在恍惚中看到队员们的笑脸。

“平安就好，辛苦你们！”

在漫长极夜中找寻温暖和极光

进入南极的冬季后，科学考察大部队离开，只留我们二十几名越冬队员完成站内日常工作。人烟本就稀少的极地变得更加冷清，物资储备愈发紧张。白昼缩短，极夜降临，五十余天，太阳从我们的生活里完全消失。这样的条件下，也许很多人要问，在南极是不是特别想家？我的答案可能让人有些意外——其实也还好。

我想，这是因为我喜欢在南极工作的感觉。我喜欢在雪地里做实地测量的沉浸感，享受独自鼓捣测量仪器时的乐趣，我喜欢在寒风中冻了许久、终于把仪器修好时的成就感，也忘不掉看到中山站上空飘着五星红旗时的那种自豪。

此外，得益于科技的进步，今天的南极通信设施已大大改进，让我每个月能有条件跟家人聊聊自己的近况，也能和老师聊聊研究上的进展，聊聊科学考察站的情况。他们的关心，让我面对极地的寒冷时，心中也总有温暖。

在南极，的确有“独一份儿”的艰苦，但这份艰苦也给我们带来了独一无二的体验。

人烟稀少的南极，给了我们更多与野生动物们相遇的机会。去观测站工作时，也许会碰见小小的阿德雷企鹅正蹲在观测站墙角避风。去野外工作时，或许还能碰到刚出生不久的小海豹，有时向路过的海豹伸手，它会热情地仰头；又或是碰到雪海燕筑巢的洞，它可能会喷射红色液体来驱赶我们；去厨房时，说不定还会发现灰色的贼鸥正在偷吃厨余垃圾。也正是在人烟稀少的南极，才能见到野生动物如此自由地闯入视野，感谢它们乐意光顾我们的日常，给我们的生活带来不一样的生气。

南极物资补给不便，为了“吃”这件大事，我们挖空心思，各显神通。在南极，肉类并不缺，最缺的是新鲜果蔬。于是，我们自己发豆芽，自己尝试无土栽培。同时，我们也想尽办法延长食物的储存时间。例如，鸡蛋在放置时，蛋黄的部分会往下掉，一旦蛋黄和蛋壳接触，鸡蛋就开始变质。因此，我们隔段时间就给鸡蛋挨个翻面，以延长它们的保质期。

越冬最考验人的，是五十余天的极夜。的确，是极夜带来笼罩南极大地的黑暗，但也正是极夜，赐予我们无与伦比的极光与星空。最常见的是绿色极光，偶尔也能看到各种颜色的极光交织在一起。当高能带电粒子撞击大气层时——极光爆发，眼前的夜空汇出光的河流，或从天顶倾泻而下，或是螺旋式盘升至高空。极光如水，缓慢地流动，而铺在河底闪耀的流沙，正是那漫天的繁星。

冷清的科学考察站、日渐匮乏的物资、长时间的黑夜，是南极带给我们的难题，但和南极动物互动的乐趣、在南极种菜的经历、震撼的极光，是南极赐予我们的礼物。一切朝好的方向看，再黑的极夜里，心底也有万丈光芒。

距离我第一次去南极，转眼已过去了十多年。南极这块大地，见证了我的成长，也见证着中国南极科学考察事业的蒸蒸日上。1985 年，万里长城延伸至南极的第一站——长城站建站。如今，第五个南极科学考察站即将落成。近四十年的南极征途，一代代南极人胸怀“国之大者”，践行着“有我”的誓言。武汉大学南极科学考察队，把“爱国爱校，敢为人先”的赤子之心写满脚下的白雪大地。

两次南极之旅，只占据人生中的短短几年，却改写了往后人生的每个瞬间。每当看到“南极”的字眼，我就回想起那段峥嵘岁月。虽然我的南极之行暂时落幕，但我身上“中山客”的烙印永不凋零。

未来，定会有无数个“我”加入这支队伍，我们的队伍会永远年轻，中国南极科学考察会走到更远的地方。

写在最后

四十年风雪南极路，一代代青年传承着生生不息的科研之火。在天寒地冻的漫漫长夜中，有武大人接续奋斗的身影；在万里之外的冰雪世界里，有自强弘毅的珞珈之风。南极科学考察的伟大事业，磨砺出我们乐观坚韧、永不言败的人生态度；前辈们的言传身教，让我们将“爱国爱校，敢为人先”的誓言铭记于心。即使暂别武汉大学中国南极测绘研究中心，我们也不会忘却冰原上挥洒的青春热血。我们将带着对理想的热切追求与艰苦奋斗的科学考察精神，继续在祖国需要的地方书写青年担当。无论身在何处，永是珞珈一学子，永是极地追梦人。

（采写：彭昊　童欣格　邢煜晨　刘昱岑）

追光与科普：做一名南极追梦人

李　航

李航于中山站极光下与国旗、武汉大学旗帜合影

李航，武汉大学大地测量学专业博士。攻读博士学位和博士后工作期间，曾参加中国第31、32和36次南极科学考察，在南极工作近700天。期间主要负责我国北斗卫星地面观测站的运行维护，并参加“雪鹰601”极地航空遥感等工作。在中山站拍摄的极光和星空作品被美国国家航空航天局、英国格林尼治皇家天文台和《中国国家天文》杂志等多次收录和出版，延时摄影作品《在世界的尽头》斩获了新华网首届全国延时摄影展金奖。热心极地科普事业，多次受邀到北京、上海等地进行科普讲座，并作为青年代表，到中国中央电视台讲解南极科学考察知识。

我非常喜欢一部电影，名为《随风而逝》。其中有一个情节深深触动了我：一位记者驱车寻找某个村落，却迟迟未能找到，他在电话亭给村长打电话询问。村长只是说："那你一定还没有到达那棵大树。"记者望着周围茂密的树丛，不耐烦地说："这周围全是大树，你说哪棵？"村长仍然回答："那你一定没有到达那棵大树。"记者无奈地挂断电话，继续驱车前行，突然，他发现眼前出现了一棵巨大的树，顿时明白了村长的话。

为什么讲这个故事？我想，南极对于大多数人而言，是一个完全陌生的世界，就如同一棵闻所未闻的"大树"一般。并非每个人都有机会目睹这棵大树，然而我希望通过这些文字，带领大家一窥南极的壮丽，在心中播下一颗小小的种子。或许在未来的某一刻，当你踏足南极，我的故事能让你有一种"于吾心有戚戚焉"的共鸣。

笃行不怠：在南极的700天

我与南极，可以说是在偶然中结下了不解之缘。回想本科阶段参观武汉大学极地展览馆后的感受，栩栩如生的企鹅标本，刻着斑驳划痕的科学考察仪器，墙壁上介绍遥远极地的字句……一帧帧画面在我的脑海里闪现、跳动，连带着无垠的遐思，构筑起我的极地想象。正是因为这份想象，我对南极萌生了浓厚的兴趣，希望自己也能有机会踏上这片冰封大陆。

在2013年报名保送研究生时，众多可选志愿让我"眼花缭乱"，但当我看到中国南极测绘研究中心时，心中那颗向往南极的种子悄然苏醒。我想，这个专业是不是可以去南极？于是乎，我选择了中国南极测绘研究中心，迈出走向南极的第一步。后来我才知道，我是第一个选择这个志愿的研究生。经过不懈努力，23岁时，我以武汉大学大地测量学博士研究生的身份，如愿参与中国第31次南极科学考察。

在攻读博士学位期间，我将研究方向锚定在北斗卫星相关研究领域。幸运的是，中山站设有一个全年运行的北斗卫星导航系统基准站，需要专业人员进行长期观测、运行和维护，这与我的研究方向高度契合。因此，在南极的研究旅程中，我主要负责我国北斗卫星导航系统基准站的运行和维护工作。在南极的研究不仅为我的博士研究课题提供了实地数据支持，同时也成为理论研究的重要助力。我的博士学位论文中专门有一章探讨了极区电离层对定位导航的影响，这与我在南极搜集到的观测资料直接相关。虽然南极的通信条件较差，网速和国内相比慢很多，这为我查文献、下载数据等带来一些困扰，但是我还是可以通过发邮件等方式和导师、师兄联络，他们会给我一些思路上的指导，然后我再根据实际情况调查思考，这种交流讨论对我的学术研究有很大帮助。总的来说，这段南极之旅为我个人的学术成就提供了独特的机遇，南极大陆成为我学术生涯中一片重要的研究领域。

极光下的北斗卫星观测站

抵达南极之后，我才发现海上的摇晃颠簸只是南极之行最开始的试炼。在科学考察站工作的日子里，对抗南极的极端天气是家常便饭：在有着“杀人风”之称的极地执行任务，抢修被疾风刮倒的通信站和因热力系统故障结冰的室外供水管道，时刻警惕茫茫冰雪下潜藏的海冰裂隙……有一次，突如其来的暴风雪导致通信设备罢工，我不得不立刻冒着白茫茫的暴雪，顶着猎猎狂风去排查故障，那时积雪足足到了膝盖，短短一公里的路程我花了一个小时才到达。

在南极的经历让我更深刻地认识到测绘遥感人的责任感、使命感。在风中穿梭，雨中奔波，扛着仪器穿越深山老林，是测绘遥感人质朴而勇敢的写照。测绘行业中有一句格言：“国家建设，测绘先行。”这句话在南极也是适用的。测绘工作是所有工程建设的基石，在南极这个大多数人了解甚少的地方，测绘遥感更是肩负着开荒拓野、披荆斩棘的使命。测绘地形、制作地图，确定坐标……这些都是测绘遥感人的任务。甚至测绘的

工作在南极冰盖暴风雪中

标识点，在某种程度上，都是国家在这片荒凉大陆上存在感的体现。尽管极地科学考察现在依然充满辛劳，但相较于建站初期的科学考察队伍，我们的工作和生活条件已经有了显著的改善。

不同于其他在越冬科学考察结束后撤离回国的队员，我临时接到新的任务，延期回国，在第31次科学考察结束后继续留守在中山站，参与第32次南极科学考察的度夏任务。于是，我又在南极度过了一个春节。相较于在南极度过的第一个春节，同样热闹的环境这次却让我开心不起来，对万里之外的家人的思念愈演愈烈。但现在想起来，我依旧感激这样一段时间，感激它能让我与南极多相处一段时光。几年后我参加第36次极地科学考察，在那里度过了第三个春节，不同于第一次的新奇，也不同于第二次的失落，我更多以一种坦然的、成熟的目光看待这个春节。南极依旧是那个南极，南极的春节还是那个春节，我却更能成熟自若。

定格浪漫：热爱可抵岁月漫长

在前往南极之前，我并没有接触过相机，购买它只是打算记录自己的南极生活。此外，相比文字，我更偏向于用照片记录生活，因为图片是一种更直接、更客观、更真实的记录方式，能够不受主观情绪的影响。由于去南极的路上没有通信条件，百无聊赖间，我就在船上把器材的一些参数、原理都学得大差不差，到了科学考察站就开始大胆创作实践。

初抵南极，一切都很新奇。在这样人迹罕至的环境下工作生活，带给我一种“独占”的快乐。然而在科学考察站待久了，就会发现这样一个现象——工作和生活没有完全的界限，缺乏情绪排解的渠道。在单调和枯燥的生活作息中，摄影就成为我最重要的情绪寄托和消遣。随着度夏队员踏上归程，南极的夜晚也在一天天拉长，寒冷与黑暗挤占着越冬队员们的活动空间。不过，令人欣慰的是，绚烂的极光也在此时轮番上演。从第一次用相机拍摄到极光开始，我被它的美丽和壮观深深震撼，各种颜色的极光在夜空中恣意舞动，强烈的时候甚至能掩盖月亮的光芒。在极光的美所带来的心灵的颤动的感召下，我像着了魔一样，开始疯狂地追逐它的踪影。那遍布拉斯曼丘陵的雪地上追寻的足迹，成为这片冰雪世界里的一道独特印记。

然而，南极的自然条件极大地加剧了拍摄的难度，冻彻骨髓的寒冷，呼啸不止的狂风，寂冷的白色荒漠都潜藏着巨大的危险。极低的气温会让护目镜与相机镜头结霜，阻碍拍摄的顺利进行。在这种环境下拍摄，一方面就是要多小心，确保安全第一；另一方面，就是多“吃点苦头”，比如说眼镜上结冰，就多把手拿出来，用体温化一化。总之，“心之所向，素履以往”，为了深邃绚烂的星空和极光，这些困难还是可以克服的。很幸运的是，同我一样为越冬队员的刘杨博士是专门负责极光观测的，所以我们有时晚上会一起出去看极光，或者有时两人偶然在野外就碰到了，在这期间，我们也结下了很深厚的友谊。

李航与极光

身临于极光的璀璨之下，我常感思绪如波涛汹涌，自然的馈赠和慰藉让我陶醉其中，每一次的震撼都如一场人生的觉醒。眼前这一切如梦似幻，仿佛让我怀疑人生的真实性。当广袤的冰原在璀璨的繁星和绚烂的极光的映衬下展现出来，我沉浸其中，可以以各种姿势欣赏这片只属于我一个人的奇妙景象——坐在雪地中，或许干脆平躺着，甚至放肆地打滚，尽情地在天地间发出尖叫和呼喊，毫无束缚之感。这是我第一次深刻地感受到自然的巨大力量，也是我第一次发现原来一个人竟可以如此纯粹自由，不论是身体还是心灵。

对我而言，极光已然成为一种象征，多次我都不禁傻傻地停滞在雪地中，热泪盈眶地感受着星辰与光的二重奏。那恍惚而缥缈的天幕激发了我对人生和生命本质的深刻思考，这种感受，是言语难以描述的。我将身心完全交托给头顶的繁星和极光，在这无垠的自然中遨游、穿梭，平日的压抑与孤独仿佛在天空的拥抱下都变得微不足道。

为了捕捉夜空的美丽，我不知疲倦地“熬夜”，当然这是很幸福的熬夜，准确地说不叫“熬”，而叫沉浸在其中。2015 年 5 月 1 日至 10 月 1 日，我每天都会在微博上更新一张相片，记录南极的夜空。153 条微博，打上了#Night Antarctica#的标签，附上了精确的经纬度定位。后来，我拍摄的一些关于南极光和星空摄影作品，有幸陆续获得了一些荣誉和奖项。其中，一张拍摄于极夜期间的极光银河竖幅全景图先后登上了《自然》和《科学》杂志，我感到惊喜的同时有了更加强大的创作动力。现在算起来，七百多个日日夜夜，我拍下了 10 万张高清照片，是很有成就感和自豪感的。

在繁星和极光交织演绎的二重奏里，有一些令我永远都不会忘记的神奇时刻。一天深夜，正当我准备收拾相机返回宿舍时，极光仿佛化作一条散发着绿色光芒的鲸鱼，摇摆着它巨大的身躯，在中山站上空缓慢地游动，它所轻吻的位置，正是越冬队员宿舍。在“众人皆睡我独醒”的时刻，我被这壮丽景象所震撼，整个人仿佛陷入了魔法般的呆愣中，眼泪不禁夺眶而出。离开南极的途中，极光再次以它多情的姿态呈现在我眼前。随着船只前行，极光如诗如画地变幻，海风轻抚着我的脸庞，仿佛与我依依不舍地告别。回首自己的南极之行，那绚烂的星轨，漆黑却又璀璨的天空，夕阳西下时浪漫的粉色维纳斯带，以及宛如灯光秀般梦幻的光柱，已经不仅仅是景色，更是在进入我的视野的瞬间，融入了我的生命，成为我人生中不可或缺的一部分。

绿色鲸鱼极光

永恒使命：在科普中与南极双向奔赴

庞大数量的照片是南极在科研成果外，附赠给我的宝藏。一张张照片，形成了一个完整的序列，让我在多年之后，依旧可以知晓在南极的哪一日，发生了哪些事情。而这正是我在参与完第31、32次极地科学考察回国后，接受出版社邀请写书记录我的南极故事的底气，这本书就是《在南极的500天》。在书中，我用文字叙述与南极有关的生活日常和精彩故事，从登上“雪龙”号破冰船时的心潮腾跃，到乘船劳顿月余见到南极大陆时的感动，从工作中发生的惊险意外，到温暖相处中结识的好友，还有冰冷夜幕中璀璨绝伦的极光，再配上一张张精美图片，形成一幅南极印象图，成为我在南极故事传播道路上的重要成果。

老话说，“读万卷书，行万里路”，从上海出发坐船遥遥远赴南极的我，真正实现了地理意义上的行万里路。我在极寒险远之地，有幸见识了“世之奇伟瑰怪非常之观”。所见愈多，我的心中愈满溢着一股表达之情，南极的胜景不应当被遗忘在那片极寒之地，被冰雪封存无人问津。极地人在科研之外，也背负一种讲好极地故事的使命，以平实易懂的方式让科学知识走入千家万户，提升民众的科学文化素养，激发人们对极地的关注与兴趣，让越来越多的人投入极地事业中，众人抱薪，才可让极地事业愈发火热。秉持着这样的信念，我走上科普道路，我始终相信，每一个精彩的故事或透过言语、或通过影像，将跨越千山万水激荡他人灵魂。就好比我在读本科时，一次与极地展览馆的邂逅，青春年华便与极地千里相连。

李航与帝企鹅

幸运的是，《在南极的500天》这本书在公众中激起了不小的火花，这次尝试让我感受到公众对极地的热情，加之我也成为一个父亲，我更希望能以轻松易懂，幽默风趣的方式讲述南极故事，在青少年的心中种下一棵南极印象树，这就有了青少年科普绘本《你好，中山站》的诞生。我也有幸受邀到北京、上海等地进行科普讲座，并曾作为青年代表，到中国中央电视台讲解南极科学考察知识。在与公众的接触和公众的反馈中我渐渐发现，很多人对南极的基本情况没有一个较为全面客观的了解，对我国在南极科学考察现状的发展更是知之甚少，所以我在科普中更倾向用真实的文字，自摄的图片，向大家勾画出南极的面貌。在这些客观现实的因素之外，我还想讲述南极对一个人的塑造，这是一片荒凉的、极寒的，却有魔力的土地，它用最绚烂的光彩，最亮眼的星河，最独异的生活体验塑造着一个人。就我而言，南极远非塑造了我，它甚至成为我，让我的生命脉络中镌刻上夺目的南极烙印，让南极的风光人情，生物地质都成为我精神世界中的丝丝缕缕交缠相连的基质。

2023 年 12 月 1 日，习近平总书记给武汉大学参加中国南北极科学考察队的师生代表回信。读完这封信，我不禁热泪盈眶。“大事业磨砺真本领”，南极科学考察这份国家的大事业，让我有机会“将科研论文写在祖国最需要的地方”。从校园走向社会，从一个人到一群人，科考队员间的团结协作和为国家极地科学考察事业勇担重任、顽强拼搏、严谨工作的责任与使命感动着我、锻造着我，更激励我坚定地为国家科考事业献出自己的力量。在离祖国千万里的南极大陆，恶劣的极地环境和多发的意外状况锻炼了我的本领，母校、祖国的关怀让深深牵挂着国家的我感动万分，同行科学考察队员的踏实认真和极地科学考察前辈的事迹也一直劝勉、鞭策着我，使我在南极的 700 个日夜里能够无畏苦寒，砥砺而行，尽己所能为我国的极地科学考察事业、全球极地公共治理矢志奋斗。

在某种层面上，南极已经超越了地理坐标的概念，它与我紧密相连，成为我生命中无法磨灭的记忆。它是一场灵魂深处的奇妙邂逅，永远在我心中闪烁。南极之行不仅是科学探索，更是我内心深处的一场奇异的心灵重塑。我将永远怀抱并珍藏这份独特的经历，将其分享给每一个愿意走近南极、了解南极的人，期望这颗种子，也能成为你心中的一棵参天大树。

（采写：王文馨　张诗悦）

青春筑梦：冰原上生生不息的薪火

曾昭亮　耿　通　褚馨德　丁　曦　麻源源

没有人永远年轻，但永远有人年轻。在广袤无垠的南极冰原上，在深邃绚烂的美丽极光下，有这样一群年轻人：他们怀揣着“极地梦”，从地球出发，呼唤着——“到南极去!”40年来，武汉大学累计派出近200名师生，参与了40次南极科学考察和17次北极科学考察。一批“80后”、“90后”甚至“95后”年轻人，从这里出发，坚定了学术志趣和人生选择，接过前辈们手中的火炬，带领后辈们踏上新的征途。他们有勇气开拓创新，有志气精忠报国，有锐气潜精研思，有底气攻坚克难。他们在南极经历的磨砺和收获的成长，在数百个与极光为伴的夜晚里，化作一颗颗投入苍茫冰洋的石子，在用奋斗勾勒的未来中，掷地有声。过去的时光仍在今日赤忱之心中滴答作响，我们听到的是一年又一年风雪中的心跳节拍。一个个脚印，一步步前行，一代代青年薪火传承，逐渐成长为勇攀科学高峰的主力军。

坚定又浪漫的南极科学考察人，他们以奋斗为笔，以梦想为纸，写下的动人故事，名为青春。

曾昭亮，中国气象科学研究院助理研究员。2022年6月于武汉大学获得博士学位。2019年10月参加中国第36次南极科学考察，历时563天。2023年8月赴西藏羊八井参加中国第40次南极考察队内陆高原适应性训练。相关工作获央视、新华社等主流媒体采访与报道。

曾昭亮在南极

耿通于“雪龙”号与中国第四十次南极考察队队旗合影

耿通，武汉大学中国南极测绘研究中心博士研究生。参加中国第40次南极内陆考察，开展了中山站验潮站维护升级、昆仑站和泰山站GNSS观测站维护、极地航空摄影测量、内陆GNSS跟踪站建设、地球物理探测、海冰走航观测等研究工作。

褚馨德在前往南极格罗夫山地区的路途中

褚馨德，武汉大学中国南极测绘研究中心博士研究生。长期关注将遥感及深度学习方法应用于冰冻圈系统，在相关研究中发表多篇论文。2023年11月成为中国第40次南极科学考察队队员，执行格罗夫山无人机航测及陨石分布航空调查任务。

丁曦在南极

丁曦，武汉大学中国南极测绘研究中心博士研究生，主要研究方向为极地信息化和时空数据挖掘。在2022年被选拔为第39次南极科学考察队员，主要承担南极罗斯海的海平面变化监测相关的任务。

麻源源在南极留影

麻源源，武汉大学中国南极测绘研究中心博士研究生，主要从事南极冰架稳定性研究。于2020年11月至2021年5月参与了中国第37次南极科学考察，在中山站度过了533天。

我在南极的563天：是极限，也是平常

曾昭亮

我在中国气象局的工位上，现在还摆着“永是珞珈一少年”的浮雕纸灯，用的电脑还是在南极陪伴我度过563天的那台黑色的笔记本。在黑色屏幕上闪烁的绿色字符中，我总是期盼找一道南极的极光；在暖黄色的浮雕纸灯中，我似乎总能看见南极雪盖上亮着灯光、长久守望的中山站。我是大山的儿女，我知道勤奋是改变命运的唯一道路。在前辈的引领下，我仿佛站在巨人的肩膀上，中山站里无尽的灯光照亮了科考之路。南极之旅对我来说是一次重要的生命节点，极地之旅是泣着雪和血的回忆，南极也成为我无数次魂牵梦萦的故乡。

选择成为“大龄”博士生

进入南极科学考察队伍的过程，对我而言近乎一场奇遇。我本科攻读的是测绘工程专业。我还记得当时的教材，是王泽民老师参与编写的《GPS测量原理及应用》，其中有一节“GPS气象学”，我最感兴趣。跟随兴趣，研究生期间，我参与了本科院校与中国气象科学研究院的联合培养，慢慢把气象学作为自己的研究方向。

博士求学阶段，我在武大的导师是勇闯世界三极的王泽民老师，这位曾经站在教材背后的学者，如今成为手把手带领我开展科研的老师。把梦想变为现实没有那么容易，在日复一日的科研中，我收获了意料之外的惊喜。博二期间，我在自然指数期刊《JGR-Atmosphere》这种老牌权威期刊上发表文章，合作的几位导师也非常开心。记得当时窦贤康校长调研南极中心时说过，地学领域要在“JGR”这样的权威期刊上多发表文章。我想，哪怕不能去南极，有了这一篇论文，博士生涯也算没什么遗憾了。

在我即将毕业的前一个暑假，中国南极测绘研究中心发来了一份临时通知——南极中山站需要搭建多套大气激光雷达的观测设备。当时南极测绘研究中心还是以地面测绘

和遥感为主，关注测绘和遥感大气相交叉的研究人员较少。而我从本科开始，一直从事测绘和大气遥感相关的研究工作，再加上刚刚发表了一篇较高质量的与大气遥感相关的期刊论文，这一次，于我而言，南极科学考察不再遥远。

然而，这时候摆在我面前的困境，不再是能否实现南极科学考察的梦想，而是实现梦想和顺利毕业的两难。想要去南极科学考察，就要延迟一年毕业，付出成为“大龄”博士生的代价，这会给未来带来什么样的变数？站在距离梦想最近的时刻，我却开始犹豫了。

我怀着忐忑的心情去询问导师王泽民老师，不知道导师会不会同意我延迟毕业。没想到导师大手一挥，“你也是做大气遥感的，这个机会正适合你，你填一下报名表试一试！”站在人生的关键路口，王老师对我的大力支持成为我选择前往南极的最大动力。同时，我也询问了硕导马老师，他也是全力支持且非常肯定地说，能去南极这么好的机会你一定要珍惜。一个电话打回家里，本以为会大力支持的母亲却说：“南极那么冷，你还是别去了。”我知道母亲是关心我，但我知道她更想我实现梦想，在我细细向她陈述了申请理由后，话筒里不再是义正词严的拒绝，而是声声殷切的嘱托。

我从没想过梦想能这么快变成现实，似乎昨天因为气象学而欣喜的本科生，转眼就在南极科学考察的报名表上填上了姓名，一切都变得有些不真实。随后我前往高原集训，和家人告别后，转眼就到了出发的10月。

极夜极寒里的“堂吉诃德”

经历了一个月的航行，我们整支南极科学考察队，顺利抵达了南极，开启为了越冬准备的为时五个月的度夏生活。

刚开始我是在南极做“搬运工”，负责首套极区中低层大气激光雷达探测系统搭建项目，一共有6名科学考察队员，我是其中之一。

刚开始是体力上的考验——卸货，五六个两三米高的集装箱，里面塞满了搭建观测设备所需的零件。好不容易卸完货，又要面临心理上的挑战——拼装。各种各样的零件混在一起，分类、搭建要全凭前期训练的记忆。好不容易把三个“大老爷”搭建完，又要准备前期工作的第二部分——和无穷的数字搏斗。

设备的调试本身就要经过发出信号、查看数据、完成调整、重新验证的漫长过程，到了南极，又加了一重信号不好的难度。我们像和风车搏斗的堂吉诃德一样，几个人围着三台设备，没日没夜地计算、调整。最重要的是不能出错，因为这是中国第一次在南极自主搭建起自控的大气探测设备，未来中国探索南极大气的数据准确性，就寄托在我们拧螺丝的手上。设备的调试持续了将近一个月，我还记得当时正好是大年初一，同事们在站里聚餐，我和队友们还在工作间里对着电脑过年。

随着仪器完成搭建、度夏队的平安返回，我们在中山站越冬队的22个人终于“完全拥有”了中山站的“所有权”。2020年3月12日，越冬工作终于开始。

用一个字来形容越冬科学考察，就是“慢”。

从冰雪中挖仪器现场

帮队友观测海冰

再多的科研经验，在南极的极端天气面前也要败下阵来。观测复杂环境下南极的地表温度变化，需要将相关大气设备放在室外。有一天，我搭好观测设备就回去睡觉等数据了。睡着睡着，站长喊我起来：“亮仔，赶紧起来，你的仪器埋掉了！”我想着仪器怎么也会露出来一点头，就自己去铲雪了。一个晚上的时间，半人多高的仪器被“埋了个透”，只冒出了一个尖。我就像越冬的土拨鼠一样，在雪地里拿着一个小铲子“发掘”仪器。团队里的机械师、其他科学考察人员，甚至医生都来帮忙，在一片孤寂的南极里，“一方有难，八方支援”。我当时就觉得，和这22个人在一起，就算时间再久也没什么可害怕的。

作为团队里唯一的“大龄”博士生，日常的科学考察任务之外，我还面临着科研的压力。极夜里失眠的夜晚，别的科学考察队员会去运动、在空旷的会议室唱卡拉 OK，我大部分时候会选择继续做科研。

尽管南极提供了很多平时无法获得的数据，但极地的网速慢得令人“闻所未闻”。在网速最快的午夜时分，能成功下载 2 篇论文已经要“大呼幸运”了。在四下无人的夜，我看着 10~20kb/s 的网速，等待跨越大洋和海冰的一篇篇论文的下载进度慢慢连成一个圆。极光从海平面升起，海水慢慢变蓝，在一夜的奋斗中抬起头，我看到极光漂浮在巨大的海冰上，一夜的疲惫就此消散。

我和我的祖国，一刻也不能分割

然而，就算是到了地球之极的冰面上，也不可能真正完全与世隔绝。2020 年 10 月 1 日，是中华人民共和国的第 71 个国庆节，在这特殊时间，每位科考队员都与祖国同胞的心紧紧联结在一起，作为越冬队中唯一学生身份队员，我主动请缨承担了国庆节的升旗任务。还记得度夏时观看电影《我和我的祖国》，其中开国大典上的升旗故事让我热血沸腾。在南极，我也要让国旗像天安门广场升旗那样伴随庄严的国歌升起。为了能够在最后升旗时万无一失，我和队友商量好，完全按照升旗那天的身体状态训练，摘掉口罩帽子、脱掉手套，在零下数十度的夜晚中握紧绳索。每一次用力，都会把冻得通红的手磨破一点皮，又在寒冷的空气中把伤口风干。

升旗仪式当天，手指在极端寒冷的天气里，几乎无法感知升旗的速度。训练时在最后一秒把国旗升到顶端的记忆，已经有些模糊，但是当红旗在寒风中舒展，印度队和俄罗斯队的掌声和欢呼穿过瑟瑟寒风传到我们耳边时，我知道，这一次的升旗成功了。

心系祖国的同时，物质条件正变得愈加艰苦。每天吃到的食物开始从临期再到过期，新鲜蔬菜的叶子也一点点风干萎缩……中山站的厨师依旧想办法把日子过得有声有色：没有大米就吃粉面，做蛋糕没有黄油，就吃一个到嘴里就散开的“生日面粉”。尽管生活艰苦，我们却一直没有丧失信念。无论是作为中山站最小的“学生”被大家当成

“团宠”照料，还是作为祖国时刻挂念的1/22，我都觉得在南极的执守不是无尽的等待，而是终有归期的先声。

冰面上的“奥德赛”

2020年12月29日，我们完成了中山站的越冬作业，终于迎来了回家的日子。

在回家的路上，我们开始直面新冠疫情的冲击。原本应该可以赶上2021年春节的团圆饭，但一日日变化的形势慢慢使我们的期待落空，一个礼拜的路程变成半年。我们就像大洋上的一个浮标一样，归家的道路就在前方，却不能驶向家乡。

刚开始上船时对回家的期望和吃到新鲜蔬菜的兴奋，随着一天天时光的流逝而慢慢变淡。如果说物质上的匮乏还可以忍受，心理上的空虚和寂寞则是最难熬的。我迫切地想完成我的论文，但是船上的信号更差了。于是我开始一本本地刷我的小说，半人高的《明朝那些事儿》、一部部刷过去的纪录片，一同记录着“雪龙2”号的漂泊半年。

在南极的每一天都像是变幻莫测的极光，真到了告别的时候，却是“轻而易举”。563天的南极科学考察，把南极从“初识”变成“兄弟”，终到缘分落尽，南极带给我的一切在我身上慢慢生长，余音绕梁。

至今依然有很多个瞬间，讲述起来我可以滔滔不绝：第一次看到极光的激动，再到习以为常。我还记得当我看到熬了一个通宵的自己，胡子拉碴、浑身的肌肉全部掉光时的胆战心惊，第二天又在南极的极光中，继续面向布满数字的电脑屏幕。晒伤的双手捧起在微波炉里转了三圈、依旧散不掉过期气味的泡面，同一个周末，又用同样过期的零食送别要离开科学考察站的队友。无数次被南极摔伤，又无数次在漫天的极光中自我疗愈。只有经历过，才会有这种感受。

冰河昆仑入梦来：心无所求，心之所向

耿　通

2009年，在新闻中看到昆仑站刚刚落成，那时的我还是一名懵懂的初中生，仅是

知道中国在遥远的南极大陆上又多了一座科学考察站。“昆仑九万里，磅礴天地根”，代表制高点的“昆仑”之名深深印刻在了我心中。而那在凛冽寒风中飘扬的五星红旗，以及广阔的蓝天和无垠的白色雪地也激荡着我年少的心。

戢鳞潜翼：追梦南极五载

2018 年，我于中国南极测绘研究中心攻读硕士学位。中心组织的开学第一课是由刚完成南极科学考察任务的老师和师兄为我们讲述南极风光和科学考察故事，从那时起我的心中就种下了一颗南极梦的种子。这一年秋天，我作为学生代表之一为参加南极科学考察的武大师生饯行，月光映照下，停泊在码头的“雪龙”号格外雄伟。

2019 年的秋天，我再次登上“雪龙”号，依然是为参加科学考察的老师、师兄饯行，白天的“雪龙”号更加令人惊叹，登上甲板，迎风而立，我更加迫切地想随他一同去往南极。黄埔江畔雪龙盘，碧云天边长空揽，这一等又是一年。

我在申请攻读博士学位时，更多地考虑今后要将专业理论所学与实际工程所学相结合。我的主要研究方向是南北极海冰变化监测，在中心也曾负责学术沙龙“智汇极地”的建设和运营。希望有朝一日能像老师和师兄们一样远赴南极，为祖国极地事业贡献自己的一份力量。

这个机会一等就是 5 年，终于在 2023 年的秋天，我在中国第 40 次南极科学考察队的考察选拔名单中看到了我的名字。我再次登上“雪龙”号，而这次，我终于身着红装，成为中国南极考察队的一员。“雪龙”号仿佛可以穿越时空，从 2018 年、2019 年到 2023 年，跨汪洋、破西风、踏上南极洲，它一路承载着我的南极梦。

从“船下”到“船上”我用了 5 年时间，无论是在学术研究上还是在综合能力上，我都不算是有天赋的，但我始终相信努力可以改变一切，为此，也尝过“为伊消得人憔悴”的那般滋味。三临“雪龙”船，终圆南极梦。即使这个机会没有给到我，我也在逐梦南极的过程中成长了许多，这些积累才是我所获得的最宝贵的财富。戢鳞潜翼，思属风云。

长风破浪：辗转多地迎战

中山站验潮仪零点标定

“10 月 20 日，在百卅校庆倒计时 40 天之际，武大 4 名南极考察队员即将随中国第 40 次南极科学考察队出征”，时隔数月，出征仪式的场景仍历历在目，黄泰岩书记为我们授中国第 40 次南极科学考察武汉大学队旗和武汉大学 130 周年校庆旗，并宣布武汉大学南极科学考察队出征！我的眼前汹涌起了澎湃的波涛，这是中国极地考察的第 40 个年头，也是武汉大学师生参与中国极地考察的第 40 个年头，又正值武大百卅校庆，意义非凡。

本次考察我所承担的科学考察任务涵盖中山站、昆仑站、泰山站和冰下湖等地区的多项工作。

在中山站，我主要负责维护 GNSS 与验潮并置站，该验潮站是第 38 次南极考察队建设运行的永久性验潮站，是南大洋海平面监测的重要设施。在昆仑站和泰山站，我的主要任务之一是对两站 GNSS 观测站进行检修维护，包括检查更换硬件设备、恢复能源供应、数据拷贝及测试等工作。内陆 GNSS 观测站是我国地球空间基准的重要组成部分，也是提升我国南极内陆科学考察测绘保障自主性的重要设施。由于南极恶劣的环境，很难确保观测站设施的稳定运行，因此需要检查维修，并逐年地升级改造。此外，在泰山站和昆仑站两站我还开展了无人机地形测绘、地面建筑测绘、地球物理调查等工作。

麒麟冰下湖，是迄今发现的南极洲第二大埋深湖，位于东南极内陆冰盖稳定区，拥有超过至少 300 万年以上与外界隔绝的发育历史，具有极高的科学研究价值。本次考察我参与了麒麟湖探路，并承担了GNSS跟踪站建设任务。我们首次从冰面抵达该冰下湖核心区域，探明了地面行进路线。在冰下湖的核心区域及边缘区域各建立了一套GNSS跟踪站。以期实现对冰下湖冰面地形及其变化进行长时序的监测，进一步提取冰下湖区域冰流速，获取冰盖表面冰流年纪尺度的变化，为冰下湖内部结构反演提供数据支撑。在多个站点和区域辗转，对于我个人来说，是一场持久的战斗，既是挑战也是锻炼。

昆仑站GNSS观测

在这几个站区当中，印象最深刻的当属昆仑站。由于我的主要科研任务都是在野外开展，而且像拧螺丝、电子记录这些环节都不能戴厚手套，这样在极寒环境下就容易冻伤。刚抵达昆仑站时，我在地震仪布设过程中就冻伤了3根手指。这是我第一次感受冻伤，3根手指从指尖处开始积液，严重时整个手指肚都泛白肿胀。由于对冻伤经验不足，我仍坚持到作业结束后才找到队医查看伤情，那时3根手指已经完全发麻，甚至失去了部分知觉。医生看过伤势后说我可能要停止昆仑站的野外作业，不然有失去手指的风险。这一结果犹如晴天霹雳，我想刚到昆仑站，还未大显身手，难道就要做一个病号？我一再恳求医生，能否再想想是否还有快速恢复的方法。听经验丰富的队长说此前有队友冻伤，最后连手指甲都拔掉了，他建议我可以先休息1天看看伤情，如果没有继续恶化再考虑引流。医生先帮我上了冻疮膏，并用纱布包裹了起来。好在1天后伤情好转，引流治疗也十分成功，休息2天后就可以正常外出工作了。这一过程中真的要特别感谢队长、医生和照顾我的队友们，不仅保住了我的手指，而且并未因冻伤而耽误我在昆仑的作业任务。

泰山站 GNSS 观测站维护

在 PANDA 断面地球物理调查

后续在昆仑站完成任务也比较顺利。我们于 2024 年 1 月 1 日下午 5 点 20 分抵达昆仑站，于 19 日上午撤离，在将近 18 天的作业过程中，南极正处于极昼，并且昆仑站没有异常天气过程，因此，留给我们的作业窗口期十分充足。在那里我们开展了天文观测、无人值守智慧能源系统升级建设、国产极地特种载具验证、冰芯钻取、GNSS 基准站维护、地球物理调查、无人机航测、物质平衡杆测量、气象观测、极区医疗监测等十余项科研工作。除本身科研任务外，我也参与了昆仑站区全部科研工作，在帮助其他队友作业的过程中学习到很多新的知识和技能，那段时间我真正感受到了从劳动中获取幸福。

在昆仑站帮厨

到了昆仑站后我们的住舱基本固定，每天也无须如此匆忙准备出发，但我们的厨师却仍要每天早晨 6 点准时起床准备早餐。有段时间我也特别想和大厨一起研究早晨烹饪什么佳肴，于是同步 6 点起床到厨房帮厨，顺便完成早晨的无人机航测任务。我们研究了如何在高原煮小馄饨，做鸡蛋灌饼，“吊”鸡蛋皮，也和大厨学会了如何烤制披萨、炸油条、做胡辣汤，那段时间被我俩称之为“昆仑美食节”。在冰天雪地中仍然可以有浓浓的人间烟火气，这种幸福不仅来自劳动，也来自对生活不变的热爱。

永不停息：昂扬家国红心

2023 年 12 月 2 日下午，校党委书记黄泰岩通过电话向我们传达了习近平总书记重要回信内容，当时我和师弟褚馨德正在距离中山站 7 公里的内陆出发基地进行直升机卸货作业。我们坐在雪地车里聆听习近平总书记的回信内容，外面直升机调货的旋桨声依然笼罩着整个作业场，黄泰岩书记铿锵有力的声音环绕在我们耳畔，习近平总书记的回信内容深深地印入我们的心里。作为武汉大学南北极科学考察团的一员，收到习近平总书记的回信后，我内心无比激动，也备受鼓舞。与黄泰岩书记通话后，我们紧接着又投入到紧张的卸货作业中。

直升机卸货作业

回想 2023 年暑假，我参加了博士生基层服务团，想利用自己的专业知识为基层工作贡献一份力量。同时，曾以“擎绘南图”为名组织团队参加的互联网+大赛“青年红色筑梦之旅”赛道则是宣扬“爱国爱校、敢为人先、自强不息、求是拓新”的武大南极科学考察精神，希望以此能让更多的青年学子了解武大南极科学考察历史，关注中国极地科学考察事业。这种精神一直延续到后来实地科学考察中，并在之后的科学考察工作中，我也时刻谨记习近平总书记嘱托，贯彻重要回信精神，向南北极科学考察前辈们学习，和队友们共勉，胸怀“国之大者”，在科学考察实践中磨炼真本领，勇攀科研高峰。

登顶南极最高点冰穹 A

回想在 1983 年第 12 次《南极条约》协商国会议中，原南极考察办主任郭琨在《南极条约》国际会议上被请出会场后表态“不建站，绝不再参会”的骨气；极地测绘之父鄂栋臣毅然在首次出征南极“生死状”上签字的豪气；昆仑“十三勇士”登顶南极最高点“冰穹 A”只为在南极冰盖最高点插上五星红旗的志气，都在我辗转多地之时鼓舞着我不忘初心、牢记使命。

于我而言，这是一次圆梦之行，非凡之旅，更是修行之路。我的队长姚旭在经历白化天时和我说道：“白化天会令人很压抑，让你不知道前面的路是通往天堂还是地狱。”

在这次科学考察之前，我也正经历着人生的白化天。面临毕业、就业压力，像大多数博士一样迷茫，前方是何路，该如何走，都令我思绪万千。而这一路下来，从波澜壮阔的海洋到一望无垠的冰盖，从不落西山的太阳到舞动天际的极光，自然万法尽收眼中，心境自然也豁然开朗。通过与不同年龄、不同背景的队友交流，更加坚定了我今后为极地事业奉献终身的信念。人可以人为师，也可以物为师，这次科学考察正是我人生中重要的老师。

上海离港，我们挥舞着五星红旗与亲人告别；雪龙南行，悬挂在船头桅杆上的五星红旗始终指引着“船的方向”；内陆出发，我所在的“头车”挂着五星红旗带领车队踏雪向昆仑；抵达昆仑，我扬起五星红旗并在昆仑站前将它升起；中山站、泰山站、1100 公里“折返点”、冰穹 A、昆仑站、“PANDA”断面，一路上都是五星红旗的身影。“测绘到哪里，祖国的权益就延伸到哪里”，武大人始终深耕于极地测绘领域，为提升中国在极地事务中话语权而接续奋斗。在未来，我们将继续开拓创新，利用新理念、新技术、新设备开创极地科学考察新领域。

昆仑站举行升国旗仪式

在中华民族伟大复兴的道路上，我们升起过无数次国旗，每次升旗都意义非凡。在我成长之路上，我也想要再多升起几次国旗。在未来的生活中，生命和五星红旗一起昂扬，探索未知的风向，永不停息地高歌。

从滇藏到南极——我与冰川的不解之缘

褚馨德

我与冰川的不解之缘始于2020年本科刚毕业时。那年我骑行滇藏线，途经云南的玉龙雪山和梅里雪山十三峰。电影《转山》里说："进德钦的第一眼，如果能看到梅里十三峰，会幸运一整年。"那天我骑车到德钦飞来寺时已是下午四五点，忽然间看到很多人往陡坡方向走，并向对面山峰拍照，我抬眼望去，才发现原来是梅里雪山的日照金山。霞光倾泻而下，自然的笔触勾勒出雪峰轮廓，金色与银白相和，动人心魄，如电影台词所说，那时的雪山正像"加上两勺白砂糖做成的巨大冰激凌"。刹那间，我所有的身心疲惫都已消散。

那一刻，我觉得雪山冰川就是我的幸运星，自然的妙手将我们连在了一起。后来，我在选择研究方向的时候也选择了和冰川相关的课题，并沿着这条路走到现在，并且走出亚欧大陆、越过太平洋、走向南极。

于一腔热血中邂逅新的旅途

参加南极科学考察的契机来得很偶然。2023 年 8 月的一天，我突然得知有一个报名前往南极参加科学考察的机会。我几乎是没有犹豫地向我的导师艾松涛教授汇报了自己报名的意愿。诚然，“南极”于我而言是一个遥远又有些陌生的名词，但我知道这是一个难得的机会，错过可能就不会再出现了。“命运的齿轮开始转动”，我那一刻的决定埋下了我和冰川在南极大陆相会的伏笔，我的博士研究生生涯也由此起航，一往无前地驶向一个未知的奇妙世界。

在艾松涛教授的鼎力支持和悉心指导下，我顺利报名参加了内陆队拉萨集训(包括内陆队员高原适应性训练和专业技能培训两部分)。靠着披荆斩棘的一腔热血和曾经在青海湖野外综合调查遥感组中的无人机航飞经验，我通过了集训选拔，正式成为了一名南极科学考察队员，而集训也使我在已有经验的基础上建立起更加完备的知识和技能体系，为我的南极之旅打点好了行囊。

初到南极大陆，发现这里有着与国内完全不同的景致。在中山站落脚后，我们在站上参与海冰卸货工作，一直到 2023 年 12 月 16 日才出发前往内陆格罗夫山。到了内陆，我的任务主要是通过无人机对南极格罗夫山地区的山峰(主要为梅森峰和哈丁山)进行测绘。在这个过程中，南极的天气是最大的工作挑战之一：无人机的航飞与天气状况紧密挂钩，大风、下雪、能见度低都是影响无人机航飞的不利因素，然而在格罗夫山地区，大风、低温天气是家常便饭。在这种情况下，无人机电池续航时长会极大缩减，此外，错误估算电量的情况也时有发生，从而导致无人机在返航过程中因电量不足而强制迫降。

我经历过三次无人机强制迫降，最后一次最为惊险，那是在航测梅森峰附近的小山头梅尔沃德峰时，当天的风速达到 12m/s。在航飞时，由于电量估算失误，飞机在返航中途就开始迫降，而且迫降的地点非常不好，位于梅尔沃德峰的悬崖处，山峰和雪垄之间有个很深的凹槽，一旦迫降，就有可能导致仅有的三台之一的无人机的坠毁，从而极大地影响到后续工作的开展。我见情况不对，立即向队长汇报，队长当即拉着我开车赶往迫降地点，等到了现场，只见无人机正准备直直地落入深坑里，我急忙拨动遥控器控制杆，控制无人机飞离深坑。好在无人机还剩最后一丝电量，成功飞离了深坑，没有造成太大损失。此后我估算电量更为保守，再也没有出现迫降的情况。

在科学考察的旅途中，我觉得自己似乎就像拿着宝剑披荆斩棘的勇士，初出茅庐却又坚定果敢，在惊险与危急中一鼓作气，攻克一个个难关，取得一个个成功。

于平常琐碎中积累星点光芒

当最初的兴奋渐渐淡去，真正融入南极的科学考察和生活中后，我逐渐明白，惊险的成功或许并不是这里的常态，实际上的南极生活总是在平平常常中缓缓行进。我会在亲身沉浸后褪除南极带给我的神秘感，也会被各种小困难绊住脚步，毕竟如无人机徜徉在长空天宇般的自由张扬只是偶尔的想象，而落脚于地面的勤恳踏实才是科学考察的不二法门。

在格罗夫山地区，抛却南极内陆和国内迥然不同的自然环境，我们科学考察生活的日程表其实和国内研究生的生活日常没有太大的区别：早上 8 点起床，吃早点，天气不好时在营地附近作业：打钻、切冰芯、飞无人机；天气好时去其他营地（例如哈丁山）作业：采样、找陨石、飞无人机，下午坐车回营地，路上随时注意着格罗夫山地区被冰雪覆盖的冰裂隙，轮流做饭、开会、聊天、就寝。这些工作最需要的往往是严谨和耐心的态度，而在日复一日的工作中，我们还需要兼顾天气状况，抓紧时间完成任务，防止因为误工而打乱节奏。这种踏实严谨的工作日常和紧锣密鼓的工作节奏基本组成了前期考察生活的主旋律。

当科研地点从较为熟悉的土地跨越到从未涉足的南极，大多数时候，两者所适用的科研方法还是相通的，然而研究方法或研究思路不适配的情况也时而会发生。“工具的不适配”就曾和低温天气一起给我们使了个绊子。那是 2023 年 12 月 18 日的晚上，我和

褚馨德在南极格罗夫山地区拍摄

老师以及一个队员一起，帮助另一个队员谢陈雨①一起在冰天雪地里装仪器。由于零下二十多摄氏度的低温和大风，我们的作业非常艰难，在接近失温的寒冷和疲惫中，我和其他人先行返回站里休息，陈雨留下继续和仪器奋战。大概是在凌晨，那时我冷得还没睡着，冰凉的手脚在被子里也暖不起来，就隐隐约约听见了开门的声音，发现是陈雨回来了，“带来了雪意和三点钟”。而到了第二天六点左右，陈雨就因为那个仪器装得还是有点问题，不得不打电话向国内的人寻求帮助，挂了电话又一个人冒着严寒出去摆弄仪器了，后面发现该仪器的设计带到南极后本身就可能有不适配的地方，最后还是没有成功安装。磕磕绊绊最后无功而返的挫折和在天寒地冻下的艰难作业让我更加意识到了烦琐和困难才是科学考察的常态。

于孤独中观审心之所向

事实上，在南极科学考察的大多数时间里，我都不是孤军奋战，而是在与老师、队友和其他工作人员的共同努力下完成了这场南极之旅。我始终记得“雪龙”号上群英荟萃的南极小课堂，记得通过铱星电话向国内老师寻求技术帮助的时刻，记得站上大厨烹饪的美食，记得和队友们晚上聊天的时光。在和他人交流、向他人学习的过程中，我也获得了宝贵的自我提升的机会。例如，在离开中山站前艾松涛教授分配给我们往海中投放微型验潮仪(RBR-DT)的任务，但12月中旬时中山站附近的海冰还未融化，我们以为仪器投不进去，后来经艾松涛教授点拨，我们向经验丰富的“老南极”沈守明老师寻求

① 谢陈雨，中国第40次南极科学考察队队员，同济大学测绘与地理信息学院博士生。

帮助，他开着车带我们围着中山站沿岸码头转了一圈，终于在一个比较远的山头找到合适的位置。这次经历也使我意识到自身的经验还不足，必要时应该与老师和队友商量，并在不断试错中磨炼自己的问题解决能力。可以说，在南极科学考察过程中遇到的每一个人，都是我进步路上的良师益友。

然而，在这片人迹罕至的、几乎没有尽头的“白色沙漠”中，学会和孤独共存，仍旧是我的一门必修课。作为内陆队前往格罗夫山地区的一员，在进行科学考察的那段日子里，我偶尔会恍惚而惊讶地意识到，我们九人往往就是方圆几里仅有的九个生物。在没有科学考察工作的晚上，我们会复盘一下工作进度和工作规划，再聊聊天，然后干自己的事情。除了风声，一切似乎都是静悄悄的，天和地白茫茫连成一片，曾经万分感兴趣的风景在时间的推移下也褪去了极地的神秘光环，露出单调的真面目。空间是孤寂的，时间亦是。这里的时间比国内晚三个小时，一切失联的孤独、滞后的焦虑、因“与众不同”而产生的疏离和陌生感，似乎都包含在这三小时的时差中了。我感到自己脱离了曾经身处其中兢兢业业、力争向前的那个时区，进入了一个少有人踏足的时区，油然而生孤独之感。这种感觉在元旦跨年那一刻尤为明显——朋友圈里“人声鼎沸”，似乎所有人都在通过出游、聚餐庆祝，踩着零点发动态，而我则在晚了三小时的冰天雪地中静静地等候新的一年的到来。

在这种环境中，孤独被无限放大，无论奠定你知识框架的是鲁迅、老舍、尼采、康德，还是图灵、普朗特，你大概都会不由自主地开始审视自己的内心，沉下心思考。而在科学考察中的空闲时间通过摄影、阅读等“输入”和写日记的“输出”行为，我的思考能力得到了很大提升，从而能够更全面地看待自己的南极之旅，也能够更深刻地认识到自己对冰川、对无人机、对极地、对科研始终不灭的热爱。

身处这个特殊时空集为一体的坐标，我也常常回望自己过去做过人生选择的各个十字路口：得知南极科学考察报名机会的那个早晨，选择博士阶段继续冰川课题的那一天，硕士阶段决定选择研究冰冻圈遥感领域的那一刻，在德钦看到日光倾泻下的梅里雪山的那一瞬间，抑或是更早。我欣慰地发现，我忠诚于自己这一路上的每个决定，并一直全力以赴，或许有过疲惫和犹豫、沮丧和消沉，但从未有过放弃。

回中山站后，我写日记的时间常常是当地时间的凌晨，中山站的天空发灰，极昼马上就要过去，再过些时日就可以见到夜晚，远在祖国北方的亲人朋友们在那时应该已经入眠，我不确信人生是否也如同这时差一般晚 3 个小时，但我愿意一直往前走，就像 2020 年骑行爬坡时那般，乳酸堆积形成的酸痛感不停地刺激着我的大腿神经，可能我骑得很慢，但我仍不愿停下，因为还有漫漫长路和挑战在前方等我。

我本始以微渺，汇聚为成使命

丁　曦

我们都是微弱渺小的星辰，汇聚，是为了成就浩瀚的使命。

变化中选择，岿然不变是梦想

我曾经也是一个迷茫的本科生，不知自己未来在哪里。可一步步走到今天，我熬过了每一个科研日夜，和老师同辈们并肩作战，取得了一次次突破。直到今天我才发现，自己曾经偶然的选择，已悄悄成为一种必然——我发现了自己的梦想所在。曾经的彷徨融为对当下的热爱，我找到了自己的那条道路。我想对曾经的自己，也对像我一样有过迷茫的同学们说："没关系，坚定走目前选择的路，做当下的坚定者、奋进者、搏击者，然后你会发现，一条看似在轨道上延伸的路，会带你通往一片旷野，或者一座冰山，那时你会发现，一切豁然开朗。"

和我一样，科学考察团队中有很多工作者，没有多么宏大的叙事，我们的日常多数被科研占据。处理数据、撰写文章等工作就是我目前大部分的生活，从本科到硕博科学考察，我不是一开始就选择科学考察的人，但是我深知选择后就要坚定地走下去，这是一种负责，对自己，对团队，也是对国家。同时，科研研究也并不是束之高阁，需要进行大量实践，采集数据。这就要求科研人员不仅是科研能力强，而是要在心理素质、身体素质、人文关怀、国际视野等方面都具备相应能力。我们在研究中也会遇到很多挫折和瓶颈，这些并不是个人力量就可以应对的，更需要团队协作。我更知晓卓越的能力是在实践与经验中淬炼的，比如及时保存数据记录，以进行后续的工作，不能每次都忘记保存等。正因为我在科研中不断应对挑战，接受变化，复盘总结，才走到了正在前进的道路。我有幸参与到第39次南极科学考察。导师教导我向身边优秀的考察队员学习，在实践中发挥自己的长处，找到自己的不足，同时还应当充满信心，不断完善自己。同时他多次分享自己去极地的经历，让我更加体会到了南极精神的践行。

中国极地科学考察的发展，其实也像一个人的成长一样。从1984年到今天，四十年我们乘风破浪。从成功登顶南极冰盖最高点，建立中国南极昆仑站，到极地考察"十五"能力建设的实施，再到启动国际极地年中国行动计划，这些成就建设都是兢兢业业的科学考察人奋发进取、磨炼本领创造的。

困境中齐心，与团队直面风浪

鲸波六万里，一苇以航。我是中国第39次南极科学考察队的成员。这是中国第三次实施"双龙探极"，主要围绕南大洋重点海域对全球气候变化响应与反馈等重大科学问题开展考察工作，现场作业5个多月。

踏上冰面，我第一次看到这样的场景：被积雪覆盖的冰面，好似一片白茫茫的沙漠，放眼望去，只有远处的陆地若隐若现。这就是曾出现在照片中和我梦中的场景。

秦岭站临时站区鸟瞰

南极有四“最”：最高的平均海拔、最干燥的空气、最大的风、最冷的气候。这次科学考察，听参加过数次极地科学考察的杨元德教授说，令他感触最深的还是科学考察基础设施建设的逐渐完善，以及科研能力的日渐提升。“从长城站、中山站、昆仑站、泰山站到罗斯海新站，由中国建立起来的南极科学考察站越来越多，分布得越来越广。以前执行科学考察任务时，打电话、上网都很难。如今，通信变得越来越便捷，用于科学考察的船、飞机、基地等物资保障一应俱全，我们国家极地科学考察能力正在飞速进步。”确实如此，我们在罗斯海新站遭遇的最大问题都无法和几十年前的困难相比。

此次我的主要任务是在罗斯海进行南极海平面的变化监测。这是我国首次对南极罗斯海潮汐进行长期观测，研究成果将反映区域海平面的变化趋势。每次出门，我必须选择天气好的时间段，其中风力是最主要的考虑因素。风大的时候，会达到每秒 30 米，非常危险，这时只能停止作业。将验潮仪器投入海水中，前往海边观测潮汐情况，并记录下相关数据，是我每天要完成的任务。这项任务看似一个人可以完成，但实际上在极端环境下，一个人就是孤立无援，只有团队的帮助才能保证任务的顺利进行。罗斯海新站是我国在南极的第五个科学考察站，也是新时代我国建立的第一个常年科学考察站，2019 年开始建设，当时还没有建好。由于新站供电困难，我们只能自己用发电机进行供电。在进行供电建设后进行作业的过程中，我们团队齐心协力，尝试多次才能把发电

秦岭站建设现场

设备启动成功。有时由于天气恶劣，风雪极大，能见度很低，我们只能等天气好的时候再出门。在陆地上工作，还要特别注意脚下，以免掉入冰盖的裂隙中，为此我们都是两人以上结伴出行。在这里，团队是安全也是陪伴。

除了日常作业，我们还有一项重要工作是卸货。所谓卸货，就是将“雪龙”号的物资运输到中山站上。但科学考察船无法停泊到科学考察站旁边，只能停在最近的海面上，两点相隔着巨大的冰面。卸货的方式包括通过雪地车冰面行驶运输、从船上卸货至冰面再由直升机运输、直接使用直升机运输等多种方式。尽管我们分了夜班和白班，南极的夏季却没有昼夜之分，远处的太阳从头顶掠过，一轮又一轮，怎么也不肯降到地平线以下，接连几天都是如此。满庭清昼固然令人感到新奇，但是一开始无法很快调整睡眠也令队员们更加疲惫。尽管面临着严寒、休息不足等困难，大家都热情高涨，每个人都明白，只有卸货完成后，后续的新站作业以及大洋考察作业才能有序开展。在连续多天的卸货工作中，我领略了南极独特的壮美，更体会到了团队配合的力量——在严寒之地，我们只有团结进取，才能克服千难万阻。

丁曦正在预备监测

不仅是中国团队内的协作，在科学考察过程中，我们会和各国队员前往站点，大家和谐相处，互相帮助。南极中心的王泽民教授曾说过，只有不遗余力地帮助别人，才有可能获得别人的帮助。南极虽是天寒地冻之地，但从不缺乏和平合作的暖心故事。在新冠疫情期间，澳大利亚南极戴维斯站一名队员病重需紧急医疗救援，正在南极进行第37次考察工作的“雪龙2”号破冰船慷慨相助，联合美国麦克默多站一同紧急救援病重队员。由于疫情的缘故，戴维斯站当年并没有配备装有雪橇式起落架的飞机。我们的“雪龙2”号破冰船抵达澳大利亚戴维斯站附近，随船AW169直升机成功将病重的澳大利亚队员送至戴维斯站附近飞机滑翔雪道，顺利送回澳大利亚治疗。这次救援是南极国际合作的典型，完美诠释了南极的和平精神。澳大利亚南极局罕见地在官方网站通过一张“中澳两国国旗在南极洲共同飘扬”的照片，表达了对中国南极考察队的感激和赞赏。在南极，我们也体会到“人类命运共同体”的深刻内涵。

平凡中成就，再次出发的希望

罗斯海新站会建成的。我渴望再度出发，去建成的新站进行进一步的研究。

新站是中国在南极地区第三个常年科学考察站，规划建筑面积为5244平方米，可满足80人度夏、30人越冬的基本需求。

新站将会成为中国极地科学考察的一个新成就。我们深知，综合国力不断增强是中国极地事业发展壮大的坚强后盾。是国家不断加强人力、财力、物力支持，不断加强保障能力建设，不断优化极地科学考察站布局。从一个人到一群人，从青春年少到不惑花甲，一代代“老南极们”“老北极们”激励着我们踔厉奋发，吃苦耐劳，不断淬炼自我，他们凝聚了中国极地事业的一个个里程碑。为了祖国极地事业，他们离妻别子，远赴险地；为了和平利用极地，他们横渡汪洋，奔波万里；为了研究极地科学，他们不畏严寒，深入南极内陆……翻过一座座山，越过一片片海，踏过一层层雪，不知疲倦地前进着。

丁曦与武汉大学科学考察队旗帜合影

写在最后

我想我是平凡的，渺小的，始于涓涓细流，而百川终归一场浩瀚。在习近平总书记的回信中，我不仅进一步感受到了南极精神的传承，更体会到时代对青年人的号召。作为一名从事极地时空大数据研究的新时代青年学子，在日常生活和学习中，我会牢记习近平总书记的嘱托，扎实学习，开拓创新，勇担使命，积极参与极地科学研究，用极地大数据服务国家极地事业。

九万里风鹏正举，年轻的心跳和着时代的节拍，正奏响未来的鼓点。我相信，历史只会眷顾坚定者、奋进者、搏击者，而不会等待犹豫者、懈怠者、畏难者。时不我待，只争朝夕。

（说明：2024 年 1 月罗斯海新站已经建成并正式命名为秦岭站）

极地之光炽热我心：533 天南极越冬之旅

麻源源

533 天，我的三年博士生涯一半在南极。2020 年 11 月 10 日，中国第 37 次南极科学考察队搭乘“雪龙 2”号从上海出发，我也随队启程，前往中山站执行越冬任务，开展中高层大气激光雷达、GPS 跟踪站的仪器运行和维护工作。这是我第一次去南极，由于疫情等原因，我这次南极之旅格外漫长。533 天，历经两个夏天，穿越一个冬天，我感受了明朗的极昼和绚丽的极夜……于我而言，这次南极之旅是我人生中最独特的一次经历。

自强弘毅，焕新青春底色

在南极中山站，一批来自武汉大学测绘和遥感专业的仪器正在安静地运作，它们不时需要维护，因此武汉大学中国南极测绘研究中心会定期委派人员前往从事这项工作。我是 2019 级的博士研究生，我的师兄曾召亮从南极凯旋后，南极中山站便急需一名工程师负责采集数据和维护、操作仪器。我的心中一直萦绕着一个晶莹的“南极梦”，听闻这个消息，毅然决然地报名并顺利通过选拔，随队搭乘“雪龙 2”号前往中山站执行越

麻源源正在观测海冰

冬任务。

南极恶劣的地理环境可谓是危机四伏，意外随时都会降临。在极夜时，南极温度竟达到骇人的零下 20℃，猎猎疾风在耳边呼啸，野外作业的麻烦是不堪设想的。如果是在国内，我仅需 10 分钟就能完成安装与调试 GPS 接收器；但在南极的极寒环境下，这项工作通常耗费一个小时才能完成。由于天气寒冷，我们在野外活动时，必须戴着笨重的手套保暖，这也给操作仪器带来了极大不便。因此，在操作仪器时我们需要把手套脱掉，但也陷入了“天大寒，砚冰坚，手指不可屈伸”的困境。每次我都在咬牙坚持，在手即将失去知觉时我才会戴上手套保暖，并不断重复这个操作，直到仪器能够正常采集数据。

此外，测温仪器的工作性能可能会受到极寒的影响，故而我们要把衣物覆盖在仪器设备上，为它们保暖。也许只有自己亲身经历过才能够体验到这些工作的辛苦，但是我从来不后悔参加南极科学考察工作。自我 2019 年入校以来，“自强、弘毅、求是、拓新”的校训在我的心中扎下了根，母校也一直激励着我，让我在科研道路上行稳致远，让青春底色更加光彩照人。

潜心科研，勇攀科学高峰

我参加的是中国第 37 次南极科学考察中山站越冬任务，任务主要分为两部分。第一部分是观测极地大气激光雷达系统，它包括 4 套仪器的日常维护和数据采集；另一部分是武汉大学卫星跟踪设备的观测、维护和数据采集以及自动验潮仪器的维护。南极的天气条件变化莫测，为了安全起见，我每次外出采集数据时，至少需要 2 个及以上队友结伴而行。

恶劣的气候条件并不能成为我追求科学路上的阻碍，我的三年博士生涯中有一年半在南极，但我对科研工作丝毫没有懈怠。中山站里的科研设备齐全、完备，我可以随时联系国内的导师，及时沟通。正是这样的环境，锻造了我不畏惧自然条件的坚韧品格，我也一心专注于极地科研事业。南极生活圈非常纯粹，没有琐事干扰，给了我更多的时间和空间专注科研，这是一段很珍贵的经历。

天道酬勤，努力也得到了应有的回报。我们保质保量地完成了激光雷达的观测工作，并及时地维修和处理仪器。我个人也取得了一定成果，在为期一年半的南极科学考察任务中，发表了 SCI 论文两篇，我专注科研的决心也越发坚定。南极科学考察任务终于落下了圆满的帷幕。前辈们身体力行，冒着肆虐的暴雪，顶着凛冽的狂风，为国家开荒拓野，用坐标丈量大地。他们留下的宝贵经验让我受益匪浅，母校在润物细无声处激励珞珈学子实事求是、开拓创新，我也始终将校训铭记于心，潜心科研，勇攀科学高峰，用国家的大事业磨砺自己的真本领。

拳拳柔情，共望千里婵娟

与国内不同，南极的自然环境格外恶劣，在野外作业时常常险象环生。但对我来说，最大的困难还是孤独。在为期一年半的时间里，只有我们 21 名科学考察队员生活在一起。缺少了亲友的陪伴，孤独感便悄然滋生，侵蚀着我的心脏。幸而中山站贴心地提供了丰富多样的娱乐设施，我们可以在健身器材上挥洒汗水，在乒乓球场上激烈对抗，在扑克比赛中感受头脑风暴，孤独感渐渐被充实的生活取代。

每个科学考察队员都有定量的网络流量，平时我们可以和亲朋好友以及老师同学沟通联系。工作上的困难我们都能克服，但是对家人的思念依旧难耐。尤其在新春佳节之际，我不由怀念昔日在国内和家人欢聚一堂的时刻。不过失落感只是暂时的，我们很快振奋起精神，招呼着把彼此的网络集中在一起，观看一场热热闹闹的春晚。在春晚之后的茶话会上，同伴们载歌载舞，欢聚一堂，整个中山站都被巨大的幸福包围了。

和队友建立的深厚情谊让我终生难忘，但遗憾也是难免的。亏欠了对家人的陪伴，这是我心中最深的愧疚。南极中山站附近漂浮着让我心驰神往的企鹅岛，由于疫情影响，我们并没有探索这个未知的岛屿。不过常言道："小满胜万全"，些许遗憾让这次

队友们在中山站欢度春节

南极之旅在我的记忆长河里更加深刻。那璀璨的星斗，白茫茫的暴雪，连绵起伏的冰山和企鹅好奇的黑眼睛，常常萦绕在我归国后的梦境中。在我用双眼定格南极景色时，它们也在我的记忆中留下了不可磨灭的痕迹，在无声处塑造着我的生命。

当我们坐上“雪龙”号的时候，思乡之情便越发浓烈。在太平洋上行驶时，我们只能听到“雪龙”号孤单的轰鸣声。近了，更近了！我们看到了越来越多国内的船只，彼此之间还通过鸣笛打招呼，那时归家的喜悦充盈着我整个胸膛。当看到祖国海岸线的时候，好多人热泪盈眶。双脚踩在祖国大地上的那一刻，我心中缺失的一角终于被填满了。这是我们离开南极之后第一次踏上坚实的土地，很多队员一看到亲切的国土，直接躺在地上，他们在祖国母亲的臂弯里感受到了一种前所未有的踏实感。

在南极这片荒凉而壮丽的土地上，年轻一代正在迅速崛起，并接过前辈的火把。这不仅是知识的传递，更是勇气、毅力和对未知探索的渴望的延续。他们的故事，是关于成长、挑战和超越的故事。南极的冰山、极光和企鹅，见证了他们的努力和成就。薪火相传，在这里不仅仅是一种传承，更是一种对未来的承诺，一种对科学和探索永不熄灭的热情。

（采写：韩雅宁　余蕴欣　徐雯靓　徐艺榕　张怡悦　朱珊珊　杜聪聪　翁佳月　柳锦菲）

科研新人的追梦之旅

陈亮宇

陈亮宇在科学考察船甲板上工作

陈亮宇，武汉大学测绘学院 2017 级本科生，中国南极测绘研究中心 2021 级硕士研究生。在 2022 年 10 月到 2023 年 4 月期间参与中国第 39 次南极科学考察，以第一负责人的身份承担南大洋海底地形精密测绘的重要任务，为我国取得了丰富珍贵的极地海洋地球物理高分辨率数据；圆满完成了北斗性能测试和海冰密集度调查等重要科研项目的现场执行任务。曾荣获研究生国家奖学金，武汉大学优秀学业奖学金、优秀研究生、优秀学生、优秀实习实践成果一等奖，挑战杯赛事国家级一等奖、“互联网+”赛事国家级银奖等荣誉。

我在 2022 年 10 月以硕士生的身份参加了南极科学考察活动，并于次年 4 月份返程。科学考察队返程后，我们很荣幸地收到了习近平总书记的来信，信中那句“用国家的大事业磨砺青年人的真本领”让我感触颇深。走出校园，离开师长，走到实践的天地中，在没有指挥的情况下判断该如何行动，在荒无人烟的冰雪世界熬过孤独时光，在寒风凛冽的甲板上挥汗如雨，是对自我的挑战，也是对自己的打磨。

追梦之路，道阻且长

当我站在前往南极的科学考察船上时，内心既期待又担心。前往南极前所付出的艰辛准备一帧帧地浮现在我的脑海。

我与武汉大学南极考察事业结缘是通过师兄李航的一本书《在南极的500天》，书中讲述了作为武汉大学南极科学考察队员的他是如何克服严寒、狂风、极夜，坚守在南极考察站越冬的故事。通过这本书，我了解到在武汉大学有这样一群人，在那片孤独而神秘的大陆上，探寻那一望无垠的雪地和海洋的奥秘。那时的我还在武汉大学测绘学院读本科，书中描述的南极世界和科学考察队员们的科研生活在我的心里埋下了梦想的种子。我找到了我现在的导师王泽民老师，他亲切地向我介绍了武汉大学中国南极测绘研究中心的具体情况。那时起，我就确立了来这里读研的目标，并产生了去南极科学考察的强烈愿望，但我知道，我要等待那个机会。在等待机会的过程中，我不仅潜心科研，也注重加强身体素质的锻炼。在硕士二年级的时候，这个机会不期而至。

确实是不期而至，我想。我曾无数次期盼去南极科学考察，但没料到机会来得这么早。我只学习了一年，害怕准备做得不够充分，害怕自己的能力不足以承担起国家的大任务，害怕自己不能成为一个独当一面的合格的科研队员。但这次机会真的很难得，也许错过了，下一次就不知道要待何时了。

遇到机会是我的幸运，抓住机会更为重要。为此，我要做好万全的准备。首先当然是科研能力。我负责海洋测绘方向的工作，但我对它的了解也仅限于书本和课堂上，纸上谈兵，并没有实操过。在培训中，我努力学习操作仪器、设备，力求做到熟练、完备。虽偶尔自嘲纸上谈兵，但理论知识却也是少不得的。我阅读了很多专业书籍以及各种技术手册，并到考察船上现学，一边学理论，一边将它与眼前的实际问题联系起来。其次是我的身体素质，我本来就坚持锻炼，平时除了打篮球外，还经常参加马拉松比赛。毕竟南极的科学考察并不是坦途，因此，我不敢掉以轻心，仍坚持提升自己的身体素质。

曾经，我对南极的印象是一望无际的宁静海面或者冰原。到了南极才发现，平静晴

2021 年 5 月在湖北省巴东县参加湖北长江马拉松

朗的天气是很少有的，大部分时间天气都很阴郁，恶劣时会有狂风暴雪，我们的工作和休息时间全视天气状况而定。此外，频繁跨越时区和极昼现象让我们的作息十分紊乱，每个人都要顶着疲惫的身体和精神压力执行任务。不过，我们的居住环境、科研条件和医疗安全保障，与我们老师那个年代相比已经进步了太多，这得益于一代又一代南极科学考察工作者的努力。

工作科研之余，我们聚在一起开办“南极大学”，每个人给大家讲自己专业相关的知识或者趣事。在他们的讲述中，我仿佛见到了一个更大的世界。我知道，测绘只是南极科学考察的一小部分。聆听着他们的讲述，我拼凑起了一个更大的南极科学考察的世界，包括生物学，乃至社会学。我们一起构成了南极科学考察的完整部分，也正因为此，我们才相聚在这条船上。

到科学考察快结束时，已是 4 月，南极的寒冬就要降临，漫漫黑夜笼罩了这片冰雪的天地，我们终于看到了极光，如梦似幻的光幕悬挂在漆黑的天幕上，仿佛是对即将返程的科学考察者的告别与奖赏。那几天夜里我没怎么睡觉，顶着仍旧寒冷的天气，扛着相机出门，想尽可能记录下更多极光的变化，留下更多关于南极的专属记忆。

在普里兹湾观赏南极夜空的美丽极光

在追梦中磨砺成长

在这趟行程之前，我的“学生气”比较重，习惯于听从安排和调遣，习惯于遇到问题求助导师后再定夺，不敢自己做决定。但是在参与“国家的大事业”的过程中，我锻炼了自己的真本领，成长为一个独当一面的科研工作者。

在南极，我们不仅要把象牙塔中学的知识运用到实际中，还要肯干脏活、能干累活。这次科学考察中，我主要负责的是海洋测绘，操作各种仪器和设备，测量海底水深、海洋重力等数据。作为考察队中最年轻的党员同志，我还经常协助海洋生物调查等任务的执行。海洋作业中，我们时而需要扮演水手，时而又要扮演渔民，每天在摇晃不止的甲板上与湿冷厚重的绳缆和钢架为伴，海水和雪水掺杂着渗透进手套，我们的手大部分时候不得不泡在咸冷的水里。我们八个年轻的男同志因为时常需要在后甲板上做体力活，被其他队员送了一个称号“甲板八猛男”。在寒风中穿着厚重的羽绒服拖拽沉重的捕捞网并不轻松，不仅需要大力气，还很考验我们的意志力。幸运的是劳累的工作后有所收获，我们首次捕获了南极莫氏犬牙鱼，体长一米七多，140 公斤重，是非常珍贵的科研标本，也是我国 39 年来第一次

海洋测绘的日常工作

在后甲板上拖拽捕捞网

捕获犬牙鱼。

与捕捞到的南极莫氏犬牙鱼合影

但最考验我的并不是身体上的煎熬，而是面对重大责任时的精神压力。我作为考察队中海洋测绘项目的主要负责人，在重大问题的决策上往往要考虑多方面的情况。我会担心自己万一考虑不够周全带来的决策失误，可能会导致任务失败，让半年的准备付之一炬。而与外界的信息隔绝和风云突变的现场环境使我不得不独当一面。

在一次科学考察过程中，我就遇到了这样的情况。原本提前设计好的航线上突然漂来一座小型冰山，我们不得不对船的航行轨迹作出调整。考察时间非常珍贵，考察的工作量也有指标要求，如果重新规划航道，不仅要寻找另一条合适的路径，还要保证这条路线可以完成测量指标，这时候就需要由我自己确定接下来的路如何走。此外，还有很多有关测区选定的问题，原测区因为海冰没融化和风浪过大不能再去考察，这时就需要重新选定测区。测区的选择直接关系到这半年的科研成果。需要作出如此重大的决定时，我的胆怯一时占了上风。我给自己打气：虽然我是学生，但是在这里，在我的专业领域，我就是最专业的人。考察船上的朋友和前辈们也鼓励我，告诉我不要担心。我结合实际情况，考虑了很多因素，比如天气、往年测区、执行难度、距离等，最后敲定了选区，并在回国后得到了老师的认可。从前在工作中，我一直扮演的是听从指挥的角色，是一个跟着老师走的科研新

临时研究测区的改变

人。这次的任务让我有了决策的机会和勇气，也体会到了决策的艰难和责任。我知道，我终究有一天需要脱离导师指导，成为一个独当一面的科研工作者，而这次科学考察经历就是对我绝佳的锻炼。

除了需要在独自一人时做出正确的抉择，齐心协力的团队合作也不可或缺。我们这次行程需要执行潜标收放任务，潜标是一个很重的设备，海水的压力、海面的风浪和自身的重量导致收集潜标费时费力且比较危险。我们十几个人一起喊着号子，就像拔河一样用力把潜标拖拽上船。这是一项很考验团队默契的工作，即使外面一片冰天雪地，我们的团魂也熊熊燃烧。独立与团结，体力与脑力，每一个都不可或缺。

圆梦路上的点点温情

激发我努力追梦的，除了对科研的热爱外，还有科研之外的温情。它们都是我的动力，温暖着我的内心深处。

我的导师王泽民和安家春老师对我的影响很大，我最初正是在他们的影响下才走上了南极科学考察的道路。面对一个毫无经验的本科生的提问，他们给予了我耐心的解答和指导。除了学业上的指导，他们也会在平日里向我们分享科研故事。每当遇到难题时，我总是想起这些故事，从中获得解决问题的经验和勇气。我也想成为导师那样的人，在未来讲述独属于我的科研故事。

陈亮宇和王泽民老师

陈亮宇和安家春老师

我的家人也是我的动力。他们以我能为国家执行任务为荣，为我的选择和坚持而骄傲。但其实他们也很担心我，在出发前往南极前，以及在南极短暂的能与家人取得联系的时光里，他们恳切的话语常常萦绕在我的耳畔。想到家人们在地球的另一端等我回去，等我光荣地回去，我就能打起十二分的劲头来，保证自己的平安，也保证任务能够出色完成。

我很感谢我的女友，她给了我很大的支持。南极海域信号不好，我们半年也没通上几次电话。我在宇航员海经历了漫长的无信号时间，当朋友来告诉我科学考察船蹭上了某个科学考察站的信号可以通话时，我立马冲到甲板上拨通了她的视频电话。四目相顾，却拘谨无言，我们隔着手机屏幕默默流下泪水。本就电量不足的手机在寒冷的环境中电量消耗更快，不一会儿就弹出了三十秒的关机警报。我借着这最后的时间报了平安，直到手机屏幕上只能出现我的倒影。在回国之后，我更加珍惜我们在一起的时光。

我是南极科学考察中小小的一分子，但正是像我这样一个个小分子才堆起了国家的大事业。自习近平总书记回信以来，我被邀请参加了许多兄弟院系的交流活动，分享我的经历与感触。在这个不断学习的过程中，我的心态也发生着变化：我从一开始的光荣骄傲，到现在开始感觉到身上担负着越来越重的使命和责任。未来，我还有很多路要走，南极科学考察也道路漫漫。我会一直追寻着我的梦想，尽自己的力，发一分光，向国家大事业的更高峰前进，向人生旅途的漫漫长路前进。

（采写：杨语凡　周煜）

第四篇　共襄盛举

观象于天：探寻南北极区的空间物理之秘

艾　勇

艾勇在“雪龙”号前

艾勇，1958 年 1 月生，空间物理专业博士，武汉大学电子信息学院教授。1998 年参与中国第 15 次南极越冬科考，负责中山站“中日合作高空大气物理观测”项目。2012 年、2014 年去往北极黄河站，执行高空风场观测任务。

参加南北极科考，于我而言，是机缘巧合的事。1998 年，我博士毕业，从事空间物理方向的研究。也是在这一年，中国正在组建去南极的第 15 次科考队。中国极地研究中心在全国高校间召集空间物理方向科考队员，武汉大学也受到了他们的青睐，于是极地中心便与武大协商，看是否有合适的人选。空间物理学专业的王敬芳教授得知后，便向我建议：“你刚毕业，专业方向也对口，南极是研究空间物理的最佳科学观测实验室，你正好借这次科考到南极去参与观测，获取数据来进行科学研究，也是一次难得的机会。”

正是这样的建议，揭开了我与南北极地之缘。我一共参加了三次极地科考，一次去了南极中山站，另外两次去了北极黄河站。

极区生活：中山站的日常与挑战

在空间物理的领域，南北极区是理想的观测试验地。受洛伦兹力的影响，宇宙的带电粒子流大部分经由南北极进入地球大气，这在内陆很难观测到。而观察这些带电粒子的进出，实际上就是在观测太阳的活动了。在我之前，武大并未派出过学者到南极观测空间物理，参加第 15 次的南极越冬的心思便如种子般在我心里生根发芽。

然而奔赴万里之外的南极，可不是脑袋一热就能决定的事。我的家人尤为担心，毕竟在 1998 年，南极的生存条件较为恶劣。在那个年代，想前往南极，国家对参与人员的身体素质有严格要求，尤其不能有慢性疾病。因为在南极进入冬季后，中山站附近的海域会全封冻起来，外界船只进不去，里边的人也出不来。若这时有人突发疾病，根本来不及医治。加上南极天气严寒，暴风雪肆虐，有时候冰层不稳定，一不小心就有掉落海沟的危险。外出行动时还可能遇上冰山坍塌，每年都能听闻外国的科考人员出意外。所以去南极，人人都需做好有去无回的准备。我自然也有过担忧，可是没有“偏向虎山行”的勇气，如何能探索未知呢？因此在按照流程做完各项体检后，我便坚持踏上了前往南极的征途。

1998 年 11 月 5 日，我乘坐“雪龙”号离开上海港，12 月 6 日抵达南极中山站，2000 年 3 月底回到上海的港口，一共跨越了两个年头。

初抵中山站时，我发现这里的生活条件比我想象中好得多。站区的硬件设施完备，食材储备、电力照明、供暖装置都配备完善，宿舍也宽敞。南极的冰川融水充足，所以站区不缺生活淡水。站上研究地质的同事们还会开着雪地车，去找几万岁高龄的小冰山，再把刨下的冰搬回来放到站区的淡水池里。然而出行时，驾乘人员确实需要十分谨慎。南极常年低温，海上、陆上结满厚厚的冰层。冰下潮汐的力量汹涌，常常会把冰层撞出裂缝。裂缝又被雪盖住，轻易发现不了，出行的人员一不小心就会踩空，掉落到冰海里。有一次，我不慎踩空，跌进了冰裂隙，好在当时反应快，在下肢浸入海水的瞬间，身体立刻横卧在冰缝上，这才不至于全身都掉进海水里。但双腿泡入冰冷的海水时，我还是冻得浑身打颤，是同事赶紧把我拉出水面，我才哆哆嗦嗦地跑回站换衣服。

在中山站上的日常生活都还算顺利，比较大的挑战是南极的极夜。每年六月份，南极进入极夜，终日不见阳光。在家时，我还保持着些“日出而作”的生活习惯，第一次面对极夜让我着实有些无措。生活在黑夜中，身体会自发地感到困惑：我该什么时候工作，什么时候休息？节奏作息一旦紊乱，身体就容易生病，或是精神状态出问题。所以在极夜期间，中山站每天中午都会敲钟，给大家时间提醒；每晚七点，站区还会组织大家一起看新闻联播；食堂也会在固定的时间段招呼站上人员用餐，通过这种种方式来保持生活节奏的稳定。在极夜期间，人体长期照不到紫外线，这对健康也不利。所以中山站上还有一间专门的紫外线辐照室，再派发一些药来预防软骨病。

南极越冬要在中山站待上一整年，那时，我刚博士毕业，家里孩子还小，我一来南极考察，家里的事都落在我妻子的肩上了。20 世纪末的通信技术还很落后，站区尽管配备了卫星电话，但通话价格极其昂贵，只能是紧急需要才使用。平时我们想跟家里通信，用的是站区的短波电台。每一周，站区会组织站上人员跟家里报一次平安。当时，短波电台先要把频率信号呼叫到北京，再中转到武汉，我才能跟家里人说上话。每次通话差不多也就是 10 分钟左右，毕竟还有许多同事等着跟家里人联系。

中山站区也发生过一次意外，就是发电站突发故障“罢工”了。这在国内也许忍忍就过去了，但是在南极，没电就相当于没有生路。发电站一罢工，中山站的取暖照明装置通通瘫痪，站长着急不已，立马派了两个工人前去检修，再火急火燎地启动备用电站。不幸的是，备用电站因长期没动用过，启动了许久也没反应。当时大家心里都凉了半截：再不启动，大家就要准备逃生了，到距离较近的俄罗斯进步站去求救。好在最后，备用电站恢复了正常，大家才躲过一劫。

中山站和俄罗斯的进步站离得近，我们与俄罗斯队员也就交流得更多些。我在中山站上还是一个小“外交官”，因为刚毕业，英语的底子还在。俄罗斯的站上有着十一二个人，20 世纪末，苏联已经解体了，俄罗斯的经济并不好，连带着进步站上的队员生活也比较简陋。我看到他们日常的吃食就是很简单的罐头、黄豆、玉米等，很少吃到肉。所以逢年过节，我们都会邀请他们过来聚一聚。俄罗斯的队员喜欢来我们中山站做客，看着丰盛的中餐，他们羡慕地说：“中国人吃得太好了！”在南极的科考人员，不论国籍，都有这种互帮互助的共识。

中山站队员与俄罗斯队员聚餐(左六)

南极越冬：高空大气物理观测

中国在南极的科考项目主要在长城站和中山站进行。然而长城站位于南极圈的外围，只能算是一个起步站。中山站则建在了南极大陆冰盖上，更适合科学观测。在中山站的科考队员，每人都有自己专业的工作范畴，例如大气激光由中国科学院大气物理研究所的一位老师负责，GPS 观测站是当时的武汉测绘科技大学的同事在执行。站上南极度夏的人员还组织起了一支内陆队，他们开着雪地车驰往南极内陆上百公里的深处去考察冰盖地层的历史变迁，或是寻找陨石。而我的工作任务，是中山站上的一个大型科考项目——中日合作高空大气物理观测。

我抵达中山站后，便与上一年的队员交接工作。我的工作间并不在中山站区内，因为高空观测需要远离灯光，所以在中山站外几百米远的一个独立小山头上有一间中日合作建造的“高空大气观测室”。它的外形就像一个大集装箱，内部面积差不多有 20 多平方米，内部设施完善，有储备的食物、微波炉、取暖装置。我还在室内种了两盆绿植，算是在一望无垠的冰原上增添点滴鲜活的气息。

高空大气观测室

观测室里的仪器由日本提供，我在国内并未实操过。在上一年队员的指导下，我渐渐地熟悉了仪器的操作方法，便正式开始了观测工作，主要任务包括全天空极光观测、扫描光度计、南极地磁、宇宙噪声探测以及臭氧观测五大类。这些仪器大部分是自动观测，运行起来没有固定的时间。而我的任务就是把观测到的数据收集下来，整理归类，再做基本的数据分析。当时，中山站一半以上的科考工作量都属于这个观测项目，全由我一人操作，工作起来常常是日无暇晷。

观测高空大气现象的重点在于得出不同的数据。例如极光，它并不是每天都爆发，也有平静的时候，呈现出周期性变化，反映出太阳活动的不同状态。在不同的观测数据里，我们才能探索出高空大气的变化规律。每周我会把收集好的数据汇总成一份报告，向国内的极地中心递交一次，极地中心再转发给日本。不过大部分数据最后还需要刻盘保存，或是储存在录像带里。我离开南极时，满满当当地带回了好几个大箱子。

南极素来被称为地球的风极、冷极。在冬季的南极，暴风雪几乎每隔一两周就会光临一次。中山站的位置已经在南极大陆上，温度降到零下三四十度是常有的事。在无风的天气里，体感温度还不会太冷；一旦刮起大风，那就需要羽绒服、冬帽和各种防寒用品全副武装地裹起来。大部分时间里，我都待在观测室里工作，只在吃饭和休息时才回到站区。观测室里长期是我一个人，在外形打扮上也就不那么讲究了。于是，我蓄了两个多月的长胡子，正好体验一把“马克思的时尚造型”。我最好的休息时间恰恰是南极暴风雪来临之际。每当暴风雪刮起，所有的光学仪器都被迫停止，唯有宇宙噪声探测还能正常运行。我也就忙里偷闲，好好睡个觉。然而就是在暴风雪期间，我意想不到地遭遇了一次危机。

艾勇教授在观测室内

有一次，室外又开始风雪大作，我被困在观测室里，每天只能用微波炉加热简易的罐头。然而几天下来，暴风雪丝毫不见停，可我需要回站区补给一些物资。我注意着室外的情况，过了一会，风力稍弱了些。我思量着：观测室与站区相距并不远，平日里又多次往返，早已对路线烂熟于心，此时出门应当比较稳妥。于是我全副武装，拿着手电筒，果断地推开门，下山了。

一打开门，外面漆黑一片，漫天风雪叫嚣，能见度几乎为零。我循着记忆中熟悉的路线，朝着站区的方向走去。然而，我还是低估了南极风雪的威力——连续的暴雪早已把回站区的路盖得严严实实，顺着手电光望去，狂风卷着雪花飞舞，目之所及全是白茫茫的一片，如同无边无际的荒漠，毫无方向。平时在晴好的天气里，我在观测室就能径直看到中山站的大照明灯，可现在只看得到满布视野的混沌。手电筒的光在暴风雪中不过就是螳臂当车，根本照不亮几米的范围。我走着走着，愈发觉得眼前的路不对劲——我好像走岔了。霎时间，一股前所未有的危机感涌上心头：我这是跑到哪里来了？孤身一人陷在南极的野外实在太过危险，若是超过半个小时还找不到目标，几乎只能冻死在野外。我站定在风雪之中，努力使自己冷静下来，举起手电端详了下四周，决定先退一段路回去，这样即使走不到站区，起码还能撤回观测室里。我顺着刚踩出的脚印往回走，边走边观察附近的地形布局。退了一段，我总算是找出了一些熟悉的方向感。于是我纠正了朝向，继续在雪里猫着腰摸索前行。就这样煎熬地往前走了一段路，隐隐约约地，我透过厚重的风雪屏障看到了站区大灯散溢出的光，顿时感到一股劫后余生的庆幸！我立马站起来朝着站区跑去，御寒的帽子哗地被强风吹飞了，整个脑袋像被突然浸在冰窖里，冻得麻木，只能赶快把大衣往头上一盖，继续狂奔。等跑到熟悉的站区内，我才长舒了一口气。

在站上，我曾听闻俄罗斯的队员雪天出行，之后就音讯全无，更是感到一阵阵后怕。再遇上暴雪天气时，我全然不敢轻敌，备好物资，轻易不出门。

潜心研制，重启极地之路

我结束南极科考后，回到武大继续科研工作。直到2012年，我再一次踏上前往极区的路。这一次，我去的是北极的黄河站。北极黄河站位于北纬78°55′、东经11°56′的挪威斯匹次卑尔根群岛的新奥尔松。考察站为一栋两层楼房，总面积约500平方米，包括实验室、办公室、阅览室和休息室、宿舍等。新奥尔松被称为“北极科考村”，许多国家都在那里设有极区研究机构。去北极的交通便捷，挪威在那附近建有机场，我们坐飞机就几乎能直达黄河站。船只和人员也可以随时进出北极，不比去南极，得坐船在海上漂泊一个多月。气候方面，北极也比南极更“友好”，即使在冬天，体感温度也不会太冷。挪威还在北极组织起了一个公共的大食堂，大家交完费用，一起在那里用餐，餐食以西餐为主。

我前往北极是为了执行高空风场观测的科考活动。彼时，中国在极区的高空风场观测领域还是空白一片。而我们在武大自主研制的观测设备——法布里-珀罗干涉测风仪（Fabry-Pérot interferometer，FPI），正是观测高空风场的绝佳工具，所以我们着手申报了黄河站的科考项目，很快通过了审批。

在国家“863”计划的支持下，我开始主持研发FPI设备。这是属于“空间天气”领域的一个科研项目，主要目的是为航天服务。FPI是一台大型的精密仪器，涉及了光学、

艾勇乘坐飞机落地北极

计算机、电子等诸多学科的技术知识，用于观测 80—300 公里高空的风场动态，这在南北极区能发挥很大的用处。因为想要掌握太阳的带电粒子落入高空大气后会引起哪些空间场的变化，风是很重要的一个观测指标。

我最早接触到 FPI 是在读博士的期间。博士的训练需要接触和学习国际的前沿技术，于是我的导师鲁术教授推荐我去向中国科学院武汉物理与教学研究所的张训械教授学习 FPI 技术。彼时，张教授与日本通信综合研究所 FPI 项目组保持着学术交流。日本开展极区观测的历史很早，在长期的科研探索中，他们研发出了许多全球领先的观测仪器，FPI 就是其中之一。张教授是一位很有前瞻性的学者，他认识到中国还没有自己的 FPI，这个仪器对中国的未来的空间探测活动十分有益，于是便推荐我去日本通信综合研究所交流学习了 3 个月，基本掌握了 FPI 全套技术。

2000 年，我从南极回来后，就在武大成立了激光通信实验室，主要有两个研究方向，一是激光通信，二就是研制 FPI。但当时国内并没有人研制过这种仪器，所以我们也只能从零开始，比对着日本的成熟的设备来构思。从 2002 年起，我们实验室连续做了两个五年计划的“863”项目。第一个五年计划研制的是扫描式 FPI，第二个五年计划是全空式 FPI。研发仪器远比想象中更复杂，仅仿造出机器的形状构造远远不够，更重要的是如何保证它观测的数据是准确的。为此，我们进行了大量的对比验证。当时，我跟日本的研究机构也保持着学术联系，同一组观测数据，我先去询问了他们的反演结果，再对照着看我们自己的仪器的数据，不断调整，直到双方的成果一致，才能验证我们自己研发的设备是切实可靠的。

2011 年，我们向国家极地办申请在黄河站安装全空 FPI 设备进行北极空间物理研究，获得批准，纳入国家北极科考计划。2012 年我和同事张燕革一起去了北极黄河站，把 FPI 在那安装并测试好。只可惜我当时还有别的工作要忙，没能长留在黄河站，只待了短短的四十多天就回来了，张老师留在了黄河站做越冬观测。2013 年，我的博士生张红前往黄河站越冬观测，是我国首位北极越冬科考的女队员。值得一提的是，FPI 在观测时，需要在天空全黑的环境下进行。与南极相同，北极也有漫长的极夜期，这时候我们的设备才能顺利工作。等北半球过完冬季，又见日出东方时，我们的仪器也就结束工作任务了。2014 年，我再一次前往黄河站，对 FPI 进行升级换代。更新后的 FPI 自动化更高，在武汉就可以实现远程遥控观测，这之后就不需要专门派人去北极，只需偶尔请黄河站上的同事帮忙照看一下即可。

探索之志，弦歌不辍

在我第一次前往南极时，特意找到校科技处的陈鑫处长，说我是代表武汉大学去南极的，希望能带一面武汉大学的校旗，向中国同行的其他科考队员宣传武大，也向世界亮相，他非常支持。

相比这样朴素的方式，近期，习近平总书记对在南极科考的武大师生的回信，让更多的人看到了我们南极科考队员的身影，我感到很骄傲。我参加南北极科考时也年轻，也能算是武大之中在南极做空间观测的第一人。在我之后，又有许多年轻的老师和学生都积极参与南北极的科学探索中。这股孜孜不倦、探赜索隐的创新力量在武大一代一代地传承着。我觉得，年轻一辈能在国家的平台上大胆地展现自己的才能，这是很好的锻炼经历，不仅能为国家作贡献，也为学校产出了许多高质量的科研成果。更重要的是，这些科研探索的历练为我们储备了优秀的高知人才。借此，我祝愿武大的年轻一辈，能顺利地找到自己的意向所在，规划好未来的方向，踏踏实实地学习真本领，在将来发光发热。

（采写：徐浩宇　孟令芳）

初探南极貌，一生人文情

阮建平

阮建平于南极

阮建平，经济学博士，武汉大学政治与公共管理学院国际关系学系教授、副院长。主要从事美国对外战略、地缘政治经济、极地海洋、全球治理和中国外交研究。2015年12月随中国南极科考队赴南极调研。

我与南极结缘，最早要追溯至13年前。直到我站立于蓝宝石般的苍穹之下，放眼望去晶莹一片的大地，我才敢确信——南极，我真的来了。

在极地研究中，自然科学往往以最为瞩目的姿态出现在大众视野，人文社科则稍显默默无闻。作为一名国际政治研究者，我与南极科考结缘，得益于武汉大学长期以来在中国极地科考事业中所作出的积极贡献。2011 年，武汉大学人文社会科学参与极地研究事业之中，这一领域的奠基人是武汉大学政治与公共管理学院前院长丁煌教授。也正是在这一年里，我有幸加入丁煌教授领导的极地研究团队，开始极地社会科学研究，随后参与了丁煌教授的教育部极地研究重大课题研究，由此开启了与南极的缘分。

在去往南极之前，我在书籍、各种媒体里领略过它的神奇壮美，但更多还是从国际战略角度对其进行剖析。我的研究专业主要是国际政治与大国战略，对南极的了解自然也多围绕此而展开。正式开展极地研究之后，我发现了更多有趣的知识，但这大多是理性的认识，而缺乏感性的直接观照，亟待我身临其境后再去补全。

终于，我等来了这一天。

出征南极：自然奇观与大国风范

2015 年 11 月 7 日上午，在雄浑的汽笛声中，中国第 32 次南极科学考察队乘坐“雪龙”号从上海出征，踏上了为期 159 天、总航程约 3 万海里的科考征程。作为社会科学研究者，我们主要是搭乘飞机经智利最南端的彭卡机场起飞至长城站降落，漫长的舟车劳顿仍未能抹去队员的激情与期待。当真正抵达南极的那一刻，我一下子被震撼了：高低起伏的大地被皑皑白雪覆盖，一眼看不到边。海上漂浮着一座座大小不一的冰山，其间隙中闪烁着晶莹剔透的淡蓝色光泽。湛蓝的天空仿佛蓝宝石幕布，一尘不染，如此美景，唯有在文艺作品中见识过，没想到竟然是真实存在的。

我在后来的报道中看到，南极过去的环境比现在还要纯净、无瑕、令人震撼。但由于人类活动的影响，如智利等国家的矿产资源开发，一些尘埃漂浮到南极，加之气候变暖，南极的生态环境已经受到一定程度的破坏。今日之景已足够令人屏息，遥想当年之奇貌又如何不能心驰神往？只是在向往与憧憬的同时，又夹杂着些许惋惜的思绪。

到达长城站后，第 32 次和第 31 次考察队完成交接任务，对新队员进行基本安全规则和纪律教育。第二天，我们便随其他科考队员一同前往观察站点取样、记录数据、查看监控设备。我曾与生科院专长微生物研究的彭方老师一起去往古冰川采样，那天我们走了很远的路，是我第一次看到延伸到海岸边 2~3 米厚的冰川边缘。自然之瑰丽险峻，令人时至今日仍难以忘怀。同时，我们也会乘坐快艇或雪橇车前往他国的科考站进行互访，了解他国科考情况及历史背景，促进相互之间的认识与交流。在此期间，我们还接待过一次来南极地区观光旅游的团队，既有七十余岁的老人，也有六七岁的儿童。其中，竟然还有来自武汉的多名游客。异地相逢，大家倍感亲切，也深感中国经济发展迅速，人民生活水平大大提高。

除了协助科考队员的野外科研和到长城站周边其他国家的站点访问外，我们每天还要轮班参与后勤服务和保障工作。按照固定的值班表，当天轮值的队员需要帮助主厨搬运食材、备餐、做饭、清洗餐具等，真正体现了“我为人人、人人为我”的集体精神。

在实地考察期间，我们还真切地感受到我国在南极场站设施建设方面的巨大进步。以长城科考站为例，站内有专门的生活区，单人单寝，暖气供应充足，各种通信设施完善，有可与国内直接联系的移动热点。另有餐厅、阅览室、篮球场等，保障队员日常生活所需。如此健全的生活设备，在周边各国考察站中是比较少的。有时，其他国家的科考队员也会来到我们的考察站内拜访，或是洗个热水澡，或是吃一顿丰盛的中餐，临走时往往都对长城站先进的基础设施赞不绝口。

阮建平(第三排左三)与外国友人合影

在这趟奇异的极地之旅中，最令人印象深刻的无疑是南极的各种动植物。彭方老师是长期参与极地科考的极地生物学专家，她在科考过程中不断地向我们科普不同种类极地生物，宛如一堂堂生动有趣的生物课。我们曾赶在海水退潮时去远方的小岛上观察企鹅，又在涨潮前匆匆赶回，行程虽短，但却留下极为难忘的回忆。行走在雪地中时，我们非常小心，时不时地会邂逅贼鸥——又被称为“鸟中小偷”“空中强盗”，它们依靠掠夺企鹅蛋、小企鹅为生。还有雪燕，当有人靠近它的巢地时，它便不顾一切地发起攻击，又是俯冲，又是抓取，有时还在空中释放排泄物，大有把科考队员赶走之势。最常见的还有海狮、海豹，躺在海边懒洋洋地晒着太阳，看到生人靠近也毫不畏惧。然而同行的科考队员告诫我们，不要轻易靠近这些生物，以免打搅或惊吓到它们。在科考期间，自然科学时时刻刻地向我展示着它独有的魅力和乐趣，更与我所在的人文学科碰撞出了不一样的激情火花。

在这个远离人类大陆的冰雪世界，各国科考队员真的就像一个命运与共的大家庭。不同国籍、不同种族的队员之间形成了相互扶持、密切交流的惯例，互相串门已是家常便饭。当遇到各自国家的传统节日，队员都会盛情邀请其他科考站的成员前来做客。倘若在科考过程中遇上突发的困难，随时呼救，就近的考察站便会派出队员实施救援。如此开放、包容、合作、共享的和谐氛围，正是人类命运共同体的理念在南极这片净土之上得到的最淋漓尽致的体现。

暗流涌动：极地科考与国际政治

根据我在南极科考期间观察，目前为止，南极局势还算稳定。虽说如此，南极地区仍然暗流涌动。尽管有成熟的《南极条约》约束，但是南极最核心的问题仍然离不开领土划分。

国际上关于南极归属问题的争议从未停止。最开始，有人主张按照“谁先发现、谁就获得”的原则处理南极领土归属问题。美国、俄罗斯和英国纷纷拿出自己的证据，证明自己首先发现了南极。因为缺乏足够的证据比对，目前国际上只能认为，美国人、俄罗斯人和英国人都是最早发现南极大陆的。后来，有人提出扇形原则，即以本国领土东西两端的经线为界，将南极大陆至南极点的扇形空间划分为各国在南极的领土。按照这种划分标准，各国在南极地区的管辖区域就会出现重叠。“二战”结束之后，美国、苏联等全球大国都拒绝承认按照这一原则划分南极大陆的领土归属。

基于南极严酷的自然条件、脆弱的生态环境以及“二战”后两极对抗的现实，美国、苏联、英国、阿根廷、澳大利亚、比利时、智利、法国、日本、新西兰、挪威、南非12国于1959年签署《南极条约》，不承认也不否认各国的领土主张，强调南极作为和平之地，主张加强南极科考的开放合作和生态环境保护。南极条约于1961年正式生效，有效期30年。1991年南极条约协商缔约国大会决定，再延续50年。这意味着，直到2049年之前，南极的领土划分问题将继续被冻结。那2049年之后呢？这是各国心照不宣的关切。从绝对意义上来讲，或许可以将南极作为一个永久保护区。但是这并不能排除，随着人类发展的需要，将来南极资源被开发的可能性。如果要开发，怎么划分这个权限？它又会涉及领土的问题。《南极条约》规定，各国只要愿意承认南极只用于科学研究、和平目的，以及愿意保护南极地区环境，就可以成为缔约国。但只有在南极地区展开实际科研活动，国家才能成为协商缔约国，在南极问题上才有发言权。开展持续大规模的科学考察，建立科学考察站，便是实质性的存在，这也是我们于1984年建立南极区考察站的原因之一。

现在很多国家以保护南极生态环境为由，建立南极特别保护区或特别管理区。随着时间的延续，这些国家就形成了事实上的行政管辖。如果《南极条约》未来不能存续，那么该国在南极领土主张上就形成了某种优势。尽管《南极条约》规定，任何国家在南极的活动不能作为将来主权声张的依据，但是也不能排除这种行为存在的客观影响，即我们所说的“圈地运动”。目前南极科考仍然比较顺利，但随着环境变化、资源需求上升，南极资源利用提上议事日程，其中涉及的领土问题、保护区认定、各方利益平衡，将成为最大的问题。

于我而言，极地考察本质上是重新学习。2011年，丁煌教授带领我们探索极地研究这一全新领域。最开始，这似乎与我本身的专业相距甚远，进一步研究之后发现，他们的重合度越来越高。根据我对南北极的研究，它们与整个国际形势、大国关系有着密切联系。1991年苏联解体、冷战结束之后，北极不再是东西方对峙的战略前沿，变成了国际合作的重要舞台。1996年北极理事会成立，欢迎所有国际社会、所有国家和非政府组织参与北极治理。中国后来加入北极理事会，并在2004年建立了中国北极第一个科考站黄河站。

在黄河站建设伊始，《斯瓦尔巴德条约》发挥了重要作用。《斯瓦尔巴德条约》于1925年8月14日生效，规定缔约国在“承认挪威对斯匹次卑尔根群岛拥有完全主权”的前提下，可以享有在斯匹次卑尔根群岛地域及其领水内的捕鱼、狩猎权，开展海洋、工业、矿业、商业活动的权利和在一定条件下开展科学调查活动的权利。所以尽管北极所有陆地分属8个环北极国家，但作为《斯瓦尔巴德条约》缔约国的中国，完全拥有条约中规定的包括科学考察在内的相应权利，于是中国在该地区建立科学考察站有了法律依据。

2017年美国宣布大国战略竞争时代回归，2019年推出的北极战略将北极视为与中国、俄罗斯开展全球战略竞争的“潜在走廊”。出于对华战略竞争的需要，美国不仅对中国在南北极活动越来越警惕和抵触，还影响到其盟友与中国在南北极合作方面的态度。例如，澳大利亚曾经是中国南极科考的重要合作伙伴，但受美国对华战略竞争的影响，中国与澳大利亚的关系曾出现波折，并影响到两国在南极科考方面的合作。由此可见，南北极本应属于人类合作的重要领域，但依然摆脱不了大国战略竞争的影响。有鉴于此，我们主张，要从全球角度看待南北极，将中国的极地战略与全球战略有效地整合起来，利用不同议题上不同阵营的差异，最大限度地改善中国的国际环境，促进极地战略与全球战略的良性互动。

薪火永传：探索精神与学科群优势

在长城站，我曾经专门参观过码头上的纪念碑，那是为了纪念1984年参与长城站建设的308名海军官兵。面对遥远的未知危险，这些海军官兵们和首批科考队员共计591人义无反顾地踏上漫长艰苦的南极征程。最开始到达南极时，没有住的地方，他们就窝在防风布做成的帐篷里，生活和工作条件异常艰苦。建设初期，大船无法靠岸，只能依靠小船来回运输。建立补给站、修建码头、打桩、建房子这些繁琐的工程，完全依靠人力腰背肩扛，在极端艰苦的环境下，首批建设者们在冰天雪地里一待就是几个月。

在那一刻，我深深地感受到了前辈们为科学探索、为了国家荣誉和利益而奋斗的崇高精神。在中国南极科考的伟大事业中，我们武汉大学鄂栋臣教授作出了重要贡献。作为武汉大学最早一批参与极地科考的学者，鄂栋臣教授参加过长城站、中山站、黄河站的创业建站工程。正是以他为首的一代又一代中国极地学者奠定了中国极地科学考察的物质基础和人文底色，也是他们为中国在南极的话语权和影响力打下了根基。

阮建平(右一)与同事合影

彼时站在南极的土地上，我更强烈地感受着这份精神力量的鼓舞。对于我们人文社科学者来说，南极和北极是国家安全新疆域，涉及中国的重要权益。参与极地科学考察既是中国为人类探索未知世界、为改善全球治理作出应有贡献的重要方式，也是维护国际法赋予中国合法权益和国家安全的必要之举。科学以无知之行始，以能行之知终，前辈学者们深钻科学研究，就是为国家谋利益、为世界谋大同。站在历史的节点，聆听从过去传到将来的回声，加强人文社科与自然科学的合作，利用科学的数据和理论支撑国家的主张，才能把自然科学研究成果转化为全球治理的中国智慧和中国方案。

万卷藏书宜子弟，十年种木长风烟。中国极地科考40年，武汉大学可以说是持续参加极地科考最长的高校。我对武大未来的极地科考充满信心、满怀期待，武大学子们将持续追踪前沿的极地科学研究和极地治理议题，为增强我国的极地考察能力、改善极地治理贡献更多的“中国声音”和“中国力量”。

“胸怀‘国之大者’，接续砥砺奋斗，练就过硬本领，勇攀科学高峰”，习近平总书记在给武汉大学参加中国极地科考师生代表的回信中，如是说道。于我们而言，这既是对武汉大学极地科考的充分肯定，也是更大的期许。我们不能辜负这种期待，应该以更坚实的工作和研究来回报祖国和人民。武汉大学始终致力于利用综合学科优势深化拓展极地科学研究，将人文社会科学与自然科学的交叉融合淬炼成独特优势。2023 年武汉大学中国南极测绘研究中心成功申报教育部重点实验室，已向国内同行充分展现了武汉大学的这一特色。

蹚路垦荒景，万象始更新，我们踏上南极大陆之时的所见所感，已与四十年前前辈们的截然不同。祖国的繁荣昌盛、兴旺发达是我们的底气，科技前辈们无私奉献、忘我钻研的攻坚精神是我们的勇气。从南极回来后，我常常想，如果还有机会再去一次，我一定会更仔细地探寻我国极地前辈们的事迹，更深入地了解我国极地科技工作者的贡献，更系统地思考人文社会科学工作者的责任。

（采写：金凯歌　刘亦橦）

奔赴世界之极　探索生命奇迹

彭　方

彭方于南极样方

彭方，武汉大学生命科学学院生物技术系教授，中国典型培养物保藏中心副主任。从2009年起至今，已参与南极科学考察4次，北极科学考察9次，是武汉大学参与极地科学考察次数最多的女性队员。从事极端环境微生物的特性研究，目前已从新疆、西藏、南极和北极等环境中分离获得大量微生物资源，在原核微生物分类最权威杂志《国际系统与进化微生物学杂志》上发表论文50余篇，获得国际承认的微生物命名新属10个，新种51个。

在大多数人的想象中，极地被寒冷、干旱、辐射所笼罩，除了南极企鹅和北极熊，几乎没有其他的生命痕迹。然而，这片看似荒芜的土地，隐藏着各种生命奇迹。

微生物虽然体型微小，却具有强大的适应能力和繁殖能力，在火山口、放射性废物堆、黑暗高压缺氧高温的深海和极寒恶劣的南极冰川等极端环境中都能顽强生存。而人类也运用自己的智慧和力量，不断突破自我，挑战生命的极限，在地球上的每一处都留下了深深的足迹。人类在极地科研中的不断尝试、坚持、进步本身就是一种生命奇迹。

对我来说，极地不仅仅是科研的战场，更是生命的乐园。在这里，我见证了生命的奇迹，也找到了自己的价值和使命。在大众认知的“生命禁区”，用探索的脚步和科学的眼光，揭示着世界之极的无限生命奇迹。

奔赴极地：新的道路，新的认知

2009 年，我结束在英国的学业回到武汉大学，加入中国典型培养物保藏中心。当时我还未明确未来的研究课题，是我的博士生导师李文鑫教授引领我走上了极地科学考察之路。李文鑫教授时任武汉大学副校长，主持科研工作。在此之前，武大的极地科学考察主要涉及测绘遥感方向。为响应南极中心丰富极地研究、扩充学科类别的号召，从 2009 年起，包括生命科学学院在内的各类学科纷纷进入极地研究领域。

在大多数人眼里，极地是“生命禁区”。生科院当时面临的首要问题就是如何开展极地生物研究。生物材料是进行研究的基础，然而我们当时并不清楚在极地能够获得哪些生物材料开展研究。但是微生物的生命力非常顽强，可以存活于包括极地在内的各种极端环境。恰好我的研究方向涉及微生物，保藏中心的重要职责又是收集、整理和保藏一些生物资源，前往南北极也是收集资源的一环。他便建议我加入极地科学考察队伍，前往北极实地考察，决定是否将极地微生物作为未来的研究方向。

我在极地的主要科研工作是在不同区域寻找并获得新的微生物物种，然后对这些微生物适应环境的特性进行研究。建立并维护植物样方，对各种典型环境中的微生物群落和功能进行长期监测。通过监测数据，探讨微生物的演替及其在极地生态中的作用，预测微生物可能对气候变化的响应以及对极地生态环境的反馈。

彭方在进行样方采样

加入极地科研团队后，我们更深刻地认识到微生物资源在国家层面的重要价值。南北极存在着苔原、冻土、海洋、冰川、湖泊和高山等多种地质地貌，其低温、干燥、强辐射和低养分等环境形成了独特而多样化的微生物群落。极地微生物资源主要包括微生物菌株、代谢产物、酶和基因资源，生物勘探则是获得生物资源的过程。极地微生物在极端环境中采取了独特的生存策略，在恶劣的条件下生长和繁殖，生物合成了一系列生物分子，可以应用于生物技术、制药、化工、食品加工和生物修复。如果我们能从极地环境中分离出一些微生物，就能拥有其知识产权。国外许多相关的考察活动大都有公司在背后支持，获得的生物材料也多交给公司投入利用，后续形成产业链产品。一旦他们先拿到某种微生物资源，申请专利成功后，即使我们再分离出该材料，也只能用于科学研究，不能将其商业化或产业化。尤其在医药领域，壁垒更加严重。除了知识产权与应用价值，生科、遥感、气象等极地学科所搜集到的数据，也能为中国在国际会议上的议案提供支撑，提升我国的国际话语权与可信度。因此，极地微生物不仅是难得的生命奇迹，更是重要的战略资源。近年来，世界各国都在加快极地生物资源的挖掘进程。

从零开始：道阻且长，行则将至

对武汉大学生命科学学院和我个人而言，极地微生物研究都是一次全新的探索，充斥着未知的挑战。极地环境艰险，天气变化莫测，有时会在一天之内经历狂风、暴雪、大雨等极端天气，这都给样方维护和采样研究工作带来严峻挑战。冰雪下暗藏的湖泊，进入后可能坍塌的冰穴，大风时凭一己之力无法打开的实验楼大门，更是我们日常要面对的困难。除恶劣天气外，在天气较好的窗口期，队员们不仅要忙着搭建设施，还要完成物资装卸、设备维修等日常维护工作，为了抓住仅有几天的窗口期，通宵作业更是家常便饭。

除了应对恶劣的自然环境和艰巨的工作任务，我们还要接受学术领域的严格考验，不断追求科研创新和学术突破。早在 19 世纪，就已经出现极地科学考察的相关报道。就我们所到的极地区域而言，微生物研究背景清晰既是优势又是劣势。一方面，与微生物繁衍进化相关的地质、气象等数据都有清晰记录，便于我们研究使用。另一方面，极地微生物研究领域已经有一些先前的探索和报道，这使得后继的研究者在切入这一领域时需要面对较高的门槛和标准。我们只有提出新颖的观点、方法和思路，方能在这一领域取得突破性的进展。

最初的我还找不到明确切入点，面对茫茫冰原，内心充满困惑。时间紧急任务繁重，更是让我备感焦虑。带着这份困惑与迷茫，我从基础的微生物分离、纯化开始，希望在积累了一定的生物材料和实验数据后能够找到创新点和切入点。当我看到显微镜下这些微小的生命，在如此恶劣的环境中面对未知的前路依然生机勃勃。我逐渐意识到，它们这种顽强的生命力与适应性，正是我要寻找的答案。

我深入了解极地微生物的生态习性，研究它们的极地生存策略。每一次实地考察、每一次采样工作，都成为我积累经验的宝贵机会。在这一过程中，我逐渐领悟到极地微生物的生存智慧。它们教会了我如何在困难和挑战面前保持冷静，积极适应外部环境变化。这种积极的态度和行动，让我在科学考察工作中取得了突破。

目前，我已经分离并发表了近 50 种新的极地微生物，数量居世界第一。除了寻找并获得新的微生物物种，我们还积极发掘其应用价值，让原本独属于极地的生命奇迹惠及更多领域。

例如在极地地区，氮源相对稀缺，这使得南极节杆菌为了生存，在细胞内形成一个小口袋，即囊泡，用以高效收集并储存稀缺的氮源。这个囊泡不仅可以积累硝酸盐和亚硝酸盐，还可以进行内部加工。积累的硝酸盐被还原为亚硝酸盐，当外界氮源缺乏时，积累的氮源会被还原为铵以维持自身生命活动；同时它还是具有利他精神的“好菌”，不仅自己利用氮源，还会分泌到胞外，使周边的微生物都可以使用。研究证实南极节杆菌能够在极地极寒环境中利用少量甚至是有毒的氮源进行生长，这一特性使它能被应用到低温环境的污水处理过程中。

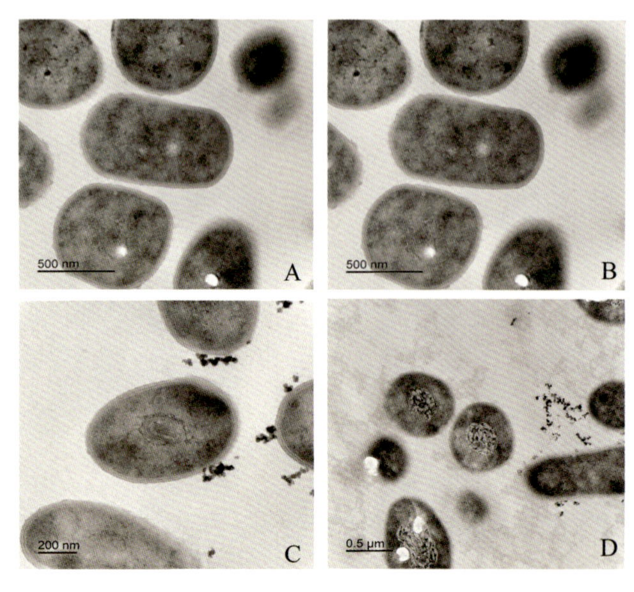

南极节杆菌株24S4-2在不同培养基中的透射电镜图谱

当前随着社会经济的快速发展和生活水平的不断提高，城市污水排放带来的氮磷污染问题日益严重，对生态和人体健康构成威胁。但是污水脱氮除磷处理所利用的微生物菌剂，因为多数属于中温菌，所以在低温下活性大降影响处理效果。因此，引入此类菌株，不仅可以积累有害氮源，而且能在低温环境下为其他有益菌株提供氮源。研发适应低温并能高效脱氮除磷的微生物菌剂，能有效解决寒冷地区的污水处理问题，具有重大的社会和经济效益。除污水处理外，极地微生物还被应用到多个领域。比如利用从北极花中获得的酵母所释放的气味物质，促进植物在低温的生长；利用极地噬菌体的裂解酶消杀耐药菌；利用极地真菌的多糖抑制肿瘤等。

在极地科学考察的过程中，微生物给了我极大的慰藉和鼓舞。在这片几乎没有生机的地方，生命以最坚韧的方式存在，与极地的寒冷和寂寥共存。如此微小的生命体，在面对极端环境与变化时，尚能展现出令人惊叹的生存智慧和进化能力，能在各项人类事业中发挥出新的价值。我们又怎会被极地科学考察的恶劣环境和繁忙工作所打败呢？

团队合作：同舟共济，并肩前行

无论是微生物还是人类，都处于复杂的环境中，需要与周围的其他生物和非生物相互作用，以维持自身的生存和繁衍，这是生命世界中的常见现象。

在微生物的世界中，不同种类的微生物可以形成共生、寄生、竞争等关系，这些关系有助于维持生态平衡，促进微生物群落的稳定和发展。比如，有些微生物与植物形成共生关系，可以帮助植物吸收养分、抵御病原体等；有些微生物则通过分解有机物，为其他生物提供能量和营养。

人类社会亦如是，唯有互助合作，才能共同迎接挑战，实现持久的发展与繁荣。极地科学考察耗时漫长，每次户外采样都需历经数小时的长途跋涉，新冠疫情期间乘坐“雪龙”号前往南极更是需要花费数月的时间。路途中信号微弱，科学考察队员来自不同学科，便通过互相交流、科普知识来度过时光，同时收获了珍贵的友谊。

前几次科学考察我都是坐飞机往返，接触的主要是站点上同批次的队员。乘坐“雪龙 2”号前往南极时，船上汇聚了来自不同科考站、大洋队及机组成员的多种人才，我也因此有幸见到了许多曾经的队员。其中，曹叔楠给我留下了深刻印象。在我第二次参加极地科学考察时，她还在读研，是队伍中最年轻的队员，如今却已成长为独当一面的职业极地人。在整个考察队中，大洋队素有“文能科学考察做实验，武能卸货摘挂钩”的全能队伍之称。而她作为大洋队的队长，管理一人高马大的小伙子，更是巾帼不让须眉，始终坚持参与一线科研与卸货工作，2018 年“雪龙”号触冰后更是志愿加入清雪队伍。“雪龙 2”号抵达长城站后，她领导的大洋队在卸货与输油两场关键“战役”中夜以继日、倾力相助。我也加入后勤队伍，确保他们在轮班休息时能得到水、食物、零食、干净的床单和床垫等物资。

随着两场艰巨的“战役”圆满落幕，“雪龙 2”号即将启航离去。我们急匆匆地奔向离船最近的礁石，借助手机灯光与他们告别。这几个月的共同经历，各种科普娱乐活动与比赛，使得来自不同单位、不同学科的我们变得亲如家人。此刻，我们通过步话机互相传递着深情的祝福与期许：“大洋队的，祝你们一切顺利！”“×××，回去后一定要约饭啊！”“上海再见，保重！”……船上的长笛声和高频喊话交织在一起，回荡在寒冷的空气中：“送君千里，终须一别，祝大家科学考察顺利啊！”在这个难舍难分的时刻，灯光与汽笛声交织，久久铭刻于心。

多学科队员间的深入交流，不仅增进了彼此间的友谊，还为我们带来了更多的创新思维和灵感。经过多次的讨论与合作，队员间发现了共同的研究兴趣点，并成立了样方小组。这是一个集地质、化学、生态、海洋、生物等多学科于一体的研究团队，我们希望通过跨学科的协同研究，全面、系统地了解极地的全貌。

多年来，无论极地环境多么恶劣、天气多么极端，每年我和我的队友们都会冒着风雪、严寒和各种潜在危险，坚持徒步开展极地户外监测和研究。我们在南北极共同建立了30个植物样方，通过长期的监测数据，综合研究植被、微生物、污染物、气溶胶等生态因素对极地生态的作用，以及它们对气候变化的响应和反馈。通过合作研究，发现南极企鹅岛的阶地非常适合进行微生物演替进化的研究，从而确立了我们极地生态研究的新剖面和切入点。我们致力于在极地的利用与保护之间找到平衡，为推动人类和平利用极地提供更加科学的依据。

样方小组

每一次的极地科学考察都让我更加坚信，人类与自然界的生物相互依存，我们的生活和健康与微生物世界息息相关。通过研究极地微生物，我们既能更好地了解地球生态系统的运作和生命的起源，又可以利用这些知识来开发新的资源与技术，为人类社会的可持续发展作出贡献。

代代相传：行而不辍，未来可期

成功并非一蹴而就，而是源于长期的坚持与不懈的努力。微生物的演化需要历经数代的繁衍，通过自然选择和基因突变，逐步适应并演化出新特性。同样，极地科学考察也是一项需要代代相传的事业，它需要我们不断地传承和发扬，为人类的科学探索与进步贡献力量。

十几年来，我九赴北极，四登南极，多次参与国内外极地科学考察工作。既深切认识到几代科学考察人员始终如一的坚守与支持，又亲身感受到中国极地事业的发展与进步。在极地科学考察的历程中，无数先驱者们用他们的勇气、智慧和毅力，为人类认识极地、保护极地作出了巨大贡献。每一代科学考察人都扮演着重要的角色，他们将前人的经验和知识吸收消化，结合自己的实践和创新，不断推动着极地科学考察事业的发展，拓展着人类对极地的认知边界。

习近平总书记的回信既是对武大极地科学考察事业的充分肯定和对科学考察队员的深切关怀，更是对武大师生的鼓舞与鞭策。“用国家的大事业磨砺青年人的真本领”，不仅是对青年学子能动力和创造力的强调，也是对教育工作者为国育人理念的嘱托。我见证了武大极地微生物事业从零开始、不断进步、发展至今的全过程，也目睹了14年里极地人的来来往往。我明白很多科学考察人员是因为年龄、身体等条件限制而不得不离开，自己也终将迎来这一天。但是离开极地并不意味着极地科研事业的终止，我们依然能在其他岗位继续发光发热，也能为国家培养新的极地人才，输送新生力量。

对于那些因为畏难情绪而踌躇不前的人，我认为应给予他们更多的机会和时间去亲身感受和了解极地。只有真正地置身其中，才能深刻感受到极地的魅力。在极端环境中，人们不断地面对新的挑战和问题，需要不停地思考和创新。这有利于激发人们的探索欲和创造力，使其更加积极地投身到极地科学考察事业中。同时，随着更多人的参与，将汇聚更多的经验和资源，为极地科学考察事业注入新的活力和动力。

为此，我将极地微生物的神奇特性和极地科学考察中的惊险趣事适当融入我在武汉大学的教学内容。我坚信，这样的分享不仅能拓宽同学们的知识视野，更能激发他们对极地科学考察的浓厚兴趣。武汉大学生命科学学院与中国南极测绘研究中心对此表示了高度的认同和支持，它们鼓励青年师生们积极参与南北极的科学考察活动，勇敢追求科研梦想，不仅积极与国外科研机构洽谈留学计划，还提供了丰富的资源与支持，为青年师生创造更多实地参与极地科学考察的机会。

在中国极地事业中从没间断过一代又一代武大人的奉献，希望我们生科人也能够为祖国奉献青春，奔赴世界之极，探索生命奇迹。坚持用国家的大事业磨砺自身的真本领，在极地生物和生态领域作出更多贡献！

（采写：肖　颖　陈钰冰）

南极520天：生命的守望者

童鹤翔

童鹤翔于冰穹A

童鹤翔，1983年毕业于湖北医科大学（现武汉大学医学院），现任武汉大学人民医院乳腺甲状腺外科主任医师。2004年1月，被选为中国第21次南极科学考察队随队医生，在南极科学考察探险中守护全体队员生命安全与心理健康。2005年1月9日22：15，成为世界首次登临南极冰盖之巅冰穹A的十三勇士之一。

2004年11月，当"雪龙"号缓缓驶入南极海域，我第一次亲眼见到了地球最南端的冰雪大陆——南极洲。极目远眺，天地一色，冰山如玉，而这背后潜藏着无穷的凶险。

想到即将在这里工作生活，我心中激动和惶恐两种情绪交织。那时我并未预料到，在南极大陆的 520 天能和队员们一起创造历史、见证历史。

与南极阔别将近二十年，虽然回忆中的一切都变得模糊不清，但那份记忆却是无比珍贵的。因此，我也想把我在南极的 520 天和怀念南极的无数天讲给更多人，将南极精神传递给现在的新一代青年人。希望我在南极的经历能够激励他们勇于拼搏，不畏艰险，为实现中华民族伟大复兴贡献自己的力量。

被“骗”来的“+1”

我常跟别人开玩笑说，我是被“骗”到南极的。作为一名医生，脱离了医院，自己的职业生涯势必会受到很大影响，收入、待遇等方面都可能不如预期。而南北极科学考察的随队医生不仅要忍受极端恶劣的自然环境，还要面临各种各样的挑战，甚至有生命危险，所以越来越难找到合适的医生人选。武汉大学作为国内参加极地考察最早、次数最多、派出科学考察队员最多的高等院校之一，和南极有着千丝万缕的关系。当鄂栋臣老师知道中国第 21 次南极科学考察队随队医生选拔有困难时，就主动承担下了这个任务，把名额分配到武汉大学人民医院。大外科书记、主任在外科尤其是骨科问了一圈，都没人愿意报名参加科学考察，最后遇到了我。我至今还能回忆起当时的情景——“现在有个南极科学考察的任务，你愿不愿意去？要两到三个月。”“两三个月没问题，不过你们还是尽量找年轻医生，但如果找不到，我就是最后一道防线。”我当时 47 岁，身体各方面肯定是不如年轻人的，但如果需要我，我定要代表武汉大学人民医院“出征”。

确定要参加第 21 次南极科学考察后，我自己偷偷在生死状上签了字，直到出发前才敢与家人说明实情。那时候，我对医院提出了两点要求：万一我回不来了，第一是帮我把儿子抚养长大，第二是帮忙给我的父母送终。从两三个月到半年，再到增加登顶冰盖的任务，我就一步步掉进“圈套”。但我既然是考察队的一员，就要听从组织安排。我当时用了这样一句话——“我这一百多斤就交给极地办(国家海洋局极地考察办公室)了”。

通过了两次体检后，我便前往哈尔滨的亚布力训练基地进行为期一周左右的培训。

培训的内容主要是锻炼在冰天雪地中的生存能力，我们学习了冰镐的使用、挖雪洞的技巧、极寒环境下的急救知识等。除了身体素质的训练之外，心理方面的测试也是重中之重。北京师范大学的教授全程跟踪观测我们这些备选队员们，通过细致入微的观察、深入的交谈、科学的量表测试来分析队员们的性格、心理状态等等。在经历了身体和心理的双重考验后，我顺利成为第21次队的随队医生。

童鹤翔告别家人

为了南极之旅，我个人也做了许多准备。不仅办理了游泳年卡增强体质，还采取不同路线四次前往神农架以锻炼面对突发情况的能力。其中印象最深的是参加湖北省青藏高原拉练赛。在昆仑山上海拔四千多米的地方，我驾驶的车翻了。因为处在戈壁，没有参照物，无法控制车速，加之沥青被夏天的阳光照射后坑洼不平，车子就飞起来了。我记得很清楚，车子经历了一个前滚翻，两个侧滚翻。我们一行四人，一人头和手受伤、一人脊柱受伤、一人胸部受伤，只有我一个人安然无恙。我便把他们送去治疗，待伤员病情稳定，妥善安排伤员返汉后，再独自一人继续前进，顺利到达拉萨，参拜了布达拉宫。现在想起来，是那股年轻的冲劲和不服输的执着支撑着我完成目标。也正是因为在高原的经历，让我在后来登顶冰穹A时成为“12+1”中的“+1”。

登上冰穹 A 的护航者

作为第 21 次南极科学考察队的队员，我有幸见证了中国在南极科学考察上取得的一个具有历史意义的重大进展：人类首次登顶冰穹 A。

那时，登顶冰穹 A 是国家规划已久但尚未开展的项目。虽然中山站到冰穹 A 的剖面的考察任务由中国承担，但我们无法阻止其他国家抢先登顶冰穹 A。国际社会在南极共有 4 个必争之点：极点、冰点、磁点、冰盖最高点，而前三个战略点已经被其他国家占领。欧美强国提出，由六个国家联合组队进行冰穹 A 考察，这势必会影响中国在南极的影响力。于是我国紧急进行了战略部署，临时组建内陆冰盖队，派 12 个队员前往冰穹 A，完成人类在南极的“最后一个梦想”。

其实初始名单的 12 人当中并没有我，我作为驻站医生留在中山站为大家服务。名单呈递国务院审批时，总理提出要加派一个医生，因为冰穹 A 是人类没有涉足过的地方，环境、风险都是未知的。中央下达指示后，站长十分担心我是否能前往高原，毕竟医生是没有跟随队员到新疆天山 1 号冰川进行高原适应训练的。幸而我的前期准备非常充分，恰好有高原跋涉的经验，所以我就临时加入了登顶队伍，成为登上南极最高点的“+1”，为我国的南极科学考察事业贡献了自己的力量。

登顶的过程异常艰苦且危险，冰裂隙和白化天等“拦路虎”让每一位队员都提心吊胆。我们一行人怀着莫大的勇气驾驶四台雪地车向冰穹 A 挺进。行进到 4 公里海拔时，我发现同车的机械师出现呼吸困难、脸色发紫、血压下降的症状，心脏情况非常不乐观。幸运的是，我在出发前仔细研究了 12 名队员的体检报告，有所准备。我迅速地采取措施，让其吸氧并请求队长就地驻扎。当时的预案中有一条规定——人员出现伤病，随队医生如果认为他没有救

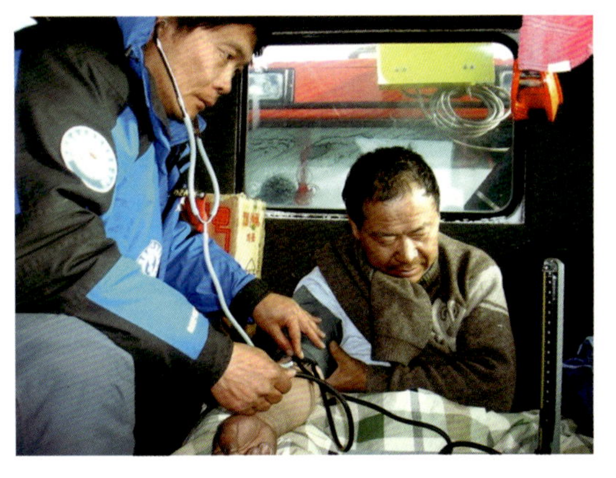

童鹤翔检查队员身体状况

治的可能，可以抛下他继续前进。但作为一个医生，我的职责就是保障所有队员的安全。我希望所有队员都可以平安返程，即使是暂停活动也要把人的安全放在第一位。虽然他干劲很足，一心想和大家一起登顶，但出于对生命健康的考虑，我建议紧急联系救援，把一切处理好再继续下面的工作。在我的坚持下，考察队很快与美国的阿蒙森-斯科特站取得联系。我们一行人含泪送走他，看着他被救援飞机接走，心里五味杂陈。

“哪里需要哪里去”

在前往南极之前，队员们都要接受严格的体检筛选，所以重大的身体疾病一般不会出现，但意外总是不可避免的。度夏时期，一个队员在运货时由于经验不足被撞倒在地，趴在船上，万幸没有掉进海里。我赶紧爬软梯去查看他的情况，判定他的生命体征稳定、神志清楚。由于站上的 X 光机无法使用，我只能用一些简单的检查方法来判断他的伤势。随后，我们联系了澳大利亚戴维斯站，将队员送过去进行拍片治疗。检查显示他是锁骨骨折，我给他打了一个八字绷带。还有一名科学家在船上休息时喜欢钓鱼。有一次他钓到了一条鲨鱼，鲨鱼的尾部比较长且有刺，把他的手划伤了。还好伤口不算大，南极又是一个洁净少菌的环境，进行简单的缝合处理就好。

在当时的中山站，我们没有先进的医疗设备和充足的药物，只有一个简陋的卫生室。一个队医就相当于一所医院。在站上喝酒是免费的，有几名队员酷爱饮酒。我当时就提醒他们说：“喝酒是可以的，但要适量。一旦喝出问题，我可以做手术救你，但只有局部麻醉，所以你们得忍住疼痛。”后来大家都不敢多喝了，把生命放在第一位。

童鹤翔监测队员身体变化

在南极的 520 天里，我还处理了冻伤、雪盲等外伤，这些对外科医生来说都是小问题，更棘手的是队员们的心理状况。作为一名医生，我不仅要处理好队员在站上

中山站手术室

出现的外伤，还要时刻注意大家的心理波动，并配合极地办对人类在极地环境中的生存问题进行研究。在极端的环境下，人的心理很容易出现问题。极昼、极夜的交替，单调乏味的生活，与世隔绝的孤独感，都可能导致队员们出现焦虑、抑郁、失眠等症状。在极昼、极夜等不同的时期，我需要采集队员们的血液，分离血浆、红细胞、血清等并保存好，等待“雪龙”号来把它带回国内。

医生作为后勤保障人员最重要的特点就是“哪里需要哪里去”。除了处理分内工作，司机、加油工、搬运工、厨师都是我们医生在站上的“别称”。我在家里不会做饭，在南极倒是可以熬一锅羊腿汤，大家吃得都很开心。

“南极，就是很寂寞”

初到南极，映入眼帘的是一望无际的冰雪世界，仿佛置身于一个无瑕的童话王国。然而，在这美丽的外表下，却是常人难以想象的严酷环境。极寒、极夜、风雪交加，每一项都是对人类生存极限的挑战。在“与世隔绝”的南极世界里，人实在是太渺小了，在这样的环境里，人很容易陷入无助和迷茫之中。

在南极，孤独的最主要原因就是与家人长久的分别。在 2005 年的仲冬节，我的妻子给我发来一封用诗写成的电子邮件，她说虽然分隔千里，但多年的风雨同舟早已将两人牢牢相连。在严酷的南极之冬，来自家里的问候是对我们越冬队员最大的慰藉。

我们第 21 次科学考察队的站长是一位非常开明的人，他深知大家的苦闷，因此想了很多办法帮助大家排遣寂寞。站上一共 17 名队员，以 40 岁为界限分为“爷”和“阿哥”。40 岁以上的有 9 个人，按年龄从大到小排，比如我就是“三爷”。为了活跃站上的气氛，大爷队和阿哥队一起组织足球、乒乓球还有滑雪比赛，获胜的队伍还能够得到奖品。尽管都是一些小礼品，但活动中的乐趣冲淡了身处“无人之境”的枯寂。学习上也不能落下，我们每周都要举办一次小讲堂——不同专业的队员负责讲不同的知识，包括气象、高空物理、机械、心理健康和英语口语等。除此之外，大家还一起发豆芽、做豆腐，不仅能改善生活还趣味无穷。活动多了，寂寞就少了，因此我们第 21 次队，是心态上特别快乐、特别高兴的一支队伍。我们用自己的团结和乐观，战胜了南极的寂寞和寒冷。

童鹤翔与家人通信

童鹤翔和队员们在南极做的豆腐

建设更好的南北极科学考察站

离开南极前，为了推动南北极科学考察站的建设，我将在南极发现的问题和前往国外科学考察站的见闻形成书面文字，转交给有关部门。

我也对医院和医生的选择及培训提出了建议。随队医生可以首先考虑全科医生，如果选专科医生，特别是外科医生，需要有相当长的一段时间对他进行各个重点专业的特殊培训。因为在南极，医生可能会面对各种各样的突发情况，比如高原反应、冻伤、雪盲症等，必须具备多学科的知识和技能。并且，医生不仅要会看病，还要学会使用和维护保养各种医疗器械。而这离不开医院的努力，因此在对于抽调医院的选择上要有系统安排，便于医院进行长久的规划。

除此之外，我还建议前往冰穹 A 的路程中准备一个氧舱和中转站，可以为登顶队员提供必要的氧气补给和休息场所，以免登顶过程发生意外。并且队员训练的时间要延长、海拔高度要增加，以适应南极的恶劣环境。

二十年来，我密切地关注着南北极科学考察的发展情况，非常高兴地看到我国南北极科学考察站的条件逐渐向发达国家靠近，生活条件和考察水平都显著提高了。

2023 年 12 月 2 日，我受邀参加了学习习近平总书记给武汉大学参加中国南北极科学考察队师生代表的重要回信精神座谈会。习近平总书记的回信充分肯定了武汉大学对极地科学考察工作的贡献和能力，作为武大人我深感骄傲和自豪。我认为践行习近平总书记的重要回信精神，医务工作者责无旁贷。我们应主动承担起自己的责任，做好本职工作，为武汉大学医科的发展添砖加瓦，为实现民族复兴和建设强大国家贡献力量。

习近平总书记的回信对新时代青年人寄予了厚望。作为医生，要有扎实的本领，特别要注重临床工作，并且要有“哪里需要哪里去”的决心。作为更广大的新时代的青年，更是要肯吃苦、能吃苦，用大事业磨砺真本领，在大有可为的时代大有作为！

（采写：黄嘉欣　叶欣程）

错位时空：白衣护卫们的启示录

梅　斌　金　伟

梅斌，1992 年进入湖北医学院(现为武汉大学医学院)医学系就读，1997 年毕业留校，2003 年获得武汉大学医学院神经学系硕士学位。现为武汉大学中南医院神经科行政主任。2005 年中国第 22 次南极科学考察队队员，在中国南极长城站担任随队医生，兼任环境官员，并研究极夜条件对人的心理的影响，为科学考察队顺利完成越冬任务提供了保障。

梅斌在长城站前

金伟在执行任务的途中

金伟，主任医师，硕士研究生导师，武汉大学中南医院脊柱与骨肿瘤科副主任。2005 年成为中国第 22 次南极科学考察队队员，前往中国南极中山站，担任随队医生，为中国南极科学考察事业作出了贡献。

2005 年 11 月 15 日的上午，武汉大学中南医院会议室里，我们坐在同事们中间，笑着回应大家的掌声。这是我们出发南极之前的欢送会现场，院长周云峰高声说道："祝梅斌和金伟同志一路顺风！预祝他们这次的南极之行取得圆满成功！"

作为武汉大学中南医院的同事，我们私交甚好。对这次为期三百多天的南极越冬科学考察之旅，我们抱着强烈的好奇和热情。怀着满腔热切的期许，我们一起主动报了名，并顺利通过了筛选和培训。虽然都是去南极，但并不是前往同一个目的地。神经内科的梅医生将入驻长城站，而脊柱与骨肿瘤科的金伟医生将去往中山站。我们兴奋而忐忑地憧憬着这次人生旅途中奇妙的拜访——前往南极，在恶劣的自然环境之下，感受大自然最真实的力量与震撼。

我们同样作为科学考察队的随队医生，同样从武汉大学中南医院出发，去往南极不同的目的地。相同与不同交织的时空，带给我们弥足珍贵的启迪。

长城站的"下马威"：梅斌医生的自述

出发去往南极之前，我就做了不少的准备。

基本的技能训练不仅是适应南极日常的必修课，还能在危急的时刻救人一命。两周的冬训，对于一名医生来说是一项新奇而艰难的挑战。我学着规范标准地扎帐篷，认识、调试各种科学考察设备，在定位设备上准确找到自己的位置……为了掌握在遭遇暴风雪时露宿野外的技能，我还专门在接近零下 30℃ 的山上搭帐篷住了一夜，实地演练了一次南极生活。寒风凛凛，但心中的自信和信念却是更加坚定了。

因为我本身是内科医生，为了应对队员们可能产生的各种健康问题，我还需要更加努力巩固外科的知识。一个科学考察队十几位队员，他们的身体健康需要我一个人来保证，这不仅是一项光荣的任务，更是艰巨的责任。创伤外科、骨科、普外科，我像当年在大学刚开始学习医学一样，重新翻遍了其他各个科室的书籍。出发前的这五个月，除了儿科，我把其他所有的领域都加强巩固了一遍。

诊断出了健康问题，医生就得对症下药。我又设想了各种容易出现的疾病，如感冒、腹痛、创伤，甚至心理抑郁等都是在南极科学考察的过程中容易遇到的情况。为了做好周全的准备，针对这些隐患，我都按人均的需求量备了一些药。

去往长城站，需要乘坐飞机。从位于北半球的北京出发，到达地球最南端的南极大陆，需要辗转多地。2005年11月20日从北京飞到德国的法兰克福，再坐飞机到智利的圣地亚哥，没有休整的时间，我需要马不停蹄地赶往智利最南端的蓬塔阿雷纳斯。简单地恢复一下体力，第二天清晨，就得去机场等待一个风和日丽的天气，保证我们最后五个小时的飞机能够顺利起飞。

连续赶了三十多个小时的路，登上长城站的那一刻，我已经筋疲力尽。这时，上一支队伍已经在机场等候与我们交接了。作为一名前往南极的医生，兴奋的心情和光荣感支撑着我保持清醒，但当上一支队伍在简单的交接仪式过后真的撤离时，无边的压力如同眼前的皑皑冰川把我团团笼罩住了。

一切对于我来说都是陌生的。我拿着交接时上一支队伍留下来的规范性文件，一项项地检查他们剩下的药品和医疗设备。一张手术床、一个手术灯、一些简单的手术器械，甚至还有1982年的药物，它们被摆放得整齐有序，都在文件中记录下了明确详细的储存位置。但我并没有因此变得放松，巨大的压力依然存在，因为没有人手把手地教我如何去使用这些仪器，也没有人告诉我上一年出现了哪些疾病，有什么经验，需要注意什么，应该预防什么。看来这里的一些困难，还是超出了我的想象。

生活往往就是这样，无论你的状态如何，那些出乎意料的困难和挑战总会悄然出现。长城站给我的第一个考验就是队员们的腹泻问题。刚刚开始度夏，有的队员就来找我帮忙医治腹泻。起初我还是比较淡定的，认为或许是环境的改变让人有些不适应，或者是最近的伙食可能不太适合所有人的胃口。可是不久之后，我自己也出现了腹泻的情况，并且严重的时候基本每天都会腹泻。这引起了我的警觉。我赶紧主动地向其他人了解情况，发现绝大多数的队员都有类似症状，这并不是巧合或者个例。

一般来说，如果只是一两名队员有腹泻的症状，那可能是其个人体质存在一些缺陷，比如肠胃本身对环境或者饮食的变化比较敏感。但是既然全队大多数队员都出现了这样的情况，这就说明有极大概率是某一项涉及全体队员的日常供应出了问题。检查后可以确认我们的食物都是符合标准、经过完全烹调的，不会导致肠胃疾病。那么队员们腹泻症状的根源则很有可能是我们的日常饮用水源。

在长城站旁边有一个堰塞湖叫做“西湖”，我们从湖中抽水用于发动机的冷却。在发动机冷却后，一部分的冷却水就变成了我们日常的生活用水，另外一部分被排回湖里，这样还可以保证堰塞湖不结冰。

于是当我们做发动机检查的时候，我专门要求检查发动机冷却水的水管。打开水管，里面赫然显露出“红线虫”的踪迹，队员们腹泻的真实缘故水落石出。红线虫会分泌出一些物质，容易造成人体出现不明原因的过敏、腹泻。南极平常不会出现这种生物，但是可能由于冷却水被发动机加热，且有一部分被排回湖里，使水温上升，因此导致了红线虫生长繁殖。

梅斌在长城站门口

从此以后，我们不再饮用发动机的冷却水，而是每周去海面上找漂过来的冰山，凿蓝冰作为水源。到了科学考察站，再将这些海冰捣碎、融化成可以饮用的水。办法总比困难多，长城站的一个“下马威”，却让我面对未来的探索更多了几分自信和从容。

闲不住的医生：金伟医生的自述

说到打海冰，我可是一把好手。

我们队员们曾打趣说，整个科学考察站，最不能忙着的就是医生了。医生一忙，就说明科学考察的工作一定受到了什么影响。作为一名医生，我希望我的队员们都能健康平安。大家没有身体健康问题的时候，我自然就闲下来了，但我这个人闲不住，常常帮忙承担一些其他的任务。

印象最深刻的就是去打海冰冰芯经历了。为了获取健康安全的饮用水，需要去凿冰山上的冰，而到海面上打海冰取冰芯的难度则更大。打海冰取冰芯有两个用途，一是取回去当作样本做研究对象，二是测量不同时期海冰的厚度。因此，要用专门的机器，打出来的冰芯要笔直、完整。骨科医生的手都很巧的，所以每当队员们要外出打海冰时，我都会跟着一起去帮忙。在冰面上打孔的机器是我来之前没有训练过的，所幸有我们的机械师傅手把手现教现学，从握持、钻冰到安全事项，慢慢地，我也熟悉打孔机器的操作了。在冰面上取出一块完整的海冰就像进行一场骨科手术，需要手稳、心细，只要操作得当，它也就不是很难。后来我还总结出来几条经验，比如打孔的机器钻下去，不能斜、不能晃，否则打出来的冰柱易断且不完整，所以需要稳稳当当，垂直干脆地把打孔机打下去，才能拿出来一条完整的冰芯。

金伟在打海冰

打冰的工作虽然辛苦，但是换一个心态，这也是调节心情、释放压力的一种方式。开着满载的车回到科学考察站，整个人都变得更加自信和满足了。对我来说，这种身心上的愉悦，也只有接近大自然的时候才能体会得到。

除了打海冰之外，我还帮厨师做饭，既能减省厨师的工作量，也能给大家换换口味。又或者去给所有的管道做保温的处理，大概是快到南极的冬季的时候，气温有零下四十几度，我穿着厚厚的防寒的衣服，一段一段地慢慢排查是否有漏水漏气的地方，以免管道中的水冻结而影响整个科学考察站的正常运行。

我们这支科学考察队，有维修师、动力工程师、水暖工、通讯师、气象观测师、厨师，等等，大家各司其职。虽然说帮助队友们工作的过程确实有趣而有自豪感，但做起我的本职工作，我才更是驾轻就熟、得心应手。

作为中山站唯一的医生，我需要应对处理各种问题。有一次罗马尼亚站有队员外出时受了外伤需要缝合，头部出现了比较难处理的伤口，他们没有条件，于是急匆匆地来我们中山站求助，就是我为他们做的缝合。还有一次，我们的队员外出作业，手指冻伤非常严重，整个指头发青发紫，还出现了显著的肿大。我们通过用药保养，有惊无险地保下了他的手指，没有出现坏死，实在是万幸。其他诸如处理外伤、骨折等问题，这都是我的老本行了，这方面我可是自信十足。甚至还有一次，梅医生在长城站那边出现了比较难处理的外科问题，有队员肌肉断裂，还是我远程指导的。

每个季度我还要为队员们做一次体检，包括心理状况、血常规等。作为一个外科医生，这当然是我不算熟悉的领域，于是我后来又专门补学了一些检验科的知识。此外，各种医疗器械大多是好几年前甚至好几十年前生产应用的，需要考虑折旧和保养，这都要靠我这个唯一的医生来维护。

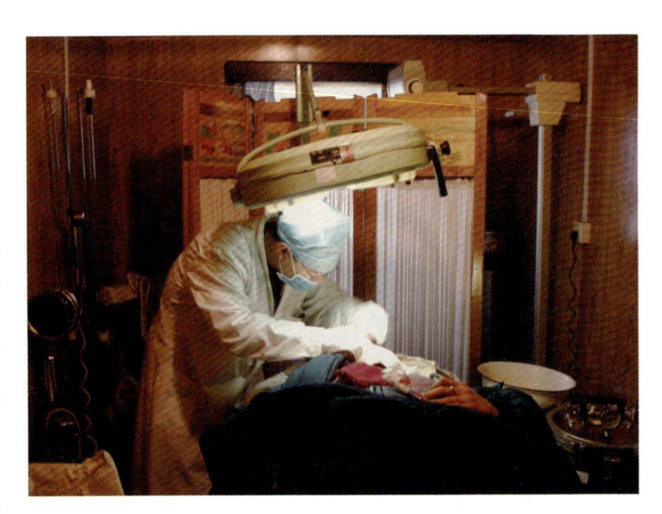

金伟正在做手术

其实从登上“雪龙”号的那一刻起，我的工作就开始了，药品需要一次性带齐，对队员的健康状况需时刻保持警惕。常用的药品、保健品有许多，比如金施尔康，用来补充人体所需要的维生素；还有各种蛋白粉，用来尽量避免肌肉的各种问题。其实说来说去，最令人担心的还是口腔健康，比如最高发的口腔溃疡，还有牙齿的问题，在站上没有条件做精细的处理……

这些日常工作都比较琐碎繁杂，对队员们的生命安全负责是一件大事，不仅需要付出时间，更重要的是，得肯花心思、肯下功夫。这是我作为南极科学考察队队员之一的职责所在，更是作为一名医生所要坚守的职业准则。

共担风雨：梅斌医生的回忆

在海面上取冰回来当饮用水，队员们腹泻的问题倒是解决了，但是其他问题又接踵而至：冰水里面没有矿物质，很多队员因此出现了缺钙的现象。

当我察觉此事时，我认为最直接的解决方法就是给每个队员发维生素和钙片作为补充钙摄入量的药品。为了防止队员们工作繁忙忘记用药，我还要求大家相互提醒、相互监督，确保及时服用，以防缺钙导致的各种身体疾病。但是，另一个很现实的问题就赤裸裸地摆在面前：正值南极的极夜时期，一整天都是黑夜，见不到阳光。没有阳光，无论是什么钙片的吸收效果都很有限，因此还是很难达到补钙的效果。

人体缺钙，就很容易肌肉拉伤。尤其在南极这种气温低的恶劣自然环境之下，出现肌肉拉伤或许是一种倒霉事，医疗资源有限，得不到及时有效的救治就很有可能酿成悲剧。但从某种意义上来说，这又是绕不开的一个难题。

即使我想方设法地采取措施来规避一些风险，但是意外总是伴随着担忧不期而至。负责全队日常饮食的朱钜银大厨突然出现了严重的肌肉拉伤问题。我们的物资在另外一栋，使用的时候就需要去搬。那天朱大厨搬着沉重的物资从雪地回来，正上坡时遇到一个小突起，他本能地往前一跳，刚一落地，突然感到后腿剧痛，大喊了一声："咦？我怎么了？谁踢我一脚？"但实际上没有任何人踢他，而是小腿的腓肠肌肌肉在运动中一下子拉断了。更加危险的是，不久之后肌肉拉断的部位就出现了严重的肿胀，一大片青紫色的肿块，让别人都快摸不到他的足背了。这种情况在骨科中是非常严重的问题，稍有不慎，病人甚至可能面临截肢的风险。

当时的我作为一名内科医生，尽力地让自己保持冷静作出判断，调动我来之前学的外科知识，可内心像是十五个吊桶打水——七上八下的。我接触过很多病人，但这一次还是感到了从未面对过的压力和责任。我也清楚地认识到，作为考察队里唯一的医生，我是保障大家健康的唯一希望，自己万万不能是先着急的那一个，只能把消极的情绪往肚子里吞，以最专业和镇静的面貌对待这一次风波。

我基本的思路是消肿，使用能够起到脱水效果的药物给他输液，预期能给拉伤的部位降一些水肿；与此同时，也注射一些改善循环的药物，尽量加快恢复。事实上，我在医院很少给病人打针，经验不太丰富，主要还是靠在大学期间学习的积累。但是朱大厨的情况确实需要每天打针，这对我来说就像一场医生的突击考试，不能缺考。最开始尝试的时候，我凭借着自己的记忆一步一步地操作，顺利的是，一针成功，我庆幸地松了口气。再后来，消毒、定位、扎针、固定，一气呵成，干净利落，减少病人的痛感，大家都很佩服。现在想想，还是既自信又高兴，看来我还是非常有天赋的。

除此之外，我又想到与我同来的金伟主任是骨科的。但是长城站和中山站隔了五千多公里，我只能通过邮件向他请教一些问题，寻求他的建议。感谢金主任的帮助，所有的治疗都能够稳步推进。

梅斌外出执行任务

又经过一段时间的理疗，朱大厨恢复得还算可以。看着他的状态一天比一天更好，对我们其他队员来说也是一种激励。朱大厨腿脚不便的这段时间，站上的伙食问题都是队员们轮流值班完成。后来为了调剂单调的生活，我们甚至还互相比赛：你是贵州的，他是四川的，我是湖北的，每个人都拿出自己家乡的特色菜来，在大家面前露两手。香的、咸的、鲜的，样样到位。这段时光虽然繁忙而艰苦，但也最难忘。吃过了彼此烹饪的饭菜，一起扛过了科学考察站上的风风雨雨，才真切地体会到我们从天南海北的地方，为了共同的理想汇聚在一起，分享这份纯真的战友情，是多么难能可贵。

后来也有队员出现过小腿肌肉拉伤、头部创伤等问题，有了前面的经验，更重要的是有了解决问题、直面困难的底气，处理起来也就得心应手了，我也越来越朝着“全能型”医生发展了。

暖色的生活：金伟医生的回忆

解决身体上的问题需要的是医生的专业素养，心理上的问题则对我们提出了更高层次的要求。在茫茫无际的南极大陆上，整天面对的是一片不含任何杂质的白，缺少对于颜色的感知。到了极夜的时候，又见不到阳光了。在有太阳的日子里，我们没想过太阳下山是多么令人压抑和害怕的事，而当阳光迟迟不会打破黑夜时，我们才知道在漫漫长夜里，成为自己的阳光其实是一项艰难的挑战。

作为医生，队员们的心理状态当然也是我们负责监测和评估，一旦发现问题，要立刻做出反应，及时干预，防止意外对人的身体健康和科学考察工作的进行造成不可逆的影响。

在中山站，缓解队员们的心理压力往往有很多途径，其中一种是用宽带电话和家人联系。因为从国内向南极打会更便宜一些，所以我们通常是提前跟家人约定好通话的时间。到了家人联系自己的那一天，我们会格外关注时钟，提前5—10分钟就跑到电话旁边，一直守着家人的电话打过来。我到南极的那一年，我的儿子还小，才不到10岁。对于我来说，听听家人的声音，心情会舒畅很多。

另一个方式是站长带着大家聊天打牌，做做劳动，比如说做面包、做馒头，在自己动手的过程中释放压力，获得满足感。值得一提的是，科学考察结束回家后的一年，我过生日时亲手为自己和家人做了一个蛋糕，还算挺成功的，这个手艺也就是当时学来的。没想到去一趟南极科学考察，还能学到做蛋糕的手法。另外，我们偶尔也会举办一些活动。仲冬节是南极最重要的节日，在这一天晚上，朋友们互相送祝福，期望以后的工作和生活都顺顺利利、平平安安。作为随队的医生，我希望队员们健健康康，保持积极的状态，每个队员都能安全圆满地完成这次科学考察任务。

金伟和队友们在中山站

最难忘的活动是跟俄罗斯站的队员们打乒乓球。中山站离俄罗斯的科学考察站不远，除了平常聊天往来，我们偶尔还会进行一些物资上的互补互助。那次和俄罗斯科学考察队的乒乓球赛上，我对阵他们的站长，取得了最终的胜利。为了营造气氛，我们还象征性地设置了一些小奖品，赢了比赛，拿着奖品，特别骄傲愉快。

他们的站长本身也很爱打乒乓球，经常过来跟我们一起打球。说来也很有意思，我们对局时我常常能获胜，他总是被我打得不服气，一有空就又来和我切磋交流。后来，我们交换了自己的队标和肩章留作彼此友谊的象征。有些东西我到现在还保存在家里，作为曾经温暖过一段日子的证明。

极夜的日子是很压抑的，正中午12点的时候，天只还蒙蒙亮，并且转眼间外面就又成了漆黑的一片。新鲜蔬菜是很难有的，只有经过脱水处理的蔬菜才可以长久保存，缺失的维生素就靠吃药补充。每天见不着太阳，偶尔又有猛烈的风，队员们的心理状态都出现了一些扰动。除了药物干预以外，更重要的还是靠队员们相互交心、玩乐，试图找到一些发泄口把内心的苦闷排解出来。

尤其印象深刻的是，在任务临近结束的时候，真是每天数着日子，盼着回家的那一天。那段时间，我和队友们时不时就会往跟上级联络的电报房跑，确认一眼：通知来了没有？什么时候可以回家？订的船什么时候到？科学考察任务快要结束的那几天，工作反而成了缓解情绪的一种方式，把收尾的工作做好，拟定交接的文件，整理药品和器械，最后一次，对这个承载了自己四百多天青春的科学考察站郑重地告别。

前两年仲冬节的时候，战友们的微信群里又一次地活跃起来了，时过境迁，看着满屏的祝福，那些温暖的日子似乎还在我的生命里闪着耀眼的阳光。

一路走来：梅医生的感慨

我的家乡在湖北英山，英山人都是吃苦耐劳、坚忍不拔的，骨子里有一份不服输的劲儿，在革命期间就出了很多战斗英雄。

我 1992 年参加高考，那个时候我们一个县能过本科线的大概不到 70 人。现在回想起来，那段用青春艰苦奋斗的日子真是挺不容易的，当时的自己心里就一个想法：别人能做到的，我也能行。

我出生在医学世家，父亲是外科医生，毕业于湖北医学院(后来成为武汉大学医学部)。他精通医术，受人尊敬，德高望重，从死神的手里抢回了无数条生命，是我最崇拜与敬重的人生楷模。高考出分的那一天，我十分激动，我的分数远远高过了当年的本科线。选专业时，或许是受到了父亲的影响，或许是冥冥之中自己内心深处的兴趣使然，我没有考虑其他学校，而是选择追随我父亲的脚步，毅然决然地报考了湖北医学院，立志成为一名医生。

我的志愿表上只有湖北医学院这一个志愿，这是我坚定学医的起点，一个山沟沟里的孩子人生理想之路的开端。我的从医人生从湖北医学院开始，目标坚定，始终如一。

后来在学校里，有幸能够接触到良好的医学教育，也以优异的成绩留在了中南医院成为一名医生，成为像父亲一样救死扶伤的人。那时的我断然不会想到，这样的选择会把我带到南极的科学考察站，承担下这份既光荣又艰巨的工作，穿上国字号的队服，在正值青年的时期为祖国做出自己的贡献。

回来之后，医院采访我时，我说："如果有机会的话，有朝一日我还希望带着我的女儿再回南极看看。"只有去过了南极，才知道地球是一个广阔的多生态的地球；走出了我们日夜生存的温室，到风雪交杂的恶劣的环境中，接受大自然对人类的考验和挑战，才知道人生的艰难险阻应当无畏地面对，在那些无路可逃的境地，更需要坚定和执着的勇气。

精神永驻：金医生的感受

回首这四百多天的日日夜夜，我感觉非常轻松。我们俗话说的"轻舟已过万重山"感觉就是如此，把过去的时光拿来咀嚼品味，很苦、很艰难、很令人感慨，但是又会觉得这么苦的日子都坚持过来了，还有什么是不能克服的呢？

我也看到了很多报道，里面说到了南极精神就是"爱国、求是、创新、拼搏"，看到这一组词语，我被深深触动了。亲身走过了南极的日子，才能深刻地与这四个词共情：爱国才能去坚守，拼搏需要创新。仔细想来，这也正构成了我们南极科学考察队员的日常。

金伟在冰山上执行任务

作为医生，我更是深有体会。医学是经验的集合，不管怎么发展，医学的进步依然离不开经验的积累。别人都说，每个外科医生的成长都离不开病人的血泪，虽然我们现在的医学不一样，技术的发展会让一些意外或不幸发生的概率变得很小，但是医生还是会在医疗过程当中，遇到意料之外的状况或者变数。这跟医生本身没有任何关系，但是依然会使人产生挫败感。所以拼搏坚守，不仅是需要主观上的努力和天赋，更重要的是坚定的信念和强大的内心。我们常说，人只有百分之九十的命运是掌握在自己的手里的，很多时候即使做好了准备，失败和挫折也会接连找上门来，这是不可避免的事情。经过了这四百多天的考验，我也更深刻地意识到，困难和意外反而是人生的常态，无论是创新还是拼搏，都需要处变不惊的从容和坚定热烈的内心做人生的注脚。

除了南极科学考察，对于人工智能的话题我也很感兴趣，有时候我也跟年轻人交流，探讨我们该怎么把这些先进的技术融入现代医学的实践当中。我也了解到现在南极科学考察站的设备跟我们二十年前比真是有了质的飞跃，更完善、先进、智能。基本的网络信号和生活供应自然不必说，一些前沿的科技，创新的数字平台也被应用到了科学考察站的建设上来。看到我们当时面临的诸多困难和问题被一代代年轻人用创新的思维一点点解决，我也更感欣慰。

“长江后浪推前浪”，年轻人有自己的想法，敢做敢拼。南极科学考察的未来属于那些前赴后继的新力量，医学的进步、社会的发展更是属于那些怀揣着理想和创想的下一代们。这也是年轻人的使命和担当。

习近平总书记在给武汉大学参加中国南北极科学考察队的师生代表的回信中指出：“希望学校广大师生始终胸怀‘国之大者’，接续砥砺奋斗，练就过硬本领，勇攀科学高峰，为实现高水平科技自立自强和建设教育强国、科技强国、人才强国，全面推进中国式现代化作出更大贡献。”初心不与年俱老，奋斗永似少年时。一袭白衣许国，不择高下，远近必赴，始终坚持人民至上、生命至上，护苍生无恙，保家国安康。或许这样的奋斗者总会在我们看见或看不见的地方，默默地时刻准备着，一个人最终的价值也就在于此——只要被需要，就会发着光。

（采写：叶欣程　黄嘉欣）

后　　记

习近平总书记曾指出：“讲好中国故事，传播好中国声音，展示真实、立体、全面的中国，是加强我国国际传播能力建设的重要任务。”中国于1983年加入《南极条约》，1985年10月获得《南极条约》协商国资格。40余年来，我国深度参与南极国际治理，从零起步、建成5个南极科考站，发布《中国的南极事业》《中国的北极政策》，在极地科考方面提出了中国主张、中国智慧、中国方案，中国“有能力也有责任在全球事务中发挥更大作用，同各国一道为解决全人类问题作出更大贡献”。

在40余年的南北极科考过程中，武汉大学是一支重要参与力量。在历次科考中，武汉大学师生秉持“自强、弘毅、求是、拓新”的精神，克服了一重又一重的困难，创造了一个又一个的第一，在雪地和冰穹之上书写了一幅幅壮丽篇章。正因此，习近平总书记给武汉大学参加中国南北极科学考察队师生代表的回信中，充分肯定了武汉大学40余年的努力和贡献。

2023年12月4日，文学院召开党委扩大会议，学习贯彻习近平总书记回信内容和精神。文学院党委认为应发挥写作学科优势，撰写南北极科考故事集，将回信精神落到实处；认为此举是丰富课程思政内容，落实立德树人根本任务的关键举措。借助故事集的编写，可以讲好武汉大学南北极科考故事，传播武汉大学南北极科考声音，展示真实、立体、全面的科考精神、武大精神。校党委书记黄泰岩同志高度重视此项工作，对编写好极地科考故事给予明确指示，并欣然同意作序。校长张平文院士百忙之中抽空过问极地科考故事的编写工作，并要求相关部门大力支持。

武汉大学参加极地科考的队员全力支持采访，是本故事集能够实现的根本保障。总书记的回信激荡了他们曾经奉献心血和智慧的壮志雄心，他们打开了深沉的记忆和情感，语言或饱蘸炽热或沧桑历尽、静水深流，他们或正在极地科考或未再踏上那片冰雪已有数年，但极地已经成为他们灵魂的纯洁底色，他们仍魂牵梦绕之、心向往之。他们翻开了日记本、相册、诗集，他们毫无保留地叙说，他们希望写下极地科考这个大事业的来龙去脉、前世今生，他们希望有更多青年人听到他们的声音和故事，并在这声音和故事中继续传承、生生不息。遗憾的是，部分科考队员特别是在外地的队员我们无法取得联系或是前往采访，还有部分队员不想过于彰显自身、婉谢了访谈请求。即便是已经接受访谈的队员，因篇幅等原因无法全部收录到书中，不免有遗珠之憾。但他们不会被忘记，他们值得被永远铭记。

需要指出的是，在访谈过程中文学院学生得到了极大锻炼和成长。他们与科考队员生活在同一个校园中，甚至曾或与他们擦肩而过。但学生对于我国极地科考事业只是有一个笼统概念，并没有切身的感知。他们进入访谈现场，当看到一块南极石、一张极地照片、一件科考仪器时，他们的感官立体起来，鲜活起来；当倾听科考队员娓娓道来时，或惊险悬于一线，或辉煌壮丽，或豪迈激越，或潜伏漫长极夜，他们由衷感叹极地科考原来如此不易。在深沉的感悟之下，每位参加访谈的学生都写下了一篇访谈手记。当逐一阅读、检视这些手记时，我们听到的是竹子拔节作响的声音，这才是真正的课程思政，这才是将立德树人根本任务落实到写作实践之中。

为了增强真实性、可读性和生动性，故事以第一人称视角展开，体现南北极科考亲历者的生命脉动和精神特质；少部分文稿系采访自第三方，故采用第三人称视角叙述。故事以图文并茂的形式展开，在文字中穿插相关媒体报道、科考所取得的成果、南北极科考现场的生动画面等。

2024 年 4 月初成稿后，宣传部、测绘学院、文学院、南极测绘研究中心以及学校相关职能部门的负责同志和有关人员，审读了稿件。校党委常务副书记沈壮海同志对科考故事的编写、本书的形成均提出了宝贵的指导意见。校党委副书记楚龙强同志全程统筹采编活动，协调各部门，并审定书稿。宣传部大力支持各项工作，并提供出版资助。武汉大学出版社领导及责任编辑，做了大量专业性工作。我们将这些意见全部吸纳，反复修改、书籍逐渐走向成熟。在此，我们向编写本书的所有贡献者真诚致谢，大事业需要共同成就。

本书主标题为“经纬冰穹”。“经纬”有地理和测绘特色，并有“经天纬地”“治理”之意；“冰穹”凸显极地特色，冰穹A是南极冰盖距海岸线最遥远的一个冰穹，也是南极内陆冰盖海拔最高的地区，在人类首次踏上南极内陆冰盖冰穹A的过程中，武汉大学发挥了重要作用。全书分为四篇：筚路蓝缕、行而不辍、薪火相传、共襄盛举。各篇主要有三条逻辑主线：时间线、学科线、师生线。“筚路蓝缕”所涉及人员主要是测绘学科。这些人员都是2000年及以前从事南北极科考的前辈教师，他们是开拓者，故篇名为“筚路蓝缕”。“行而不辍”所涉及人员是2000年以后从事极地科考的教师、科研群体。他们是事业的赓续者，故篇名为“行而不辍”。“薪火相传”主要是测绘遥感学科的学生群体，他们是接棒者和传承者，是事业的新一辈开创者，故以“薪火相传”譬喻。“共襄盛举”所涉及学科是测绘遥感之外的公共管理、微生物学、医学等学科，借此凸显武汉大学的多元学科交叉的优势，并与习近平总书记回信中的“学科优势”相呼应。

由于编者能力和水平有限，书中或有错误或问题，请读者和方家不吝赐教。

编者
2024年7月